サイエンス テキスト ライブラリ＝12

新しく始める 線形代数

小野公輔・蓮沼　徹　共著

サイエンス社

サイエンス社のホームページのご案内
http://www.saiensu.co.jp
ご意見・ご要望は　rikei@saiensu.co.jp　まで．

まえがき

本書は，大学初年度の基礎教育で学ぶことになる線形代数学の入門書である．読者が少ない予備知識でも読み進められるように比較的やさしい内容から丁寧に解説している．

線形代数学は微分積分学と並んで理系分野の基礎として早い段階でその基本事項を身につけておくべき重要な科目の１つである．大学数学で展開される理論は一般化され抽象的であることから，その修得には一定の時間を要するが，その反面，自然科学や工学はもちろんのこと情報科学や社会科学などの多様な分野での応用を可能にしている．

本書の特長は，学生が独学でも無理なく読み進められるように扱う内容をかなり絞り込んでいる点と，それらをやさしくかつできるだけ丁寧に解説し，読者の十分な理解のために随所に数多くの例，例題，問を配置している点である．また，本書の導入部分では，数と行列の相違に慣れてもらうために，２次の行列に関する取扱いを幾分多くしている．

線形代数学で重要な役割を果たす行列，行列式，数ベクトルに関連する計算力の修得を優先したい場合や，時間的制限がある場合には，証明や＊印の項目など適宜とばして読み進めてもよい．また，初読では難しいと思われる内容や重要な定理の一部は各章の章末問題の中に配置しているので，時間を見つけて各問に挑戦し，十分な計算力を身につけてもらいたい．

本書を授業で使用する場合は，章末問題も１つの節と捉え，授業回数の調整に利用してもらいたい．

本書を通して線形代数学の入門的な部分を理解した読者は，本書で扱わなかった概念や理論についての新しい知識を得るためにも，さらに高度な内容を含む専門書へと進んでもらいたい．

本書の執筆にあたっていくつかの線形代数学の本を参考にさせてもらった．また，出版を快く引き受けて頂いたサイエンス社の田島伸彦氏をはじめ編集，出版，製本のお世話をして頂いた方々に心から感謝申し上げたい．

2017 年 7 月　　著者

目　　次

ギリシア文字

大文字	小文字	英語読み	読み
A	α	alpha	アルファ
B	β	beta	ベータ
Γ	γ	gamma	ガンマ
Δ	δ	delta	デルタ
E	ε, ϵ	epsilon	イプシロン
Z	ζ	zeta	ツェータ，ゼータ
H	η	eta	エータ，イータ
Θ	θ	theta	テータ，シータ
I	ι	iota	イオータ
K	κ	kappa	カッパ
Λ	λ	lambda	ラムダ
M	μ	mu	ミュー
N	ν	nu	ニュー
Ξ	ξ	xi	クシー，グザイ
O	o	omicron	オミクロン
Π	π	pi	パイ
P	ρ	rho	ロー
Σ	σ	sigma	シグマ
T	τ	tau	タウ
Υ	υ	upsilon	ウプシロン
Φ	φ, ϕ	phi	ファイ
X	χ	chi	カイ
Ψ	ψ	psi	プシー，プサイ
Ω	ω	omega	オメガ

第1章

行　列

1.1　行　列

♦ 行列 (matrix) ♦

連立 1 次方程式 $\begin{cases} 2x - \ \ y = \ \ 1 \\ \ \ x - 2y = -4 \end{cases}$ において，左辺の未知数 x, y の係数や右辺の定数を取り出して両側をカッコで囲んでみると，次のようなものが得られる．

$$\begin{pmatrix} 2 & -1 \\ 1 & -2 \end{pmatrix}, \quad \begin{pmatrix} 1 \\ -4 \end{pmatrix}, \quad \begin{pmatrix} 2 & -1 & 1 \\ 1 & -2 & -4 \end{pmatrix}$$

このように「いくつかの数を長方形に並べてカッコで囲んだもの」を**行列**といい，並べられた各々の数を行列の**成分**という．成分がすべて実数である行列を**実行列**ともいう．

行列では，成分の横の並びを**行**といい，上から順に第 1 行，第 2 行，$\cdots$ という．また，成分の縦の並びを**列**といい，左から順に第 1 列，第 2 列，$\cdots$ という．

$$\begin{matrix} \begin{pmatrix} 2 & -1 \\ 1 & -2 \end{pmatrix} & \begin{matrix} \leftarrow \text{第 1 行} \\ \leftarrow \text{第 2 行} \end{matrix} \\ \begin{matrix} \uparrow & \quad \uparrow \\ \text{第1列} & \text{第2列} \end{matrix} & \end{matrix}$$

行列は，行と列の個数によってその型が決まる．m 個の行と n 個の列からなる行列を **m 行 n 列の行列**，**$m \times n$ 型の行列**，**$m \times n$ 行列**などという．

1 行だけからなる行列，すなわち $1 \times n$ 行列を，n 次の**行ベクトル**といい，1 列だけからなる行列，すなわち $n \times 1$ 行列を，n 次の**列ベクトル**という．

例 1.1

(1) $\begin{pmatrix} 2 & -1 \\ 1 & -2 \end{pmatrix}$, $\begin{pmatrix} 2 & -1 & 1 \\ 1 & -2 & -4 \end{pmatrix}$ はそれぞれ 2×2 行列，2×3 行列である．

(2) $\begin{pmatrix} 1 \\ -4 \end{pmatrix}$ は 2×1 行列，すなわち 2 次の列ベクトルである．

行列は大文字のアルファベット A, B, C などで表す．また，ベクトルは太小文字のアルファベット $\boldsymbol{a}, \boldsymbol{b}, \boldsymbol{c}$ などで表す．

第 i 行と第 j 列の交差する位置にある成分を **(i,j) 成分**といい，a_{ij} のように書く．すなわち，行列 A が $m \times n$ 型のとき

$$A = \begin{pmatrix} a_{11} & \cdots & a_{1j} & \cdots & a_{1n} \\ \vdots & & \vdots & & \vdots \\ a_{i1} & \cdots & a_{ij} & \cdots & a_{in} \\ \vdots & & \vdots & & \vdots \\ a_{m1} & \cdots & a_{mj} & \cdots & a_{mn} \end{pmatrix}$$

特に混乱の恐れがない限り，行列 A の (i,j) 成分を代表させて，$A = (a_{ij})$，$A = (a_{ij})_{m \times n}$ などと略記する．

例 1.2 $A = \begin{pmatrix} 2 & -1 & 1 \\ 1 & -2 & -4 \end{pmatrix}$ の $(1,2)$ 成分は -1，$(2,3)$ 成分は -4 である．

問 1.1 例 1.2 の行列 A の $(1,3)$ 成分と $(2,2)$ 成分を求めよ．

問 1.2 (i,j) 成分が次の a_{ij} で与えられる 2×3 行列 A を求めよ．
(1) $a_{ij} = 3i-2j$ (2) $a_{ij} = (-1)^i+(-1)^j$ (3) $a_{ij} = (i-j)(-1)^{i-j}$

$m \times n$ 行列 A の各列を列ベクトルと考えて

$$\boldsymbol{a}_1 = \begin{pmatrix} a_{11} \\ \vdots \\ a_{m1} \end{pmatrix}, \quad \boldsymbol{a}_2 = \begin{pmatrix} a_{12} \\ \vdots \\ a_{m2} \end{pmatrix}, \quad \cdots, \quad \boldsymbol{a}_n = \begin{pmatrix} a_{1n} \\ \vdots \\ a_{mn} \end{pmatrix}$$

を A の列ベクトルといい，A の各行を行ベクトルと考えて

$$\boldsymbol{a}'_1 = \begin{pmatrix} a_{11} & \cdots & a_{1n} \end{pmatrix}, \boldsymbol{a}'_2 = \begin{pmatrix} a_{21} & \cdots & a_{2n} \end{pmatrix}, \cdots, \boldsymbol{a}'_m = \begin{pmatrix} a_{m1} & \cdots & a_{mn} \end{pmatrix}$$

を A の行ベクトルという．また，これらのベクトルを用いて

$$A = \begin{pmatrix} \boldsymbol{a}_1 & \boldsymbol{a}_2 & \cdots & \boldsymbol{a}_n \end{pmatrix} \quad \text{および} \quad A = \begin{pmatrix} \boldsymbol{a}'_1 \\ \vdots \\ \boldsymbol{a}'_m \end{pmatrix}$$

と書き，それぞれ A の**列ベクトル表示**および**行ベクトル表示**という．

列ベクトル $\boldsymbol{x} = \begin{pmatrix} x_1 \\ \vdots \\ x_n \end{pmatrix}$ は $\boldsymbol{x} = {}^t\begin{pmatrix} x_1 & \cdots & x_n \end{pmatrix}$ と表記することもある．

♦ 正方行列 ♦

行と列の個数が等しい $n \times n$ 行列 $\begin{pmatrix} a_{11} & & & * \\ & a_{22} & & \\ & & \ddots & \\ * & & & a_{nn} \end{pmatrix}$ を **n 次の正方行列**または **n 次行列**といい，対角線上に位置する成分 $a_{11}, a_{22}, \cdots, a_{nn}$ を行列の**対角成分**という．ただし，記号 $*$ と書いた部分の成分は任意の数でよいことを意味する．行列が n 次であることを強調したいときは，A_n, B_n などと書く．また，
$\begin{pmatrix} a_{11} & & & * \\ & a_{22} & & \\ & & \ddots & \\ O & & & a_{nn} \end{pmatrix}$, $\begin{pmatrix} a_{11} & & & O \\ & a_{22} & & \\ & & \ddots & \\ * & & & a_{nn} \end{pmatrix}$ をそれぞれ**上 3 角行列**，**下 3 角行列**といい，総称して **3 角行列**という．ただし，記号 O と書いた部分の成分はすべて 0 を意味する．さらに，対角成分以外がすべて 0 である行列 $\begin{pmatrix} a_{11} & & & O \\ & a_{22} & & \\ & & \ddots & \\ O & & & a_{nn} \end{pmatrix}$ を**対角行列**という．特に，$\begin{pmatrix} 1 & & & O \\ & 1 & & \\ & & \ddots & \\ O & & & 1 \end{pmatrix}$ を**単位行列**といい，E または E_n と書く．

また，n 次の列ベクトル

$$\boldsymbol{e}_1 = \begin{pmatrix} 1 \\ 0 \\ \vdots \\ 0 \end{pmatrix},\ \boldsymbol{e}_2 = \begin{pmatrix} 0 \\ 1 \\ \vdots \\ 0 \end{pmatrix},\ \cdots,\ \boldsymbol{e}_n = \begin{pmatrix} 0 \\ \vdots \\ 0 \\ 1 \end{pmatrix}$$

および，行ベクトル

$$\boldsymbol{e}'_1 = \begin{pmatrix} 1 & 0 & \cdots & 0 \end{pmatrix}, \boldsymbol{e}'_2 = \begin{pmatrix} 0 & 1 & \cdots & 0 \end{pmatrix}, \cdots, \boldsymbol{e}'_n = \begin{pmatrix} 0 & \cdots & 0 & 1 \end{pmatrix}$$

を**基本ベクトル**といい，これらを用いれば単位行列 E の列ベクトル表示および行ベクトル表示を得ることができる．すなわち

$$E = \begin{pmatrix} \boldsymbol{e}_1 & \boldsymbol{e}_2 & \cdots & \boldsymbol{e}_n \end{pmatrix} \quad \text{および} \quad E = \begin{pmatrix} \boldsymbol{e}'_1 \\ \vdots \\ \boldsymbol{e}'_n \end{pmatrix}$$

さらに，記号 δ_{ij}（クロネッカー (**Kronecker**) のデルタという）を

$$\delta_{ij} = \begin{cases} 1 & (i = j) \\ 0 & (i \neq j) \end{cases}$$

と定めれば，単位行列 E の (i,j) 成分は δ_{ij} と書ける．例えば

$$E_2 = \begin{pmatrix} \delta_{11} & \delta_{12} \\ \delta_{21} & \delta_{22} \end{pmatrix} = \begin{pmatrix} 1 & 0 \\ 0 & 1 \end{pmatrix}$$

問 1.3 (i,j) 成分が次の a_{ij} で与えられる 3 次正方行列 A_3 を求めよ．
(1) $a_{ij} = (i+j)\delta_{ij}$ (2) $a_{ij} = (-1)^{i+j} - \delta_{ij}$ (3) $a_{ij} = \delta_{ij} + |i-j| - (i-j)$

1.2 行列の演算

◆ 行列の相等 ◆

2 つの行列 A, B の行の個数と列の個数がそれぞれ一致しているとき，A と B は**同じ型**または**同型**であるという．

行列 A, B が同型で，かつその対応する成分がそれぞれ等しいとき，A と B は**等しい**といい，$A = B$ と書く．等しくないとき，$A \neq B$ と書く．例えば

$$\begin{pmatrix} a & b \\ c & d \end{pmatrix} = \begin{pmatrix} p & q \\ r & s \end{pmatrix} \iff \begin{matrix} a = p,\, b = q \\ c = r,\, d = s \end{matrix}$$

問 1.4 次の等式が成り立つとき，x, y, u, v の値を求めよ．
(1) $\begin{pmatrix} x-1 & 5 \\ y-1 & 4 \end{pmatrix} = \begin{pmatrix} 2 & x+u \\ -1 & y-4v \end{pmatrix}$ (2) $\begin{pmatrix} x+y & x-y \\ 3 & 4 \end{pmatrix} = \begin{pmatrix} 1 & 2 \\ u+v & u-v \end{pmatrix}$

$\begin{pmatrix} 0 & 0 \\ 0 & 0 \end{pmatrix}, \begin{pmatrix} 0 & 0 & 0 \\ 0 & 0 & 0 \end{pmatrix}$ のように，成分がすべて 0 である行列を**零行列**といい，型に関係なく記号 O を用いる．

◆ 行列の和と差 ◆

同型の行列 A, B の対応する成分の和を成分とする行列を，A と B の**和**とい

い，$A+B$ と書く．例えば

$$\begin{pmatrix} a & b \\ c & d \end{pmatrix} + \begin{pmatrix} p & q \\ r & s \end{pmatrix} = \begin{pmatrix} a+p & b+q \\ c+r & d+s \end{pmatrix}$$

例 1.3

$$\begin{pmatrix} 2 & -1 \\ -4 & 3 \end{pmatrix} + \begin{pmatrix} -3 & 6 \\ 1 & -2 \end{pmatrix} = \begin{pmatrix} 2+(-3) & (-1)+6 \\ (-4)+1 & 3+(-2) \end{pmatrix} = \begin{pmatrix} -1 & 5 \\ -3 & 1 \end{pmatrix}$$

問 1.5 次の行列の計算をせよ．

(1) $\begin{pmatrix} 3 & 2 \\ 0 & -1 \end{pmatrix} + \begin{pmatrix} 3 & -2 \\ 4 & 1 \end{pmatrix}$　　(2) $\begin{pmatrix} 4 & 2 & -3 \\ 5 & 3 & -2 \end{pmatrix} + \begin{pmatrix} 1 & -2 & -3 \\ 5 & 3 & 2 \end{pmatrix}$

行列 A の各成分の符号を変えた行列を $-A$ と書く．例えば

$$A = \begin{pmatrix} a & b \\ c & d \end{pmatrix} \text{ のとき，} \quad -A = \begin{pmatrix} -a & -b \\ -c & -d \end{pmatrix}$$

同型の行列 A, B の対応する成分の差を成分とする行列を，A と B の**差**といい，$A-B$ と書く．例えば

$$\begin{pmatrix} a & b \\ c & d \end{pmatrix} - \begin{pmatrix} p & q \\ r & s \end{pmatrix} = \begin{pmatrix} a-p & b-q \\ c-r & d-s \end{pmatrix}$$

特に，$A-A=O$, $A-B=A+(-B)$ である．

問 1.6 次の行列の計算をせよ．

(1) $\begin{pmatrix} -1 & 2 \\ 2 & -1 \end{pmatrix} - \begin{pmatrix} -3 & 1 \\ 1 & 3 \end{pmatrix}$　　(2) $\begin{pmatrix} 3 & 2 & 3 \\ 2 & 3 & 1 \\ 5 & -2 & 2 \end{pmatrix} - \begin{pmatrix} 5 & 0 & 2 \\ 3 & 3 & 1 \\ 2 & 4 & 3 \end{pmatrix}$

同型の行列 A, B, C, O に対して，次の性質は容易に分かる．

定理 1.1

(1) $(A+B)+C = A+(B+C)$　　(2) $A+B=B+A$

(3) $A+O=O+A=A$　　(4) $A+(-A)=(-A)+A=O$

注意 性質 (1) を結合法則，性質 (2) を交換法則という．また，結合法則が成り立つことから $(A+B)+C$ を $A+B+C$ とも書く．

問 1.7 次の等式を満たす実数 x, y を求めよ．

$$\begin{pmatrix} x & -y \\ y & x \end{pmatrix} + \begin{pmatrix} x^2-y^2 & -2xy \\ 2xy & x^2-y^2 \end{pmatrix} + \begin{pmatrix} 1 & 0 \\ 0 & 1 \end{pmatrix} = \begin{pmatrix} 0 & 0 \\ 0 & 0 \end{pmatrix}$$

◆ 行列のスカラー倍 ◆

数のことを，行列やベクトルと区別するために，**スカラー**という．

スカラー α に対して，行列 A の各成分の α 倍を成分とする行列を，A の $\boldsymbol{\alpha}$ **倍**または**スカラー倍**といい，αA と書く．例えば

$$\alpha\begin{pmatrix} a & b \\ c & d \end{pmatrix} = \begin{pmatrix} \alpha a & \alpha b \\ \alpha c & \alpha d \end{pmatrix}$$

特に，$(-1)A = -A,\ 0A = O,\ \alpha O = O$ である．

問 1.8 $A = \begin{pmatrix} 3 & -6 \\ 0 & 9 \end{pmatrix}$ のとき，$2A$，$\dfrac{1}{3}A$，$(-1)A$，$\left(-\dfrac{2}{3}\right)A$ を求めよ．

同型の行列 A, B とスカラー α, β に対して，次の性質は容易に分かる．

定理 1.2

(1) $\alpha(A+B) = \alpha A + \alpha B$　　(2) $(\alpha+\beta)A = \alpha A + \beta A$

(3) $(\alpha\beta)A = \alpha(\beta A)$　　(4) $1\,A = A$

注意 性質 (1) と (2) を分配法則，性質 (3) を結合法則という．

例 1.4 $A = \begin{pmatrix} -1 & 0 \\ 3 & 1 \end{pmatrix}$, $B = \begin{pmatrix} 3 & 2 \\ 0 & -4 \end{pmatrix}$ のとき

$$2(A+B) - 3A = -A + 2B = \begin{pmatrix} 1 & 0 \\ -3 & -1 \end{pmatrix} + \begin{pmatrix} 6 & 4 \\ 0 & -8 \end{pmatrix} = \begin{pmatrix} 7 & 4 \\ -3 & -9 \end{pmatrix}$$

例題 1.5 $A = \begin{pmatrix} 1 & 0 \\ -3 & 2 \end{pmatrix}$, $B = \begin{pmatrix} -1 & -6 \\ 3 & 2 \end{pmatrix}$ のとき

等式 $6X + 3(A-B) = 4(A+X) - 4B$ を満たす行列 X を求めよ．

解答 与式を整理して $X = \dfrac{1}{2}(A-B) = \begin{pmatrix} 1 & 3 \\ -3 & 0 \end{pmatrix}$ を得る． ■

問 1.9 $A = \begin{pmatrix} -1 & 2 & 0 \\ 5 & -4 & 1 \end{pmatrix}$, $B = \begin{pmatrix} 3 & -1 & 2 \\ 0 & 1 & -4 \end{pmatrix}$, $C = \begin{pmatrix} 0 & 3 & 2 \\ -1 & -2 & 1 \end{pmatrix}$

のとき，次の等式を満たす行列 X を求めよ．

(1) $A + 4(X-B) = 3X + 2(A - 2B - C)$

(2) $3A + 2(C+X) = 2(A+B) + 3X$

問 1.10 $X + 2Y = \begin{pmatrix} 3 & -1 \\ 1 & 2 \end{pmatrix}$, $Y - 3X = \begin{pmatrix} 1 & 0 \\ 0 & -1 \end{pmatrix}$ を満たす行列 X, Y を求めよ．

♦ 行列の積 ♦

(I) 2 次の行ベクトルと列ベクトルの**積**を次で定める.

$$\begin{pmatrix} a & b \end{pmatrix}\begin{pmatrix} p \\ r \end{pmatrix} = ap + br$$

問 1.11 次の計算をせよ.
(1) $\begin{pmatrix} 2 & 3 \end{pmatrix}\begin{pmatrix} -5 \\ 7 \end{pmatrix}$ (2) $\begin{pmatrix} -5 & 7 \end{pmatrix}\begin{pmatrix} 2 \\ 3 \end{pmatrix}$ (3) $\begin{pmatrix} 4 & -3 \end{pmatrix}\begin{pmatrix} 3 \\ 4 \end{pmatrix}$ (4) $\begin{pmatrix} 4 & 3 \end{pmatrix}\begin{pmatrix} 1 \\ -2 \end{pmatrix}$

(II) 2 次の正方行列 $A = \begin{pmatrix} a & b \\ c & d \end{pmatrix}$, $B = \begin{pmatrix} p & q \\ r & s \end{pmatrix}$ に対して, A の各行ベクトルと B の各列ベクトルの積をとり, A と B の**積** AB を次で定める.

$$AB = \begin{pmatrix} a & b \\ c & d \end{pmatrix}\begin{pmatrix} p & q \\ r & s \end{pmatrix} = \begin{pmatrix} ap + br & aq + bs \\ cp + dr & cq + ds \end{pmatrix}$$

例 1.6 $A = \begin{pmatrix} 1 & -1 \\ -2 & 2 \end{pmatrix}$, $B = \begin{pmatrix} 6 & 3 \\ 8 & 4 \end{pmatrix}$ のとき

$$AB = \begin{pmatrix} 1\cdot 6 + (-1)\cdot 8 & 1\cdot 3 + (-1)\cdot 4 \\ (-2)\cdot 6 + 2\cdot 8 & (-2)\cdot 3 + 2\cdot 4 \end{pmatrix} = \begin{pmatrix} -2 & -1 \\ 4 & 2 \end{pmatrix}, \quad BA = \begin{pmatrix} 0 & 0 \\ 0 & 0 \end{pmatrix}$$

問 1.12 $A = \begin{pmatrix} 1 & 2 \\ 3 & 4 \end{pmatrix}$, $B = \begin{pmatrix} 3 & -4 \\ -2 & 1 \end{pmatrix}$, $C = \begin{pmatrix} 2 & 0 \\ -3 & 5 \end{pmatrix}$ のとき, 次を求めよ. (1) AB (2) BA (3) $(CA)B$ (4) $B(AC)$

(III) 一般に, $\ell \times m$ 行列 A と $m \times n$ 行列 B に対して, A の各行ベクトルと B の各列ベクトルの積をとり, A と B の**積** AB を次で定める.

$$AB = \begin{pmatrix} a_{11} & a_{12} & \cdots & a_{1m} \\ & & \cdots & \\ a_{i1} & a_{i2} & \cdots & a_{im} \\ & & \cdots & \\ a_{\ell 1} & a_{\ell 2} & \cdots & a_{\ell m} \end{pmatrix}\begin{pmatrix} b_{11} & & b_{1j} & & b_{1n} \\ b_{21} & & b_{2j} & & b_{2n} \\ \vdots & \vdots & \vdots & \vdots & \vdots \\ b_{m1} & & b_{mj} & & b_{mn} \end{pmatrix}$$

$$= \begin{pmatrix} c_{11} & \cdots & c_{1j} & \cdots & c_{1n} \\ & \cdots & & \cdots & \\ c_{i1} & \cdots & c_{ij} & \cdots & c_{in} \\ & \cdots & & \cdots & \\ c_{\ell 1} & \cdots & c_{\ell j} & \cdots & c_{\ell n} \end{pmatrix}$$

ただし

$$c_{ij} = a_{i1}b_{1j} + a_{i2}b_{2j} + \cdots + a_{im}b_{mj} = \sum_{k=1}^{m} a_{ik}b_{kj}$$

このとき，行列 AB は $\ell \times n$ 型となる．ただし，A の列の個数と B の行の個数が異なるときは，A と B の積は定義されない．

例 1.7 (1) $\begin{pmatrix} 3 & -1 & 2 \\ 1 & 0 & -2 \end{pmatrix}\begin{pmatrix} 4 & -2 \\ 0 & 2 \\ -3 & 4 \end{pmatrix} = \begin{pmatrix} 6 & 0 \\ 10 & -10 \end{pmatrix}$

(2) $\begin{pmatrix} 3 & 2 & 4 \end{pmatrix}\begin{pmatrix} 1 & -2 & 4 \\ -3 & 1 & 0 \\ 2 & -3 & 5 \end{pmatrix} = \begin{pmatrix} 5 & -16 & 32 \end{pmatrix}$

問 1.13 次の行列の計算をせよ．

(1) $\begin{pmatrix} 1 & 2 & 3 \\ 4 & 5 & 6 \end{pmatrix}\begin{pmatrix} 2 & 1 \\ 1 & 0 \\ 0 & 2 \end{pmatrix}$ (2) $\begin{pmatrix} 2 & 1 \\ 1 & 0 \\ 0 & 2 \end{pmatrix}\begin{pmatrix} 1 & 2 & 3 \\ 4 & 5 & 6 \end{pmatrix}$ (3) $\begin{pmatrix} 3 & 2 & -1 \\ 2 & 3 & 5 \\ -1 & 4 & 6 \end{pmatrix}\begin{pmatrix} 2 & 1 \\ -4 & -3 \\ 3 & 2 \end{pmatrix}$

注意 連立1次方程式は行列を用いて表すことができる．例えば

$$\begin{cases} 2x - y = 1 \\ x - 2y = -4 \end{cases} \iff \begin{pmatrix} 2 & -1 \\ 1 & -2 \end{pmatrix}\begin{pmatrix} x \\ y \end{pmatrix} = \begin{pmatrix} 1 \\ -4 \end{pmatrix}$$

行列の積について，次の性質を確かめることができる．ただし，左辺の和，積などはすべて定義されているものとする．

定 理 1.3

(1) $(AB)C = A(BC)$ (2) $A(B+C) = AB + AC$

(3) $(A+B)C = AC + BC$ (4) $AO = O, \quad OA = O$

(5) $AE = A, \quad EA = A$ (6) $(\alpha A)B = A(\alpha B) = \alpha(AB)$

注意 性質 (1) を結合法則，性質 (2) と (3) を分配法則という．また，性質 (1), (6) が成り立つことから $(AB)C$, $(\alpha A)B$ をそれぞれ ABC, αAB とも書く．

証明 (1) $\ell \times m$ 行列 A の (i, j) 成分を a_{ij}，$m \times n$ 行列 B の (i, j) 成分を b_{ij}，$n \times p$ 行列 C の (i, j) 成分を c_{ij} とする．このとき

$$\begin{aligned}(AB)C \text{ の } (i,j) \text{ 成分} &= \sum_{s=1}^{n} (AB \text{ の } (i,s) \text{ 成分}) \cdot (C \text{ の } (s,j) \text{ 成分}) \\ &= \sum_{s=1}^{n} \left(\sum_{t=1}^{m} a_{it} b_{ts} \right) c_{sj} = \sum_{s=1}^{n} (a_{i1}b_{1s} + a_{i2}b_{2s} + \cdots + a_{im}b_{ms}) c_{sj} \\ &= a_{i1} \sum_{s=1}^{n} b_{1s}c_{sj} + a_{i2} \sum_{s=1}^{n} b_{2s}c_{sj} + \cdots + a_{im} \sum_{s=1}^{n} b_{ms}c_{sj}\end{aligned}$$

$$= \sum_{t=1}^{m} a_{it} \left(\sum_{s=1}^{n} b_{ts} c_{sj} \right) = \sum_{t=1}^{m} (A \text{ の } (i,t) \text{ 成分}) \cdot (BC \text{ の } (t,j) \text{ 成分})$$
$$= A(BC) \text{ の } (i,j) \text{ 成分}$$

よって，i, j の任意性より $(AB)C = A(BC)$ となる．

(2)〜(6) についても同様に示せる．■

問 1.14　定理 1.3 (2)〜(6) を示せ．

注意　例 1.6 から分かるように，行列の乗法では，数の乗法と異なる性質がある．

(i) 一般には，$AB \neq BA$ である．

特に，$AB = BA$ が成り立つとき，行列 A, B は**交換可能**または**可換**であるという．

(ii) $A \neq O, B \neq O$ であっても，$AB = O$ または $BA = O$ となることがある．

問 1.15　(1) $A = \begin{pmatrix} 2 & x \\ 3 & -1 \end{pmatrix}$, $B = \begin{pmatrix} y & 1 \\ -1 & 0 \end{pmatrix}$ が可換であるとき，x, y の値を求めよ．

(2) $A = \begin{pmatrix} 1 & x \\ x & y \end{pmatrix}$, $B = \begin{pmatrix} -8 & y \\ y & -2 \end{pmatrix}$ が $AB = O$ を満たすとき，x, y の値を求めよ．

◆ 行列の転置 ◆

$m \times n$ 行列 $A = (a_{ij})$ の行と列を入れ換えて得られる $n \times m$ 行列を A の**転置行列**といい，${}^tA$ と書く．

例 1.8　$A = \begin{pmatrix} 1 & 2 & 3 \\ 4 & 5 & 6 \end{pmatrix}$ は 2×3 型だから，${}^tA = \begin{pmatrix} 1 & 4 \\ 2 & 5 \\ 3 & 6 \end{pmatrix}$ は 3×2 型である．

行列の転置に関しては，次の演算法則が成り立つ．

定理 1.4

(1) ${}^t({}^tA) = A$　　(2) ${}^t(A + B) = {}^tA + {}^tB$

(3) ${}^t(\alpha A) = \alpha\, {}^tA$　　(4) ${}^t(AB) = {}^tB\, {}^tA$

証明　(1)〜(3) は定義から容易に分かる．

(4) A を $\ell \times m$ 型，B を $m \times n$ 型とすると，${}^tA$ は $m \times \ell$ 型，${}^tB$ は $n \times m$ 型だから，${}^t(AB)$ と ${}^tB\,{}^tA$ はともに $n \times \ell$ 型である．また

$$\begin{aligned}
{}^t(AB) \text{ の } (i,j) \text{ 成分} &= AB \text{ の } (j,i) \text{ 成分} \\
&= \sum_{s=1}^{m} (A \text{ の } (j,s) \text{ 成分})\cdot(B \text{ の } (s,i) \text{ 成分}) \\
&= \sum_{s=1}^{m} ({}^tA \text{ の } (s,j) \text{ 成分})\cdot({}^tB \text{ の } (i,s) \text{ 成分}) \\
&= \sum_{s=1}^{m} ({}^tB \text{ の } (i,s) \text{ 成分})\cdot({}^tA \text{ の } (s,j) \text{ 成分}) \\
&= {}^tB\,{}^tA \text{ の } (i,j) \text{ 成分}
\end{aligned}$$

よって，i, j の任意性より ${}^t(AB) = {}^tB\,{}^tA$ となる．■

♦ 行列の分割 ♦

行列をいくつかの縦線と横線で区切ることを行列の**分割**といい，区切られた各区画を行列と考えて，それらを**小行列**という．

例 1.9　$A = \begin{pmatrix} 1 & 2 & 3 & 4 \\ 5 & 6 & 7 & 8 \\ a & b & c & d \end{pmatrix} = \begin{pmatrix} A_{11} & A_{12} \\ A_{21} & A_{22} \end{pmatrix}$ と分割するとき，各小行列は $A_{11} = \begin{pmatrix} 1 & 2 & 3 \\ 5 & 6 & 7 \end{pmatrix}$, $A_{12} = \begin{pmatrix} 4 \\ 8 \end{pmatrix}$, $A_{21} = \begin{pmatrix} a & b & c \end{pmatrix}$, $A_{22} = \begin{pmatrix} d \end{pmatrix}$ である．

行列 A の列の分割と，行列 B の行の分割が同じであれば，積 AB は各小行列を数のときのように扱って計算できる．すなわち

定理 1.5

行列 A, B を分割するとき，各小行列 A_{ik} と B_{kj} の積が定義されているならば，次が成り立つ．

$$AB = \begin{pmatrix} A_{11} & \cdots & A_{1q} \\ \vdots & & \vdots \\ A_{p1} & \cdots & A_{pq} \end{pmatrix} \begin{pmatrix} B_{11} & \cdots & B_{1r} \\ \vdots & & \vdots \\ B_{q1} & \cdots & B_{qr} \end{pmatrix} = \begin{pmatrix} C_{11} & \cdots & C_{1r} \\ \vdots & C_{ij} & \vdots \\ C_{p1} & \cdots & C_{pr} \end{pmatrix}$$

ただし，任意の i, j $(i = 1, 2, \cdots, p\,;\, j = 1, 2, \cdots, r)$ に対して

$$C_{ij} = A_{i1}B_{1j} + A_{i2}B_{2j} + \cdots + A_{iq}B_{qj} = \sum_{k=1}^{q} A_{ik}B_{kj}$$

注意 行列の各列（各行）を小行列とする分割が，行列の列ベクトル表示（行ベクトル表示）である．

例 1.10 $\ell \times m$ 行列 $A = (a_{ij})$ と $m \times n$ 行列 $B = (b_{ij}) = \begin{pmatrix} \boldsymbol{b}_1 & \boldsymbol{b}_2 & \cdots & \boldsymbol{b}_n \end{pmatrix}$ に対して

$$AB = A\begin{pmatrix} \boldsymbol{b}_1 & \boldsymbol{b}_2 & \cdots & \boldsymbol{b}_n \end{pmatrix} = \begin{pmatrix} A\boldsymbol{b}_1 & A\boldsymbol{b}_2 & \cdots & A\boldsymbol{b}_n \end{pmatrix}$$

が成り立つ．実際

$$\begin{aligned}\begin{pmatrix} A\boldsymbol{b}_1 & A\boldsymbol{b}_2 & \cdots & A\boldsymbol{b}_n \end{pmatrix} \text{の } (i,j) \text{ 成分} &= A\boldsymbol{b}_j \text{の } (i,1) \text{ 成分} \\ &= \sum_{s=1}^{m} (A \text{ の } (i,s) \text{ 成分}) \cdot (\boldsymbol{b}_j \text{の } (s,1) \text{ 成分}) \\ &= \sum_{s=1}^{m} (A \text{ の } (i,s) \text{ 成分}) \cdot (B \text{ の } (s,j) \text{ 成分}) \\ &= AB \text{ の } (i,j) \text{ 成分}\end{aligned}$$

例 1.11 A を r 次正方行列，B を s 次正方行列とする．このとき，次が成り立つ．

$$\begin{pmatrix} A & O \\ O & E_s \end{pmatrix}\begin{pmatrix} E_r & O \\ X & B \end{pmatrix} = \begin{pmatrix} A & O \\ X & B \end{pmatrix}, \quad \begin{pmatrix} E_r & X \\ O & B \end{pmatrix}\begin{pmatrix} A & O \\ O & E_s \end{pmatrix} = \begin{pmatrix} A & X \\ O & B \end{pmatrix}$$

♦ 行列の m 乗 ♦

正方行列 A の m 個の積を A の $\boldsymbol{m}$ **乗**といい，A^m と表す．すなわち

$$A^1 = A, \quad A^2 = A^1A, \quad \cdots, \quad A^m = A^{m-1}A$$

ただし，$A^0 = E$ と定める．

例 1.12 $A = \begin{pmatrix} 2 & 3 \\ -1 & -1 \end{pmatrix}$ のとき，$A^2 = AA = \begin{pmatrix} 1 & 3 \\ -1 & -2 \end{pmatrix}$

$$A^3 = A^2A = \begin{pmatrix} -1 & 0 \\ 0 & -1 \end{pmatrix} = -E$$

$$A^4 = A^3A = -EA = -A = \begin{pmatrix} -2 & -3 \\ 1 & 1 \end{pmatrix}$$

問 1.16 次の行列 A に対して，A^3 と A^4 を求めよ．

(1) $\begin{pmatrix} 0 & -1 \\ 1 & 0 \end{pmatrix}$ (2) $\begin{pmatrix} -1 & -1 \\ 1 & 0 \end{pmatrix}$ (3) $\begin{pmatrix} -1 & 1 \\ 1 & -1 \end{pmatrix}$ (4) $\begin{pmatrix} 2 & 1 \\ -5 & -2 \end{pmatrix}$

問 1.17 $A = \begin{pmatrix} 1 & x \\ 2 & 1 \end{pmatrix}$ が $A^2 = \begin{pmatrix} y & 2 \\ z & w \end{pmatrix}$ を満たすとき，x, y, z, w の値を求めよ．

♦ ケーリー・ハミルトンの定理 ♦

定理 1.6（ケーリー・ハミルトン (**Cayley-Hamilton**) の定理）

2 次正方行列 $A = \begin{pmatrix} a & b \\ c & d \end{pmatrix}$ に対して，次の等式が成り立つ．

$$A^2 - (a+d)A + (ad-bc)E = O$$

証明 成分表示すればよい．

$$\begin{aligned} & A^2 - (a+d)A + (ad-bc)E \\ &= \begin{pmatrix} a & b \\ c & d \end{pmatrix}\begin{pmatrix} a & b \\ c & d \end{pmatrix} - (a+d)\begin{pmatrix} a & b \\ c & d \end{pmatrix} + (ad-bc)\begin{pmatrix} 1 & 0 \\ 0 & 1 \end{pmatrix} \\ &= \begin{pmatrix} a^2+bc & ab+bd \\ ac+cd & bc+d^2 \end{pmatrix} - \begin{pmatrix} a^2+ad & ab+bd \\ ac+cd & ad+d^2 \end{pmatrix} + \begin{pmatrix} ad-bc & 0 \\ 0 & ad-bc \end{pmatrix} \\ &= \begin{pmatrix} 0 & 0 \\ 0 & 0 \end{pmatrix} = O \end{aligned}$$

■

一般の n 次正方行列の場合については第 5 章で扱う．

例 1.13 $A = \begin{pmatrix} 2 & 3 \\ -1 & -1 \end{pmatrix}$ のとき，ケーリー・ハミルトンの定理より

$$A^2 - A + E = O$$

を得る．これを利用して A^4 を求めると（$x^4 = (x^2+x)(x^2-x+1) - x$ より）

$$A^4 = (A^2+A)(A^2-A+E) - A = -A = \begin{pmatrix} -2 & -3 \\ 1 & 1 \end{pmatrix}$$

問 1.18 (1) $A = \begin{pmatrix} 1 & 1 \\ 3 & 2 \end{pmatrix}$ のとき，$A^3 - A^2 - 8A + E$ を求めよ．

(2) $A = \begin{pmatrix} 4 & 3 \\ -7 & -5 \end{pmatrix}$ のとき，$A^5 + E$ を求めよ．

1.3 正則行列

数 $a\ (\neq 0)$ に対して，$ax = xa = 1$ を満たす数 x は a の逆数 $a^{-1}\ (= 1/a)$ である．行列に対しても，数の逆数に相当するものを考えてみる．

♦ 正則行列 ♦

正方行列 A に対して

$$AX = XA = E$$

を満たす正方行列 X が存在するとき，A は**正則行列**または**正則**であるという．

注意 この等式を満たす行列 X はいつでも存在するとは限らないが，存在すれば X は一意的である．実際，$AX = XA = E$ かつ $AY = YA = E$ とすると，$X = XE = X(AY) = (XA)Y = EY = Y$ である．

$AX = XA = E$ を満たす行列 X を A の**逆行列**といい，A^{-1} と書く（A インバースと読む）．従って，A が正則ならば

$$AA^{-1} = A^{-1}A = E$$

である．このとき，$A^{-1}A = AA^{-1} = E$ だから A^{-1} も正則で

$$(A^{-1})^{-1} = A$$

例 1.14 (1) 単位行列 E は，$EE = E$ だから，正則で $E^{-1} = E$ である．

(2) 零行列 O は，$OX = XO = O$ だから，正則でない．

(3) 行列 A の 1 つの列（または行）の成分がすべて 0 であれば，A は正則でない．

実際，$A = \begin{pmatrix} \boldsymbol{a}_1 & \cdots & \boldsymbol{a}_k & \cdots & \boldsymbol{a}_n \end{pmatrix}$ かつ $\boldsymbol{a}_k = \mathbf{0}$ に対して，A が正則であるとすると，$E = XA$ を満たす X が存在するので

$$\boldsymbol{e}_k = E \text{ の第 } k \text{ 列} = XA \text{ の第 } k \text{ 列} = X\boldsymbol{a}_k = X\mathbf{0} = \mathbf{0}$$

となり矛盾する．

(4) 行列 A が正則で $AB = E$（または $BA = E$）ならば，行列 B も正則である．

実際，$B = EB = A^{-1}AB = A^{-1}E = A^{-1}$ だから A^{-1} の正則性より B も正則である．

注意 実は，定理 3.13（または問 2.10 (3)）より「$AX = E$（または $XA = E$）を満たす X が存在すれば，A は正則で $A^{-1} = X$」が成り立つ．

例 1.15 $A = \begin{pmatrix} 1 & 2 \\ 3 & 5 \end{pmatrix}$ に対して，$X = \begin{pmatrix} -5 & 2 \\ 3 & -1 \end{pmatrix}$ とおくと

$$\begin{pmatrix} 1 & 2 \\ 3 & 5 \end{pmatrix}\begin{pmatrix} -5 & 2 \\ 3 & -1 \end{pmatrix} = \begin{pmatrix} 1 & 0 \\ 0 & 1 \end{pmatrix}, \quad \begin{pmatrix} -5 & 2 \\ 3 & -1 \end{pmatrix}\begin{pmatrix} 1 & 2 \\ 3 & 5 \end{pmatrix} = \begin{pmatrix} 1 & 0 \\ 0 & 1 \end{pmatrix}$$

すなわち，$AX = XA = E$ だから，A は正則で $A^{-1} = X$ である．

問 1.19 $X = \begin{pmatrix} 1 & -1 & -2 \\ -1 & 1 & 1 \\ 2 & -3 & -4 \end{pmatrix}$ を用いて，$A = \begin{pmatrix} 1 & -2 & -1 \\ 2 & 0 & -1 \\ -1 & -1 & 0 \end{pmatrix}$ が正則であることを示せ．

注意 逆行列の求め方は第2章2.2節で詳しく扱う．

定 理 1.7
行列 A, B が正則ならば，AB も正則で $(AB)^{-1} = B^{-1}A^{-1}$ である．

証明 $X = B^{-1}A^{-1}$ とおくと

$$(AB)X = ABB^{-1}A^{-1} = AEA^{-1} = AA^{-1} = E$$
$$X(AB) = B^{-1}A^{-1}AB = B^{-1}EB = B^{-1}B = E$$

すなわち，$(AB)X = X(AB) = E$ が成り立つ．よって，(AB) は正則で $(AB)^{-1} = X = B^{-1}A^{-1}$ である． ■

問 1.20 次を示せ．
(1) 行列 A が正則で $AB = AC$（または $BA = CA$）ならば，$B = C$
(2) 行列 A が正則ならば，${}^tA$ も正則で $({}^tA)^{-1} = {}^t(A^{-1})$
(3) 行列 $A_1, A_2, \cdots, A_m$ が正則ならば，$A_1A_2\cdots A_m$ も正則で

$$(A_1A_2\cdots A_m)^{-1} = A_m^{-1}A_{m-1}^{-1}\cdots A_1^{-1}$$

問 1.21 次を示せ．
(1) $\beta \neq 0$ のとき，$A^2 + \alpha A + \beta E = 0$ を満たす正方行列 A は正則である
(2) A と BA が共に正則ならば，B も正則で $B^{-1} = A(BA)^{-1}$ である
(3) A と AB が共に正則ならば，B も正則で $B^{-1} = (AB)^{-1}A$ である

♦ 2次正方行列の逆行列の公式 ♦

2次正方行列 $A = \begin{pmatrix} a & b \\ c & d \end{pmatrix}$ の正則性と逆行列の公式について考える．

ケーリー・ハミルトンの定理において，$|A| = ad - bc$（これを A の**行列式**という）とおくと，$A^2 - (a+d)A + |A|E = O$ より

$$|A|E = (a+d)A - A^2 \ \left(= A\left((a+d)E - A\right) = \left((a+d)E - A\right)A \ \right)$$

が成り立つ．一方

$$(a+d)E - A = \begin{pmatrix} a+d & 0 \\ 0 & a+d \end{pmatrix} - \begin{pmatrix} a & b \\ c & d \end{pmatrix} = \begin{pmatrix} d & -b \\ -c & a \end{pmatrix}$$

だから

$$|A|E = A\begin{pmatrix} d & -b \\ -c & a \end{pmatrix} = \begin{pmatrix} d & -b \\ -c & a \end{pmatrix}A$$

が成り立つ．従って

(i) $|A| \neq 0$ のとき，$X = \dfrac{1}{|A|}\begin{pmatrix} d & -b \\ -c & a \end{pmatrix}$ とおくと，上式より $AX = XA = E$ だから，A は正則で $A^{-1} = X = \dfrac{1}{|A|}\begin{pmatrix} d & -b \\ -c & a \end{pmatrix}$ である．

(ii) $|A| = 0$ のとき，A は正則でない．

実際，A が正則とすると，A^{-1} が存在するので

$$\begin{pmatrix} d & -b \\ -c & a \end{pmatrix} = \begin{pmatrix} d & -b \\ -c & a \end{pmatrix}AA^{-1} = |A|EA^{-1} = O$$

だから $a = b = c = d = 0$，すなわち $A = O$ となり矛盾する．

従って，2 次正方行列の正則性について次のことが分かる．

定 理 1.8 (逆行列の公式)

2 次正方行列 $A = \begin{pmatrix} a & b \\ c & d \end{pmatrix}$ と行列式 $|A| = ad - bc$ に対して

(1) $|A| \neq 0$ のとき，A は正則で $A^{-1} = \dfrac{1}{|A|}\begin{pmatrix} d & -b \\ -c & a \end{pmatrix}$ である．

(2) $|A| = 0$ のとき，A は正則でない．

一般の n 次正方行列 A に対する行列式 $|A|$ については第 3 章で定義し，3.3 節で一般の逆行列の公式を導く．

例 1.16 (1) $A = \begin{pmatrix} 1 & 2 \\ 3 & 5 \end{pmatrix}$ のとき，$|A| = -1\ (\neq 0)$ だから，A は正則で $A^{-1} = \dfrac{1}{|A|}\begin{pmatrix} 5 & -2 \\ -3 & 1 \end{pmatrix} = \begin{pmatrix} -5 & 2 \\ 3 & -1 \end{pmatrix}$ である．

(2) $B = \begin{pmatrix} 1 & -2 \\ -2 & 4 \end{pmatrix}$ のとき，$|B| = 0$ だから，B は正則でない．すなわち B の逆行列は存在しない．

問 1.22 次の行列 A の正則性を調べ，正則ならば逆行列 A^{-1} を求めよ．

(1) $\begin{pmatrix} 1 & 2 \\ 3 & 4 \end{pmatrix}$ (2) $\begin{pmatrix} 3 & 6 \\ 1 & 2 \end{pmatrix}$ (3) $\begin{pmatrix} 2 & 0 \\ 0 & 3 \end{pmatrix}$ (4) $\begin{pmatrix} \cos\theta & -\sin\theta \\ \sin\theta & \cos\theta \end{pmatrix}$

問 1.23 次の行列 A が正則でないとき，x の値を求めよ．

(1) $\begin{pmatrix} 1-x & -4 \\ -3 & 2-x \end{pmatrix}$ (2) $\begin{pmatrix} x+4 & 4x+1 \\ x+2 & 3x \end{pmatrix}$ (3) $\begin{pmatrix} 2x-x^2 & 12 \\ 5x & 9-3x \end{pmatrix}$

問 1.24 $A = \begin{pmatrix} 5 & -3 \\ 4 & -2 \end{pmatrix}, B = \begin{pmatrix} 1 & 3 \\ -2 & 4 \end{pmatrix}$ のとき，$AX = B, YA = B$ を満たす行列 X, Y を求めよ．

◆ 2次正方行列の m 乗 ◆

m を自然数とする．対角行列 $A = \begin{pmatrix} \alpha & 0 \\ 0 & \beta \end{pmatrix}$ の m 乗は対角行列である．

$$A^2 = \begin{pmatrix} \alpha^2 & 0 \\ 0 & \beta^2 \end{pmatrix},\ A^3 = \begin{pmatrix} \alpha^3 & 0 \\ 0 & \beta^3 \end{pmatrix},\ \cdots,\ A^m = \begin{pmatrix} \alpha^m & 0 \\ 0 & \beta^m \end{pmatrix}$$

さらに，$\alpha \neq 0, \beta \neq 0$ のとき，$A = \begin{pmatrix} \alpha & 0 \\ 0 & \beta \end{pmatrix}$ は正則で

$$A^{-1} = \begin{pmatrix} \alpha^{-1} & 0 \\ 0 & \beta^{-1} \end{pmatrix} \text{ より } A^{-m} = \begin{pmatrix} \alpha^{-m} & 0 \\ 0 & \beta^{-m} \end{pmatrix}$$

対角行列の m 乗は簡単に求められるが，一般の行列の m 乗を求めることは易しくない．しかし，対角行列でない行列であっても，別の行列（変換行列という）の正則性を利用して行列の m 乗を求められる場合がある．

例題 1.17 $A = \begin{pmatrix} 1 & -2 \\ 1 & 4 \end{pmatrix}, P = \begin{pmatrix} -2 & -1 \\ 1 & 1 \end{pmatrix}$ のとき，$P^{-1}AP$ と A^m を求めよ．

解答 $|P| = -1\ (\neq 0)$ より P は正則で $P^{-1} = \begin{pmatrix} -1 & -1 \\ 1 & 2 \end{pmatrix}$ である．従って

$$P^{-1}AP = \begin{pmatrix} -1 & -1 \\ 1 & 2 \end{pmatrix}\begin{pmatrix} 1 & -2 \\ 1 & 4 \end{pmatrix}\begin{pmatrix} -2 & -1 \\ 1 & 1 \end{pmatrix} = \begin{pmatrix} 2 & 0 \\ 0 & 3 \end{pmatrix}$$

（なお，この P を A に対する変換行列という）．ここで，$B = P^{-1}AP$ とおくと，$B^m = \begin{pmatrix} 2^m & 0 \\ 0 & 3^m \end{pmatrix}$．一方，$A = PBP^{-1}$ だから

$$A^2 = AA = (PBP^{-1})(PBP^{-1}) = PB(P^{-1}P)BP^{-1} = PB^2P^{-1}$$
$$A^3 = A^2A = (PB^2P^{-1})(PBP^{-1}) = PB^2(P^{-1}P)BP^{-1} = PB^3P^{-1}$$

以下同様にして，一般に $A^m = PB^mP^{-1}$ が成り立つ．よって

$$A^m = \begin{pmatrix} -2 & -1 \\ 1 & 1 \end{pmatrix}\begin{pmatrix} 2^m & 0 \\ 0 & 3^m \end{pmatrix}\begin{pmatrix} -1 & -1 \\ 1 & 2 \end{pmatrix}$$
$$= \begin{pmatrix} 2^{m+1} - 3^m & 2^{m+1} - 2\cdot 3^m \\ -2^m + 3^m & -2^m + 2\cdot 3^m \end{pmatrix}$$

を得る（例題 5.8 (1)，例題 5.9 (1) 参照）. ■

注意　行列 A に対する変換行列 P の求め方については第 5 章で扱う.

問 1.25　次の行列 A, P に対して，$P^{-1}AP$ と A^m を求めよ.

(1) $A = \begin{pmatrix} 3 & -2 \\ 1 & 0 \end{pmatrix}, P = \begin{pmatrix} 1 & 2 \\ 1 & 1 \end{pmatrix}$　　(2) $A = \begin{pmatrix} 6 & -3 \\ 4 & -1 \end{pmatrix}, P = \begin{pmatrix} 3 & 1 \\ 4 & 1 \end{pmatrix}$

1.4　点の移動と 1 次変換

xy 平面上の点の移動と行列との関係について考える.

◆ 1 次変換 ◆

xy 平面上の点 P に，同じ平面上の点 Q をただ 1 つ対応させる規則 f が与えられているとき，この f による対応を**変換**といい

$$f : \mathrm{P} \longmapsto \mathrm{Q}, \qquad \mathrm{Q} = f(\mathrm{P})$$

などと表す．点 Q を変換 f による点 P の**像**という.

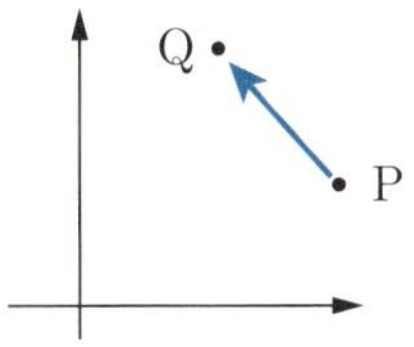

平面上の点 (x, y) を $\begin{pmatrix} x \\ y \end{pmatrix}$ と同一視して扱う.

行列 $A = \begin{pmatrix} a & b \\ c & d \end{pmatrix}$ に対して，変換 f が

$$f(\begin{pmatrix} x \\ y \end{pmatrix}) = \begin{pmatrix} a & b \\ c & d \end{pmatrix}\begin{pmatrix} x \\ y \end{pmatrix}$$

で定まるとき，この変換 f を **1 次変換**という．このとき，f を**行列 A の定める 1 次変換**といい，A は **1 次変換 f を表す行列**という.

例 1.18　x 軸，y 軸，原点，直線 $y = x$ に関する対称移動を表す行列は，それぞれ

$$\begin{pmatrix} 1 & 0 \\ 0 & -1 \end{pmatrix}, \quad \begin{pmatrix} -1 & 0 \\ 0 & 1 \end{pmatrix}, \quad \begin{pmatrix} -1 & 0 \\ 0 & -1 \end{pmatrix}, \quad \begin{pmatrix} 0 & 1 \\ 1 & 0 \end{pmatrix}$$

である．実際

$$\begin{pmatrix}1 & 0\\0 & -1\end{pmatrix}\begin{pmatrix}x\\y\end{pmatrix}=\begin{pmatrix}x\\-y\end{pmatrix},\quad \begin{pmatrix}-1 & 0\\0 & 1\end{pmatrix}\begin{pmatrix}x\\y\end{pmatrix}=\begin{pmatrix}-x\\y\end{pmatrix}$$

$$\begin{pmatrix}-1 & 0\\0 & -1\end{pmatrix}\begin{pmatrix}x\\y\end{pmatrix}=\begin{pmatrix}-x\\-y\end{pmatrix},\quad \begin{pmatrix}0 & 1\\1 & 0\end{pmatrix}\begin{pmatrix}x\\y\end{pmatrix}=\begin{pmatrix}y\\x\end{pmatrix}$$

従って，これらの対称移動は1次変換である．

単位行列 $E=\begin{pmatrix}1 & 0\\0 & 1\end{pmatrix}$ の表す1次変換は，$\begin{pmatrix}1 & 0\\0 & 1\end{pmatrix}\begin{pmatrix}x\\y\end{pmatrix}=\begin{pmatrix}x\\y\end{pmatrix}$ であり，平面上のすべての点をそれ自身に移す．この変換を**恒等変換**という．

問 1.26 $\begin{pmatrix}2 & 3\\-4 & 1\end{pmatrix}$ を1次変換 f を表す行列とする．次の変換 f による像を求めよ．

(1) $f(\begin{pmatrix}1\\0\end{pmatrix})$ (2) $f(\begin{pmatrix}0\\1\end{pmatrix})$ (3) $f(\begin{pmatrix}2\\-1\end{pmatrix})$ (4) $f(\begin{pmatrix}4\\-5\end{pmatrix})$

例題 1.19 点 $(2,1)$ を点 $(3,2)$ に，点 $(5,3)$ を点 $(7,-1)$ に移す1次変換を表す行列 A を求めよ．

解答 $A\begin{pmatrix}2\\1\end{pmatrix}=\begin{pmatrix}3\\2\end{pmatrix}$，$A\begin{pmatrix}5\\3\end{pmatrix}=\begin{pmatrix}7\\-1\end{pmatrix}$ より $A\begin{pmatrix}2 & 5\\1 & 3\end{pmatrix}=\begin{pmatrix}3 & 7\\2 & -1\end{pmatrix}$

である．従って

$$A=\begin{pmatrix}3 & 7\\2 & -1\end{pmatrix}\begin{pmatrix}2 & 5\\1 & 3\end{pmatrix}^{-1}=\begin{pmatrix}3 & 7\\2 & -1\end{pmatrix}\begin{pmatrix}3 & -5\\-1 & 2\end{pmatrix}=\begin{pmatrix}2 & -1\\7 & -12\end{pmatrix}$$ ■

問 1.27 点 $(1,2)$ を点 $(3,5)$ に，点 $(3,5)$ を点 $(1,2)$ に移す1次変換を表す行列 A を求めよ．

例題 1.20 直線 $y=2x$ に関する対称移動 f を表す行列 A を求めよ．

解答 直線 $y=2x$ に関して，点 $\mathrm{P}(x,y)$ と対称な点を $\mathrm{Q}(x',y')$ とする．この2点の傾き，および2点の中点との関係から

$$2\cdot\frac{y'-y}{x'-x}=-1 \quad および \quad \frac{y'+y}{2}=2\cdot\frac{x'+x}{2}$$

だから

$$\begin{cases} x'+2y'=x+2y\\ -2x'+y'=2x-y\end{cases} \quad すなわち \quad \begin{pmatrix}1 & 2\\-2 & 1\end{pmatrix}\begin{pmatrix}x'\\y'\end{pmatrix}=\begin{pmatrix}1 & 2\\2 & -1\end{pmatrix}\begin{pmatrix}x\\y\end{pmatrix}$$

従って

$$\begin{pmatrix} x' \\ y' \end{pmatrix} = \begin{pmatrix} 1 & 2 \\ -2 & 1 \end{pmatrix}^{-1} \begin{pmatrix} 1 & 2 \\ 2 & -1 \end{pmatrix} \begin{pmatrix} x \\ y \end{pmatrix}$$

$$= \frac{1}{5} \begin{pmatrix} 1 & -2 \\ 2 & 1 \end{pmatrix} \begin{pmatrix} 1 & 2 \\ 2 & -1 \end{pmatrix} \begin{pmatrix} x \\ y \end{pmatrix} = \frac{1}{5} \begin{pmatrix} -3 & 4 \\ 4 & 3 \end{pmatrix} \begin{pmatrix} x \\ y \end{pmatrix}$$

よって，f は 1 次変換であり，$A = \dfrac{1}{5} \begin{pmatrix} -3 & 4 \\ 4 & 3 \end{pmatrix}$ である． ■

問 1.28　直線 $y = -3x$ に関する対称移動 f を表す行列 A を求めよ．

♦ 合成変換 ♦

1 次変換 f, g を表す行列を，それぞれ A, B とする．f により点 $\mathrm{P}(x, y)$ が点 $\mathrm{Q}(x', y')$ に移され，次に g により点 $\mathrm{Q}(x', y')$ が点 $\mathrm{R}(x'', y'')$ に移されるとすると，$\begin{pmatrix} x' \\ y' \end{pmatrix} = A \begin{pmatrix} x \\ y \end{pmatrix}$, $\begin{pmatrix} x'' \\ y'' \end{pmatrix} = B \begin{pmatrix} x' \\ y' \end{pmatrix}$ である．よって

$$\begin{pmatrix} x'' \\ y'' \end{pmatrix} = B \left\{ A \begin{pmatrix} x \\ y \end{pmatrix} \right\} = BA \begin{pmatrix} x \\ y \end{pmatrix}$$

すなわち，BA は点 $\mathrm{P}(x, y)$ を点 $\mathrm{R}(x'', y'')$ に移す 1 次変換を表す行列である．この 1 次変換を f と g の**合成変換**といい，$g \circ f$ と書く．すなわち

$$(g \circ f) \left(\begin{pmatrix} x \\ y \end{pmatrix} \right) = BA \begin{pmatrix} x \\ y \end{pmatrix}$$

例題 1.21　行列 $\begin{pmatrix} 2 & 4 \\ -1 & 3 \end{pmatrix}$, $\begin{pmatrix} -3 & 1 \\ 2 & 0 \end{pmatrix}$ の表す 1 次変換を，それぞれ f, g とするとき，合成変換 $g \circ f$ と $f \circ g$ の表す行列を求めよ．

解答　$g \circ f$ を表す行列は $\begin{pmatrix} -3 & 1 \\ 2 & 0 \end{pmatrix} \begin{pmatrix} 2 & 4 \\ -1 & 3 \end{pmatrix} = \begin{pmatrix} -7 & -9 \\ 4 & 8 \end{pmatrix}$ である．

また，$f \circ g$ を表す行列は $\begin{pmatrix} 2 & 4 \\ 1 & 3 \end{pmatrix} \begin{pmatrix} -3 & 1 \\ 2 & 0 \end{pmatrix} = \begin{pmatrix} 2 & 2 \\ 0 & 1 \end{pmatrix}$ である． ■

注意　2 つの変換 f, g に対して，一般には $g \circ f \neq f \circ g$ である．

問 1.29　行列 $A = \begin{pmatrix} -4 & -2 \\ 3 & 1 \end{pmatrix}$, $B = \begin{pmatrix} 2 & -5 \\ -1 & 3 \end{pmatrix}$ の表す 1 次変換を，それぞれ f, g とするとき，点 $(2, -3)$ の合成変換 $g \circ f$ と $f \circ g$ による像をそれぞれ求めよ．

◆ 逆変換 ◆

1 次変換 f を表す行列 A が正則であれば

$$\begin{pmatrix} x' \\ y' \end{pmatrix} = A \begin{pmatrix} x \\ y \end{pmatrix} \iff \begin{pmatrix} x \\ y \end{pmatrix} = A^{-1} \begin{pmatrix} x' \\ y' \end{pmatrix}$$

従って，A^{-1} は点 (x', y') を点 (x, y) に移す 1 次変換を表す行列である．この 1 次変換を f の**逆変換**といい，f^{-1} と書く．

A が正則のとき，$A^{-1}A = AA^{-1} = E$ より合成関数 $f^{-1} \circ f$ と $f \circ f^{-1}$ はいずれも恒等変換である．

また，$(A^{-1})^{-1} = A$ から $(f^{-1})^{-1} = f$ が成り立つ．

問 1.30 $A = \begin{pmatrix} 2 & 5 \\ 1 & 3 \end{pmatrix}$ で表される 1 次変換 f の逆変換を表す行列を求めよ．また，f によって点 $(4, -1)$ に移された元の点を求めよ．

◆ 回転移動 ◆

原点を中心として，一定の角 θ だけ回転する**回転移動**によって点 $\mathrm{P}(x, y)$ が点 $\mathrm{Q}(x', y')$ に移されるとする．極形式を用いて $x = r\cos\alpha$, $y = r\sin\alpha$ とすると

$$x' = r\cos(\alpha + \theta), \quad y' = r\sin(\alpha + \theta)$$

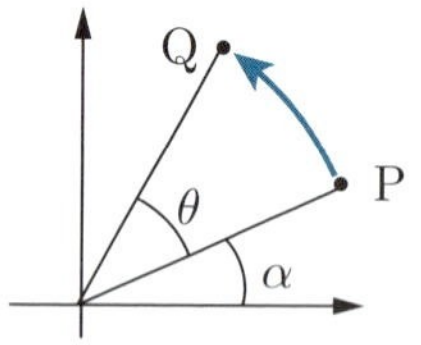

と書ける．このとき，加法定理より

$$x' = r(\cos\alpha\cos\theta - \sin\alpha\sin\theta) = x\cos\theta - y\sin\theta$$
$$y' = r(\sin\alpha\cos\theta + \cos\alpha\sin\theta) = x\sin\theta + y\cos\theta$$

だから原点を中心とし，回転角 θ の回転移動は

$$\begin{pmatrix} x' \\ y' \end{pmatrix} = \begin{pmatrix} \cos\theta & -\sin\theta \\ \sin\theta & \cos\theta \end{pmatrix} \begin{pmatrix} x \\ y \end{pmatrix}$$

で表される 1 次変換である．

例 1.22 原点を中心とする $\pi/6$ の回転移動を表す行列を A とすると

$$A = \begin{pmatrix} \cos(\pi/6) & -\sin(\pi/6) \\ \sin(\pi/6) & \cos(\pi/6) \end{pmatrix} = \frac{1}{2} \begin{pmatrix} \sqrt{3} & -1 \\ 1 & \sqrt{3} \end{pmatrix}$$

だから，この 1 次変換による点 $(2, 4)$ の像は

$$A \begin{pmatrix} 2 \\ 4 \end{pmatrix} = \frac{1}{2} \begin{pmatrix} \sqrt{3} & -1 \\ 1 & \sqrt{3} \end{pmatrix} \begin{pmatrix} 2 \\ 4 \end{pmatrix} = \begin{pmatrix} \sqrt{3} - 2 \\ 1 + 2\sqrt{3} \end{pmatrix}$$

より点 $(\sqrt{3} - 2, 1 + 2\sqrt{3})$ である．

問 1.31　原点を中心とする $2\pi/3$ の回転移動による点 $(6,-2)$ の像を求めよ．

原点を中心とし，角 θ だけ回転移動する 1 次変換を f とすると，その逆変換 f^{-1} は，原点を中心とし，角 $(-\theta)$ だけ回転移動する 1 次変換である．実際

$$\begin{pmatrix} \cos\theta & -\sin\theta \\ \sin\theta & \cos\theta \end{pmatrix}^{-1} = \begin{pmatrix} \cos\theta & \sin\theta \\ -\sin\theta & \cos\theta \end{pmatrix} = \begin{pmatrix} \cos(-\theta) & -\sin(-\theta) \\ \sin(-\theta) & \cos(-\theta) \end{pmatrix}$$

問 1.32　原点を中心とし，$\pi/6$ だけ回転移動する 1 次変換を f とするとき，その逆変換 f^{-1} を表す行列を求めよ．

原点を中心とし，角 α だけ回転移動する 1 次変換を f，角 β だけ回転移動する 1 次変換を g とするとき，合成変換 $g\circ f$ は，原点を中心とし，角 $\alpha+\beta$ だけ回転移動する 1 次変換である．実際

$$\begin{pmatrix} \cos\beta & -\sin\beta \\ \sin\beta & \cos\beta \end{pmatrix}\begin{pmatrix} \cos\alpha & -\sin\alpha \\ \sin\alpha & \cos\alpha \end{pmatrix} = \begin{pmatrix} \cos(\alpha+\beta) & -\sin(\alpha+\beta) \\ \sin(\alpha+\beta) & \cos(\alpha+\beta) \end{pmatrix}$$

一般に，整数 m に対して，次の等式が成り立つ．

$$\begin{pmatrix} \cos\theta & -\sin\theta \\ \sin\theta & \cos\theta \end{pmatrix}^{m} = \begin{pmatrix} \cos m\theta & -\sin m\theta \\ \sin m\theta & \cos m\theta \end{pmatrix}$$

例 1.23　直線 $y=x$ および y 軸に関する対称移動を，それぞれ f, g とするとき，合成変換 $g\circ f$ は，原点を中心とする $\pi/2$ の回転移動になる．実際，変換 f を表す行列は $A=\begin{pmatrix} 0 & 1 \\ 1 & 0 \end{pmatrix}$，変換 g を表す行列は $B=\begin{pmatrix} -1 & 0 \\ 0 & 1 \end{pmatrix}$ だから，変換 $g\circ f$ を表す行列は

$$BA=\begin{pmatrix} -1 & 0 \\ 0 & 1 \end{pmatrix}\begin{pmatrix} 0 & 1 \\ 1 & 0 \end{pmatrix}=\begin{pmatrix} 0 & -1 \\ 1 & 0 \end{pmatrix}=\begin{pmatrix} \cos(\pi/2) & -\sin(\pi/2) \\ \sin(\pi/2) & \cos(\pi/2) \end{pmatrix}$$

である．

問 1.33　原点を中心として，$\pi/4$ だけ回転移動する 1 次変換 f を表す行列を A とするとき，A^2, A^4, A^6, A^8, A^{-2} を求めよ．

問 1.34　直線 $y=2x+1$ が原点を中心とする $\pi/4$ の回転移動によって移される直線の方程式を求めよ．

1.5 章末問題*

◆ 行列の演算 ◆

問 1.35 $A=\begin{pmatrix}-3&-1&1\\4&3&-2\\0&1&-1\end{pmatrix}$, $B=\begin{pmatrix}-4&-1&0\\6&5&-2\\0&2&-2\end{pmatrix}$ のとき，次を求めよ．

(1) AB　(2) ${}^tB\,{}^tA$　(3) $(2A-B)(A-B)$　(4) $2A^2-3AB+B^2$

問 1.36 $A^2=\begin{pmatrix}5&4\\4&5\end{pmatrix}$ を満たす2次正方行列 A を求めよ．

問 1.37 $A=\begin{pmatrix}a&b\\c&d\end{pmatrix}$ が $A^2-A-2E=O$ を満たすとき，$a+d$, $ad-bc$ の値を求めよ．

問 1.38 $A=\begin{pmatrix}x&x-4\\0&y\end{pmatrix}$ が $A^2-7A+12E=O$ を満たすとき，x, y の値を求めよ．

◆ 行列の正則性 ◆

問 1.39 任意の実数 x に対して，$A=\begin{pmatrix}a+x&-1\\ax+1&x\end{pmatrix}$ が正則であるとき，実数 a の取りうる値の範囲を求めよ．

問 1.40 正方行列 A, 単位行列 E に対して，$E+A$ は正則とする．さらに，$B=(E-A)(E+A)^{-1}$ とするとき，次を示せ．

(1) $(E-A)(E+A)=(E+A)(E-A)$

(2) $E+B$ は正則で，$(E+B)^{-1}=\dfrac{1}{2}(E+A)$

(3) $A=(E-B)(E+B)^{-1}$

問 1.41 正方行列 A に対して，$A^m=O$ となる自然数 m が存在するとき，次を示せ．

(1) A は正則でない　(2) $(E-A)(E+A+\cdots+A^{m-1})=E$

(3) $E-A$ は正則で，$(E-A)^{-1}=E+A+\cdots+A^{m-1}$

問 1.42 正方行列 A, 単位行列 E, スカラー α と自然数 m に対して，次の等式を示せ．

$$(\alpha E+A)^m=\sum_{k=0}^{m}{}_m\mathrm{C}_k\,\alpha^{m-k}A^k \qquad \left(\text{ただし，}{}_m\mathrm{C}_k=\frac{m!}{k!(m-k)!}\right)$$
$$=\alpha^m E+m\alpha^{m-1}A+\frac{m(m-1)}{2}\alpha^{m-2}A^2+\cdots+m\alpha A^{m-1}+A^m$$

問 1.43 自然数 m に対して，次の等式を示せ．

(1) $\begin{pmatrix} \alpha & 1 \\ 0 & \alpha \end{pmatrix}^m = \begin{pmatrix} \alpha^m & m\alpha^{m-1} \\ 0 & \alpha^m \end{pmatrix}$

(2) $\begin{pmatrix} \alpha & 1 & 0 \\ 0 & \alpha & 1 \\ 0 & 0 & \alpha \end{pmatrix}^m = \begin{pmatrix} \alpha^m & m\alpha^{m-1} & \frac{m(m-1)}{2}\alpha^{m-2} \\ 0 & \alpha^m & m\alpha^{m-1} \\ 0 & 0 & \alpha^m \end{pmatrix}$

♦ いろいろな行列 ♦

${}^tA = A$ を満たす正方行列 A を**対称行列**といい，${}^tA = -A$ を満たす正方行列 A を**交代行列**という．

問 1.44 対称行列かつ交代行列は零行列であることを示せ．

問 1.45 任意の正方行列は対称行列と交代行列の和で一意的に書けることを示せ．

n 次正方行列 $A = (a_{ij})$ の対角成分の和を A の**トレース** (trace) といい，$\mathrm{tr}\,A$ と表す．すなわち，$\mathrm{tr}\,A = a_{11} + a_{22} + \cdots + a_{nn}$ である．

問 1.46 次を示せ．

(1) $\mathrm{tr}\,(A+B) = \mathrm{tr}\,A + \mathrm{tr}\,B$ (2) $\mathrm{tr}\,(AB) = \mathrm{tr}\,(BA)$

(3) P が正則ならば，$\mathrm{tr}\,(P^{-1}AP) = \mathrm{tr}\,A$

複素行列 $A = (a_{ij})$ の各成分をその共役複素数で置き換えて得られる行列を A の**共役行列**といい，$\overline{A} = (\overline{a_{ij}})$ と書く．さらに，$\overline{A} = (\overline{a_{ij}})$ の転置行列 ${}^t\overline{A}$ を A の**共役転置行列**または**随伴行列**といい，$A^* = (\overline{a_{ji}})$ と書く．

問 1.47 次の等式を示せ．

(1) $\overline{(\overline{A})} = A$ (2) $\overline{A+B} = \overline{A} + \overline{B}$ (3) $\overline{\alpha A} = \overline{\alpha}\overline{A}$ (4) $\overline{AB} = \overline{A}\,\overline{B}$

(5) $(A^*)^* = A$ (6) $(A+B)^* = A^* + B^*$ (7) $(\alpha A)^* = \overline{\alpha}A^*$ (8) $(AB)^* = B^*A^*$

♦ 1 次変換 ♦

問 1.48 xy 平面上の直線 $y = mx$ $(m \neq 0)$ に関する対称移動を表す行列 A を求めよ．

問 1.49 $A = \dfrac{1}{3}\begin{pmatrix} 2 & -1 \\ 1 & 2 \end{pmatrix}$ とする．

(1) $A = k\begin{pmatrix} \cos\theta & -\sin\theta \\ \sin\theta & \cos\theta \end{pmatrix}$ $(k > 0)$ のとき，$k, \cos\theta, \sin\theta$ の値を求めよ．

(2) 点 P を円 $x^2 + y^2 = 1$ 上の点とし，行列 A で表される平面上の点の移動によって，点 P は点 Q に移り，点 Q は点 R に移るとする．このとき，△PQR の面積 S を求めよ．

第2章

行列の基本変形

2.1 行列の基本変形

◆ 連立 1 次方程式と行列 ◆

連立 1 次方程式はその係数と定数項を行列の形に並べることで記述が簡単になる．例えば

$$\begin{cases} ax+by=p \\ cx+dy=q \end{cases} \iff \left(\begin{array}{cc|c} a & b & p \\ c & d & q \end{array}\right) ：拡大係数行列$$

例 2.1 次の連立 1 次方程式を解いてみよう．

(a) $\begin{cases} 2x-\ \ y=\ \ 1 \\ \ \ x-2y=-4 \end{cases}$ (a)′ $\left(\begin{array}{cc|c} 2 & -1 & 1 \\ 1 & -2 & -4 \end{array}\right)$

第 1 式と第 2 式を入れ換える　　第 1 行と第 2 行を入れ換える

(b) $\begin{cases} \ \ x-2y=-4 \\ 2x-\ \ y=\ \ 1 \end{cases}$ (b)′ $\left(\begin{array}{cc|c} 1 & -2 & -4 \\ 2 & -1 & 1 \end{array}\right)$

第 2 式に第 1 式の -2 倍を加える　　第 2 行に第 1 行の -2 倍を加える

(c) $\begin{cases} x-2y=-4 \\ \quad\ 3y=\ \ 9 \end{cases}$ (c)′ $\left(\begin{array}{cc|c} 1 & -2 & -4 \\ 0 & 3 & 9 \end{array}\right)$

第 2 式を 1/3 倍する　　第 2 行を 1/3 倍する

(d) $\begin{cases} x-2y=-4 \\ \quad\ \ \ y=\ \ 3 \end{cases}$ (d)′ $\left(\begin{array}{cc|c} 1 & -2 & -4 \\ 0 & 1 & 3 \end{array}\right)$

第 1 式に第 2 式の 2 倍を加える　　第 1 行に第 2 行の 2 倍を加える

(e) $\begin{cases} x \qquad = 2 \\ \quad\ \ y = 3 \end{cases}$ (e)′ $\left(\begin{array}{cc|c} 1 & 0 & 2 \\ 0 & 1 & 3 \end{array}\right)$

◆ 行列の基本変形 ◆

例 2.1 の連立 1 次方程式の解法を行列の推移で見れば，行列に次の 3 つの操作を行っていることが分かる．なお，記号 ⓘ は第 i 行を表すとする．

(I) 第 i 行と第 j 行を入れ換える　（ⓘ $\leftrightarrow$ ⓙ と略記）

(II) 第 i 行を $\alpha\ (\neq 0)$ 倍する　（ⓘ $\times\,\alpha$ と略記）

(III) 第 i 行に第 j 行の β 倍を加える　（ⓘ $+$ ⓙ $\times\,\beta$ と略記）

この 3 つの操作を行列の**行に関する基本変形**という．

注意 (1) 行列の列に関する基本変形も定義できるが，ここでは行に関する基本変形のみを扱い単に**基本変形**という．
(2) 行列の基本変形を用いた解法を**掃き出し法**という．

行列 A に有限回の基本変形を行って行列 B を得るとき，$A \to B$ と書く．また，実際に行う操作を明示的に記述するときには変形の過程で略記の記号を操作の順に書く．

◆ 行列のランク ◆

次の行列 A に基本変形を行うと

$$A = \begin{pmatrix} 0 & 1 & -3 & 2 \\ 0 & -3 & 9 & -5 \\ 0 & -2 & 6 & -6 \end{pmatrix} \underset{\substack{②+①\times 3 \\ ③+①\times 2}}{\longrightarrow} \begin{pmatrix} 0 & 1 & -3 & 2 \\ 0 & 0 & 0 & 1 \\ 0 & 0 & 0 & -2 \end{pmatrix} \underset{③+②\times 2}{\longrightarrow} \begin{pmatrix} 0 & 1 & -3 & 2 \\ 0 & 0 & 0 & 1 \\ 0 & 0 & 0 & 0 \end{pmatrix} = A'$$

すなわち $A \to A'$ を得る．変形された行列 A' は左下に 0 が階段状に並んでいて，段の高さがすべて 1 段である．このような行列を**階段行列**という．

一般に，A に有限回の基本変形を行って，第 r 行まで 0 以外の成分を含む階段行列

$$A' = \begin{pmatrix} 0\cdots 0 & a_{1\,j_1} & *\cdots & & & & \cdots * \\ 0\cdots & & \cdots 0 & a_{2\,j_2} & *\cdots & & \cdots * \\ \cdots & & & & \ddots & & \cdots \\ 0\cdots & & & & \cdots 0 & a_{r\,j_r} * & \cdots * \\ 0\cdots & & & & & & \cdots 0 \\ \cdots & & & & & & \cdots \\ 0\cdots & & & & & & \cdots 0 \end{pmatrix} \begin{matrix} \\ \\ \\ \text{第 } r \text{ 行} \\ \text{第 } r+1 \text{ 行} \\ \\ \\ \end{matrix}$$

（ただし，$a_{1\,j_1}, a_{2\,j_2}, \cdots, a_{r\,j_r} \neq 0$）に変形できるとき，この r を A の**階数**または**ランク**といい，$\mathrm{rank}\,A$ と書く．すなわち

$$\operatorname{rank} A = \operatorname{rank} A' = r$$

ただし，零行列 O に対しては $\operatorname{rank} O = 0$ と定める．

注意　行列 A を階段行列に変形する手順は 1 通りではなく，得られた階段行列も同じになるとは限らないが，それらのランクの値 r は同じになる．すなわち，行列 A のランクは一意的である．

$m \times n$ 行列 A に対して，次のことが分かる．

$$\operatorname{rank} A \leqq m \quad \text{かつ} \quad \operatorname{rank} A \leqq n$$

例 2.2　次の行列のランクを求めてみよう．

(1) $$A = \begin{pmatrix} 1 & -2 & 0 \\ 2 & -4 & 4 \\ -1 & 4 & -1 \end{pmatrix} \underset{\substack{②+①\times(-2) \\ ③+①}}{\longrightarrow} \begin{pmatrix} 1 & -2 & 0 \\ 0 & 0 & 4 \\ 0 & 2 & -1 \end{pmatrix} \underset{②\leftrightarrow③}{\longrightarrow} \begin{pmatrix} 1 & -2 & 0 \\ 0 & 2 & -1 \\ 0 & 0 & 4 \end{pmatrix}$$

よって，$\operatorname{rank} A = 3$ である．

(2) $$B = \begin{pmatrix} -2 & -1 & 1 & 3 \\ -1 & 4 & -1 & -3 \\ 0 & 0 & 2 & -1 \\ 1 & -1 & 0 & 0 \end{pmatrix} \underset{①\leftrightarrow④}{\longrightarrow} \begin{pmatrix} 1 & -1 & 0 & 0 \\ -1 & 4 & -1 & -3 \\ 0 & 0 & 2 & -1 \\ -2 & -1 & 1 & 3 \end{pmatrix}$$

$$\underset{\substack{②+① \\ ④+①\times 2}}{\longrightarrow} \begin{pmatrix} 1 & -1 & 0 & 0 \\ 0 & 3 & -1 & -3 \\ 0 & 0 & 2 & -1 \\ 0 & -3 & 1 & 3 \end{pmatrix} \underset{④+②}{\longrightarrow} \begin{pmatrix} 1 & -1 & 0 & 0 \\ 0 & 3 & -1 & -3 \\ 0 & 0 & 2 & -1 \\ 0 & 0 & 0 & 0 \end{pmatrix}$$

よって，$\operatorname{rank} B = 3$ である．

注意　階段行列への変形手順はいろいろと考えられるが，例えば，第 1 列，第 2 列，$\cdots$ の順に階段行列の形に変形していけば堂々巡りになることはない．もちろん，変形の過程でその都度工夫を加えてもよい．

問 2.1　次の行列 A のランクを求めよ．

(1) $\begin{pmatrix} 1 & 3 & -2 \\ -2 & 0 & 4 \\ 1 & 6 & -1 \end{pmatrix}$ (2) $\begin{pmatrix} -1 & 3 & -2 & 2 \\ 3 & -8 & 4 & -1 \\ 1 & -2 & 0 & 3 \end{pmatrix}$ (3) $\begin{pmatrix} 2 & 1 & -2 & 1 \\ -3 & 6 & 0 & 3 \\ 4 & -1 & 4 & -2 \end{pmatrix}$

(4) $\begin{pmatrix} 3 & -5 \\ 5 & 1 \\ 2 & 7 \\ -1 & 4 \end{pmatrix}$ (5) $\begin{pmatrix} 2 & -1 & 4 & -3 \\ -1 & 1 & 0 & 2 \\ 7 & 3 & 1 & 0 \\ 3 & 0 & -1 & 5 \end{pmatrix}$ (6) $\begin{pmatrix} 1 & 4 & 0 & 2 & 1 \\ 4 & 5 & -1 & -1 & 3 \\ 0 & 1 & -1 & 0 & 2 \\ -1 & 0 & 0 & 1 & 0 \end{pmatrix}$

例 2.3 次の行列 A は x で場合分けをする必要がある．

$$A = \begin{pmatrix} 1 & 1 & x \\ 1 & x & 1 \\ x & 1 & 1 \end{pmatrix} \xrightarrow[\substack{②+①\times(-1) \\ ③+①\times(-x)}]{} \begin{pmatrix} 1 & 1 & x \\ 0 & x-1 & 1-x \\ 0 & 1-x & 1-x^2 \end{pmatrix}$$

$$\xrightarrow[③+②]{} \begin{pmatrix} 1 & 1 & x \\ 0 & x-1 & -(x-1) \\ 0 & 0 & -(x-1)(x+2) \end{pmatrix}$$

従って

(i) $x=1$ のとき，$A \longrightarrow \begin{pmatrix} 1 & 1 & 1 \\ 0 & 0 & 0 \\ 0 & 0 & 0 \end{pmatrix}$ だから $\mathrm{rank}\,A = 1$.

(ii) $x=-2$ のとき，$A \longrightarrow \begin{pmatrix} 1 & 1 & -2 \\ 0 & -3 & 3 \\ 0 & 0 & 0 \end{pmatrix}$ だから $\mathrm{rank}\,A = 2$.

(iii) $x \neq 1, -2$ のとき，$\mathrm{rank}\,A = 3$.

問 2.2 次の行列 A のランクを求めよ．

(1) $\begin{pmatrix} 1 & 1 & 1 \\ 1 & x & 1 \\ x^2 & 1 & 1 \end{pmatrix}$ (2) $\begin{pmatrix} x & 1 & 1 & 1 \\ 1 & x & 1 & 1 \\ 1 & 1 & x & 1 \\ 1 & 1 & 1 & x \end{pmatrix}$ (3) $\begin{pmatrix} x & x & x & 1 \\ x & x & 1 & 1 \\ x & 1 & 1 & 1 \\ 1 & 1 & 1 & 1 \end{pmatrix}$

(4) $\begin{pmatrix} x^2 & x & 1 \\ x & x & 1 \\ 1 & 1 & 1 \end{pmatrix}$ (5) $\begin{pmatrix} x & x & x & x \\ x & x & x & 1 \\ x & x & 1 & 1 \\ x & 1 & 1 & 1 \end{pmatrix}$ (6) $\begin{pmatrix} x & x & x & 1 \\ x & x & 1 & x \\ x & 1 & x & x \\ 1 & x & x & x \end{pmatrix}$

♦ 基本行列 ♦

単位行列 E に 1 回だけの基本変形 ⓘ $\leftrightarrow$ ⓙ, ⓘ $\times \alpha$, ⓘ $+$ ⓙ $\times \beta$ を行うと

(I) $$E = \begin{pmatrix} \mathbf{e}'_1 \\ \vdots \\ \mathbf{e}'_i \\ \vdots \\ \mathbf{e}'_j \\ \vdots \\ \mathbf{e}'_n \end{pmatrix} \xrightarrow[ⓘ\leftrightarrowⓙ]{} P(i,j) = \begin{pmatrix} \mathbf{e}'_1 \\ \vdots \\ \mathbf{e}'_j \\ \vdots \\ \mathbf{e}'_i \\ \vdots \\ \mathbf{e}'_n \end{pmatrix} \begin{matrix} \\ \\ \leftarrow ⓘ \\ \\ \leftarrow ⓙ \\ \\ \\ \end{matrix}$$

$$\text{(II)}\quad E=\begin{pmatrix}\boldsymbol{e}'_1\\ \vdots\\ \boldsymbol{e}'_i\\ \vdots\\ \boldsymbol{e}'_n\end{pmatrix}\ \underset{ⓘ\times\alpha}{\longrightarrow}\ P(i;\alpha)=\begin{pmatrix}\boldsymbol{e}'_1\\ \vdots\\ \alpha\boldsymbol{e}'_i\\ \vdots\\ \boldsymbol{e}'_n\end{pmatrix}\begin{matrix}\\ \\ \leftarrow ⓘ\\ \\ \\ \end{matrix}$$

$$\text{(III)}\quad E=\begin{pmatrix}\boldsymbol{e}'_1\\ \vdots\\ \boldsymbol{e}'_i\\ \vdots\\ \boldsymbol{e}'_j\\ \vdots\\ \boldsymbol{e}'_n\end{pmatrix}\ \underset{ⓘ+ⓙ\times\beta}{\longrightarrow}\ P(i,j;\beta)=\begin{pmatrix}\boldsymbol{e}'_1\\ \vdots\\ \boldsymbol{e}'_i+\beta\boldsymbol{e}'_j\\ \vdots\\ \boldsymbol{e}'_j\\ \vdots\\ \boldsymbol{e}'_n\end{pmatrix}\begin{matrix}\\ \\ \leftarrow ⓘ\\ \\ \leftarrow ⓙ\\ \\ \\ \end{matrix}$$

を得る．これらの行列 $P(i,j)$, $P(i;\alpha)$, $P(i,j;\beta)$ を**基本行列**という．ただし，$j<i$ の場合は適宜変更を行うものとする．また，これらの基本行列にそれぞれ ⓘ $\leftrightarrow$ ⓙ, ⓘ $\times\alpha^{-1}$, ⓘ $+$ ⓙ $\times(-\beta)$ なる基本変形を行うと単位行列 E を得る．さらに，次の関係も容易に確かめられる．

$$P(i,j)P(i,j)=E$$
$$P(i;\alpha)P(i;\alpha^{-1})=P(i;\alpha^{-1})P(i;\alpha)=E$$
$$P(i,j;\beta)P(i,j;-\beta)=P(i,j;-\beta)P(i,j;\beta)=E$$

すなわち，基本行列は正則であり，次が成り立つ．

$$P(i,j)^{-1}=P(i,j)$$
$$P(i;\alpha)^{-1}=P(i;\alpha^{-1})$$
$$P(i,j;\beta)^{-1}=P(i,j;-\beta)$$

定理 2.1

$A\to B$ のとき，正則行列 P が存在して

$$B=PA$$

とできる．また，P は有限個の基本行列の積である．

証明 基本行列を A に左から掛けると

$$(\text{I})\quad P(i,j)A = \begin{pmatrix} \boldsymbol{e}'_1 \\ \vdots \\ \boldsymbol{e}'_j \\ \vdots \\ \boldsymbol{e}'_i \\ \vdots \\ \boldsymbol{e}'_n \end{pmatrix} A = \begin{pmatrix} \boldsymbol{e}'_1 A \\ \vdots \\ \boldsymbol{e}'_j A \\ \vdots \\ \boldsymbol{e}'_i A \\ \vdots \\ \boldsymbol{e}'_n A \end{pmatrix} = \begin{pmatrix} \boldsymbol{a}'_1 \\ \vdots \\ \boldsymbol{a}'_j \\ \vdots \\ \boldsymbol{a}'_i \\ \vdots \\ \boldsymbol{a}'_n \end{pmatrix} \begin{matrix} \\ \\ \leftarrow ⓘ \\ \\ \leftarrow ⓙ \\ \\ \\ \end{matrix}$$

$$(\text{II})\quad P(i;\alpha)A = \begin{pmatrix} \boldsymbol{e}'_1 \\ \vdots \\ \alpha\boldsymbol{e}'_i \\ \vdots \\ \boldsymbol{e}'_n \end{pmatrix} A = \begin{pmatrix} \boldsymbol{e}'_1 A \\ \vdots \\ \alpha\boldsymbol{e}'_i A \\ \vdots \\ \boldsymbol{e}'_n A \end{pmatrix} = \begin{pmatrix} \boldsymbol{a}'_1 \\ \vdots \\ \alpha\boldsymbol{a}'_i \\ \vdots \\ \boldsymbol{a}'_n \end{pmatrix} \begin{matrix} \\ \\ \leftarrow ⓘ \\ \\ \\ \end{matrix}$$

$$(\text{III})\quad P(i,j;\beta)A = \begin{pmatrix} \boldsymbol{e}'_1 \\ \vdots \\ \boldsymbol{e}'_i + \beta\boldsymbol{e}'_j \\ \vdots \\ \boldsymbol{e}'_j \\ \vdots \\ \boldsymbol{e}'_n \end{pmatrix} A = \begin{pmatrix} \boldsymbol{e}'_1 A \\ \vdots \\ \boldsymbol{e}'_i A + \beta\boldsymbol{e}'_j A \\ \vdots \\ \boldsymbol{e}'_j A \\ \vdots \\ \boldsymbol{e}'_n A \end{pmatrix} = \begin{pmatrix} \boldsymbol{a}'_1 \\ \vdots \\ \boldsymbol{a}'_i + \beta\boldsymbol{a}'_j \\ \vdots \\ \boldsymbol{a}'_j \\ \vdots \\ \boldsymbol{a}'_n \end{pmatrix} \begin{matrix} \\ \\ \leftarrow ⓘ \\ \\ \leftarrow ⓙ \\ \\ \\ \end{matrix}$$

ただし，$j < i$ の場合は適宜変更を行うものとする．このとき，次が成り立つ．

$$A \underset{ⓘ \leftrightarrow ⓙ}{\longrightarrow} P(i,j)A, \qquad A \underset{ⓘ \times \alpha}{\longrightarrow} P(i;\alpha)A, \qquad A \underset{ⓘ + ⓙ \times \beta}{\longrightarrow} P(i,j;\beta)A$$

従って，行列の 1 回の基本変形は，対応する基本行列を左から行列に掛けることに相当する．よって，$A \to B$ のとき，有限回実行した基本変形に対応する有限個の基本行列を A に左から掛ければ B が得られることになる．そのときの有限個の基本行列の積を P とおけば，$PA = B$ が成り立つ．また，基本行列の正則性と正則行列の積の正則性から P も正則となる．■

問 2.3 $A = \begin{pmatrix} 0 & 0 & 1 \\ 2 & 1 & 0 \\ 1 & 0 & 0 \end{pmatrix}$, $B = \begin{pmatrix} 0 & 0 & 1 \\ 0 & 1 & 0 \\ 1 & 0 & 0 \end{pmatrix}$, $E = \begin{pmatrix} 1 & 0 & 0 \\ 0 & 1 & 0 \\ 0 & 0 & 1 \end{pmatrix}$ に対して，$A \to B \to E$ と変形する．

(1) $PA = B$, $QB = E$ を満たす行列 P, Q を求めよ．

(2) A を基本行列の積で表せ．

♦ 正則行列とランク ♦

定理 2.2

n 次正方行列 A に対して，次は同値である．

(a) A は正則　　(b) $\mathrm{rank}\,A = n$　　(c) $A \to E_n$

証明　(a) ⇒ (b) : $\mathrm{rank}\,A = r < n$ とし，$A \to$ 階段行列 A' とする．このとき，定理 2.1 より正則行列 P が存在して $PA = A'$ とできる．また，A, P は正則だから PA も正則である．一方，$\mathrm{rank}\,A' = \mathrm{rank}\,A = r < n$ だから，A' の第 n 行の成分はすべて 0 となり A' $(= PA)$ は正則でない（例 1.14 (3) 参照）．これは PA の正則性に反するので $\mathrm{rank}\,A = n$ である．

(b) ⇒ (c) : 有限回の基本変形により

$$A \longrightarrow A' = \begin{pmatrix} b_{11} & & & * \\ & b_{22} & & \\ & & \ddots & \\ O & & & b_{nn} \end{pmatrix} \quad (b_{11}, b_{22}, \cdots, b_{nn} \neq 0)$$

と変形できる．次に，① $\times\, b_{11}^{-1}$, ② $\times\, b_{22}^{-1}$, $\cdots$, ⓝ $\times\, b_{nn}^{-1}$ の変形を行えば

$$A' \longrightarrow A'' = \begin{pmatrix} 1 & c_{12} & \cdots & c_{1\,n-1} & c_{1n} \\ & 1 & \cdots & c_{2\,n-1} & c_{2n} \\ & & \ddots & \vdots & \vdots \\ & & & 1 & c_{n-1\,n} \\ O & & & & 1 \end{pmatrix}$$

を得る．さらに，①+ⓝ$\times(-c_{1n})$, ②+ⓝ$\times(-c_{2n})$, $\cdots$, ($n-1$)+ⓝ$\times(-c_{n-1\,n})$ の変形を行って，第 n 列の $(1, n)$ 成分，$(2, n)$ 成分，$\cdots$，$(n-1, n)$ 成分を 0 にする．同様に，第 $n-1$ 列，第 $n-2$ 列，$\cdots$，第 2 列の成分に対して ①+($n-1$)$\times(-c_{1\,n-1})$, ②+($n-1$)$\times(-c_{2\,n-1})$, $\cdots$, ($n-2$)+($n-1$)$\times(-c_{n-2\,n-1})$, $\cdots$, ①+②$\times(-c_{12})$ の順に変形を行うと

$$A'' \longrightarrow \begin{pmatrix} 1 & & & O \\ & 1 & & \\ & & \ddots & \\ O & & & 1 \end{pmatrix} = E_n$$

(c) ⇒ (a) : 定理 2.1 より正則行列 P が存在して $E_n = PA$ とできる．このとき $P^{-1} = A$ であり，P^{-1} の正則性より A も正則となる．■

例 2.4 例 2.2 より次の行列 A, B の正則性が分かる.

(1) $A = \begin{pmatrix} 1 & -2 & 0 \\ 2 & -4 & 4 \\ -1 & 4 & -1 \end{pmatrix}$ は, $\operatorname{rank} A = 3$ だから正則である.

(2) $B = \begin{pmatrix} -2 & -1 & 1 & 3 \\ -1 & 4 & -1 & -3 \\ 0 & 0 & 2 & -1 \\ 1 & -1 & 0 & 0 \end{pmatrix}$ は, $\operatorname{rank} B = 3\ (\neq 4)$ だから正則でない.

問 2.4 次の行列 A の正則性を調べよ.

(1) $\begin{pmatrix} 1 & -2 & 2 \\ -2 & 4 & 2 \\ 1 & -1 & 5 \end{pmatrix}$ (2) $\begin{pmatrix} -1 & 2 & 1 & 2 \\ 5 & 2 & 3 & -6 \\ 5 & 4 & 1 & 8 \\ -2 & 7 & 4 & 5 \end{pmatrix}$ (3) $\begin{pmatrix} 1 & -2 & 4 & 5 \\ 3 & -3 & 15 & 10 \\ 2 & 11 & 8 & 0 \\ 1 & -8 & 4 & 5 \end{pmatrix}$

2.2 逆行列の求め方

♦ 掃き出し法 ♦

行列 A が正則であれば, 基本変形を用いて逆行列 A^{-1} を求めることができる (掃き出し法). 実際, 定理 2.2 より $A \to E$ とできるから, これと同じ基本変形を同じ順番で E に行って, $E \to X$ であれば, 行列 $\begin{pmatrix} A & E \end{pmatrix} \to \begin{pmatrix} E & X \end{pmatrix}$ となる. このとき, $X = A^{-1}$ であることが次の定理から分かる.

定 理 2.3
正方行列 X が存在して $\begin{pmatrix} A & E \end{pmatrix} \to \begin{pmatrix} E & X \end{pmatrix}$ と変形できるならば, A は正則で $A^{-1} = X$ となる.

証明 定理 2.1 より正則行列 P が存在して

$$\begin{pmatrix} E & X \end{pmatrix} = P\begin{pmatrix} A & E \end{pmatrix} = \begin{pmatrix} PA & PE \end{pmatrix} = \begin{pmatrix} PA & P \end{pmatrix}$$

とできる. このとき, $E = PA$ かつ $X = P$ である. P は正則だから $P^{-1} = A$ となり, さらに P^{-1} の正則性より A も正則で

$$A^{-1} = (P^{-1})^{-1} = P = X$$

となる. ■

注意　(1) 計算の途中で $\begin{pmatrix} A & E \end{pmatrix} \to \begin{pmatrix} E & X \end{pmatrix}$ への変形が不可能になったら（$\mathrm{rank}\, A \neq n$ だから）A は正則でない．すなわち，A は逆行列を持たないことが分かる．

(2) $\begin{pmatrix} E & X \end{pmatrix}$ への変形手順は，定理 2.2 の証明の (b) ⇒ (c) で示した手順 $A \to A' \to A'' \to E$ に従って変形すれば堂々巡りになることはない．もちろん，変形の過程でその都度工夫を加えてもよい．

例題 2.5　次の行列 A が正則ならば逆行列 A^{-1} を求めよ．

(1) $\begin{pmatrix} 3 & -3 \\ -1 & 2 \end{pmatrix}$　(2) $\begin{pmatrix} 1 & -1 & -1 \\ -1 & 2 & -1 \\ -1 & 1 & 1 \end{pmatrix}$　(3) $\begin{pmatrix} -1 & -1 & 1 \\ 1 & 0 & 1 \\ 0 & 1 & 1 \end{pmatrix}$

解答　(1) 掃き出し法を用いる．

$$\begin{pmatrix} A & E \end{pmatrix} = \left(\begin{array}{cc|cc} 3 & -3 & 1 & 0 \\ -1 & 2 & 0 & 1 \end{array}\right) \underset{①+②\times 2}{\longrightarrow} \left(\begin{array}{cc|cc} 1 & 1 & 1 & 2 \\ -1 & 2 & 0 & 1 \end{array}\right)$$

$$\underset{②+①}{\longrightarrow} \left(\begin{array}{cc|cc} 1 & 1 & 1 & 2 \\ 0 & 3 & 1 & 3 \end{array}\right) \underset{②\times(1/3)}{\longrightarrow} \left(\begin{array}{cc|cc} 1 & 1 & 1 & 2 \\ 0 & 1 & 1/3 & 1 \end{array}\right)$$

$$\underset{①+②\times(-1)}{\longrightarrow} \left(\begin{array}{cc|cc} 1 & 0 & 2/3 & 1 \\ 0 & 1 & 1/3 & 1 \end{array}\right) = \begin{pmatrix} E & X \end{pmatrix}$$

よって，A は正則で $A^{-1} = X = \dfrac{1}{3}\begin{pmatrix} 2 & 3 \\ 1 & 3 \end{pmatrix}$ である．■

(2) 掃き出し法を用いる．

$$\begin{pmatrix} A & E \end{pmatrix} = \left(\begin{array}{ccc|ccc} 1 & -1 & -1 & 1 & 0 & 0 \\ -1 & 2 & -1 & 0 & 1 & 0 \\ -1 & 1 & 1 & 0 & 0 & 1 \end{array}\right) \underset{\substack{②+① \\ ③+①}}{\longrightarrow} \left(\begin{array}{ccc|ccc} 1 & -1 & -1 & 1 & 0 & 0 \\ 0 & 1 & -2 & 1 & 1 & 0 \\ 0 & 0 & 0 & 1 & 0 & 1 \end{array}\right)$$

よって，（$\mathrm{rank}\, A = 2\ (\neq 3)$ であり）A は正則でない．■

(3) 掃き出し法を用いる．

$$\begin{pmatrix} A & E \end{pmatrix} = \left(\begin{array}{ccc|ccc} -1 & -1 & 1 & 1 & 0 & 0 \\ 1 & 0 & 1 & 0 & 1 & 0 \\ 0 & 1 & 1 & 0 & 0 & 1 \end{array}\right) \underset{\substack{①\leftrightarrow② \\ ②\leftrightarrow③}}{\longrightarrow} \left(\begin{array}{ccc|ccc} 1 & 0 & 1 & 0 & 1 & 0 \\ 0 & 1 & 1 & 0 & 0 & 1 \\ -1 & -1 & 1 & 1 & 0 & 0 \end{array}\right)$$

$$\underset{\substack{③+① \\ ③+②}}{\longrightarrow} \left(\begin{array}{ccc|ccc} 1 & 0 & 1 & 0 & 1 & 0 \\ 0 & 1 & 1 & 0 & 0 & 1 \\ 0 & 0 & 3 & 1 & 1 & 1 \end{array}\right) \underset{③\times(1/3)}{\longrightarrow} \left(\begin{array}{ccc|ccc} 1 & 0 & 1 & 0 & 1 & 0 \\ 0 & 1 & 1 & 0 & 0 & 1 \\ 0 & 0 & 1 & 1/3 & 1/3 & 1/3 \end{array}\right)$$

$$\xrightarrow[\substack{①+③\times(-1)\\ ②+③\times(-1)}]{} \left(\begin{array}{ccc:ccc} 1 & 0 & 0 & -1/3 & 2/3 & -1/3 \\ 0 & 1 & 0 & -1/3 & -1/3 & 2/3 \\ 0 & 0 & 1 & 1/3 & 1/3 & 1/3 \end{array}\right) = \begin{pmatrix} E & X \end{pmatrix}$$

よって，A は正則で $A^{-1} = X = \dfrac{1}{3}\begin{pmatrix} -1 & 2 & -1 \\ -1 & -1 & 2 \\ 1 & 1 & 1 \end{pmatrix}$ である． ■

問 2.5　次の行列 A が正則ならば逆行列 A^{-1} を求めよ．

(1) $\begin{pmatrix} 1 & 2 \\ 3 & 4 \end{pmatrix}$　(2) $\begin{pmatrix} 3 & -6 \\ -2 & 4 \end{pmatrix}$　(3) $\begin{pmatrix} 2 & -3 \\ -4 & 8 \end{pmatrix}$　(4) $\begin{pmatrix} 1 & 1 & 1 \\ 1 & 1 & 0 \\ 0 & 1 & 1 \end{pmatrix}$

(5) $\begin{pmatrix} 1 & -1 & -1 \\ 1 & 0 & 1 \\ 1 & 1 & 0 \end{pmatrix}$　(6) $\begin{pmatrix} 2 & -1 & 3 \\ 4 & -1 & 8 \\ -2 & 0 & -6 \end{pmatrix}$　(7) $\begin{pmatrix} 1 & 1 & 1 & 1 \\ 1 & 2 & 2 & 2 \\ 1 & 2 & 3 & 3 \\ 1 & 2 & 3 & 4 \end{pmatrix}$

2.3　連立 1 次方程式

◆ 連立 1 次方程式 ◆

n 個の未知数 $x_1, x_2, \cdots, x_n$ に関する m 個の式からなる**連立 1 次方程式**

$$(*) \qquad \begin{cases} a_{11}x_1 + a_{12}x_2 + \cdots + a_{1n}x_n = b_1 \\ a_{21}x_1 + a_{22}x_2 + \cdots + a_{2n}x_n = b_2 \\ \qquad \cdots\cdots \\ a_{m1}x_1 + a_{m2}x_2 + \cdots + a_{mn}x_n = b_m \end{cases}$$

の解法には掃き出し法（行列の基本変形）を用いることができる．ここで

$$A = \begin{pmatrix} a_{11} & a_{12} & \cdots & a_{1n} \\ a_{21} & a_{22} & \cdots & a_{2n} \\ & \cdots\cdots\cdots & & \\ a_{m1} & a_{m2} & \cdots & a_{mn} \end{pmatrix}, \quad \boldsymbol{x} = \begin{pmatrix} x_1 \\ x_2 \\ \vdots \\ x_n \end{pmatrix}, \quad \boldsymbol{b} = \begin{pmatrix} b_1 \\ b_2 \\ \vdots \\ b_m \end{pmatrix}$$

とおくと，$(*)$ は

$$A\boldsymbol{x} = \boldsymbol{b}$$

と書ける．A を $(*)$ の**係数行列**，$\begin{pmatrix} A & \boldsymbol{b} \end{pmatrix}$ を**拡大係数行列**という．

この拡大係数行列 $\begin{pmatrix} A & \boldsymbol{b} \end{pmatrix}$ を階段行列 $\begin{pmatrix} A' & \boldsymbol{b}' \end{pmatrix}$ に変形する．すなわち

$\begin{pmatrix} A & \boldsymbol{b} \end{pmatrix} \longrightarrow \begin{pmatrix} A' & \boldsymbol{b}' \end{pmatrix}$

$$= \left(\begin{array}{cccccc|c} a'_{1\,j_1} \cdots & & & & & \cdots a'_{1n} & b'_1 \\ & a'_{2\,j_2} \cdots & & & & \cdots a'_{2n} & b'_2 \\ & & \ddots & & & & \vdots \\ & & & & a'_{r\,j_r} & \cdots a'_{rn} & b'_r \\ & & & & & & b'_{r+1} \\ & O & & & & & 0 \\ & & & & & & 0 \end{array}\right) \leftarrow ⓡ$$

$(a'_{1\,j_1},\ a'_{2\,j_2},\ \cdots,\ a'_{r\,j_r} \neq 0)$ とする．これを連立1次方程式の形で書くと $A'\boldsymbol{x} = \boldsymbol{b}'$ すなわち

$$(**) \quad \begin{cases} a'_{1\,j_1}x_{j_1} + \cdots \quad \cdots + a'_{1n}x_n = b'_1 \\ \qquad a'_{2\,j_2}x_{j_2} + \cdots \quad \cdots + a'_{2n}x_n = b'_2 \\ \qquad\qquad \ddots \\ \qquad\qquad a'_{r\,j_r}x_{j_r} + \cdots + a'_{rn}x_n = b'_r \\ \qquad\qquad\qquad 0 = b'_{r+1} \end{cases}$$

である．もし，$b'_{r+1} = 0$ でないならば $(**)$ は解を持たない．

一方，定理 2.1 より正則行列 P が存在して

$$\begin{pmatrix} A' & \boldsymbol{b}' \end{pmatrix} = P\begin{pmatrix} A & \boldsymbol{b} \end{pmatrix} = \begin{pmatrix} PA & P\boldsymbol{b} \end{pmatrix}$$

とできるので（$PA = A'$, $P\boldsymbol{b} = \boldsymbol{b}'$ より）

$$A\boldsymbol{x} = \boldsymbol{b} \iff PA\boldsymbol{x} = P\boldsymbol{b} \iff A'\boldsymbol{x} = \boldsymbol{b}'$$

すなわち，2つの方程式 $(*)$ と $(**)$ の解の集合は一致する．

従って，$(*)$ および $(**)$ が解を持つための必要十分条件は（$b'_{r+1} = 0$ より）$\mathrm{rank}\begin{pmatrix} A' & \boldsymbol{b}' \end{pmatrix} = \mathrm{rank}\, A' = r$ すなわち $\mathrm{rank}\begin{pmatrix} A & \boldsymbol{b} \end{pmatrix} = \mathrm{rank}\, A\ (= r)$ である．

また，この条件が成り立つとき，$x_1, x_2, \cdots, x_n$ のうち $n-r$ 個の未知数（例えば，$x_{j_1}, x_{j_2}, \cdots, x_{j_r}$ 以外の $n-r$ 個の未知数）を任意定数 $c_1, c_2, \cdots, c_{n-r}$ とおくことにより残りの r 個の未知数（例えば，$x_{j_1}, x_{j_2}, \cdots, x_{j_r}$）を定めることができる．この $n-r$ 個の任意定数を含む解を連立1次方程式 $A\boldsymbol{x} = \boldsymbol{b}$ の**一般解**といい，任意定数に特別な数を代入した解を $A\boldsymbol{x} = \boldsymbol{b}$ の**特解**または**特殊解**という．また，この任意定数の個数 $n - r\ (= n - \mathrm{rank}\, A)$ を**解の自由度**という．

以上より次のことが分かる．

定理 2.4

A を $m \times n$ 行列とする．n 個の未知数からなる連立 1 次方程式 $A\boldsymbol{x} = \boldsymbol{b}$ が解を持つための必要十分条件は

$$\operatorname{rank}\begin{pmatrix} A & \boldsymbol{b} \end{pmatrix} = \operatorname{rank} A$$

である．また，$A\boldsymbol{x} = \boldsymbol{b}$ の解の自由度は $n - \operatorname{rank} A$ である．

注意　$\operatorname{rank}\begin{pmatrix} A & \boldsymbol{b} \end{pmatrix} = \operatorname{rank} A = n$ の場合は，解の自由度が 0 だから，$A\boldsymbol{x} = \boldsymbol{b}$ は任意定数を含まないただ 1 組の解のみを持つことになる．

例題 2.6　$\begin{cases} 2x - 3y = -1 \\ -6x + 9y = a \end{cases}$ が解を持つように a の値を定めよ．

解答　$A = \begin{pmatrix} 2 & -3 \\ -6 & 9 \end{pmatrix}$, $\boldsymbol{x} = \begin{pmatrix} x \\ y \end{pmatrix}$, $\boldsymbol{b} = \begin{pmatrix} -1 \\ a \end{pmatrix}$ とおくと，与式は $A\boldsymbol{x} = \boldsymbol{b}$ と書ける．ここで

$$\begin{pmatrix} A & \boldsymbol{b} \end{pmatrix} = \left(\begin{array}{cc|c} 2 & -3 & -1 \\ -6 & 9 & a \end{array}\right) \xrightarrow[②+①\times 3]{} \left(\begin{array}{cc|c} 2 & -3 & -1 \\ 0 & 0 & a-3 \end{array}\right)$$

だから $A\boldsymbol{x} = \boldsymbol{b}$ が解を持つための条件は $\operatorname{rank}\begin{pmatrix} A & \boldsymbol{b} \end{pmatrix} = \operatorname{rank} A = 1$ である．よって，$a - 3 = 0$ より $a = 3$ である．■

問 2.6　次の連立 1 次方程式が解を持つように a, b の値を定めよ．

(1) $\begin{cases} -3x + y = 2 \\ 6x - 2y = a \end{cases}$

(2) $\begin{cases} 2x - 6y - 2z = a - 1 \\ -x + 3y + z = 4 \\ 3x - y + 2z = -1 \end{cases}$

(3) $\begin{cases} x + 2z - w = 1 \\ 2x - y + 5z - 6w = a + 2 \\ 4x + 2y + 6z + 4w = 0 \\ -2x + y - 5z + 6w = b - 3 \end{cases}$

(4) $\begin{cases} 2x - y + 3z + 5w = 1 \\ x - 3y + 3z + 4w = a - 2 \\ 3x + y + 3z + 6w = b - 1 \\ x + 2y + w = 2 \end{cases}$

例 2.7　$A = \begin{pmatrix} 1 & 0 & -1 \\ 2 & -3 & -5 \\ 1 & -3 & -4 \end{pmatrix}$, $\boldsymbol{x} = \begin{pmatrix} x \\ y \\ z \end{pmatrix}$, $\boldsymbol{b} = \begin{pmatrix} a \\ b \\ c \end{pmatrix}$ のとき，$A\boldsymbol{x} = \boldsymbol{b}$ が解を持つための条件を考える．ここで

$$\begin{pmatrix} A & \boldsymbol{b} \end{pmatrix} = \left(\begin{array}{ccc|c} 1 & 0 & -1 & a \\ 2 & -3 & -5 & b \\ 1 & -3 & -4 & c \end{array}\right) \xrightarrow[\substack{②+①\times(-2) \\ ③+①\times(-1)}]{} \left(\begin{array}{ccc|c} 1 & 0 & -1 & a \\ 0 & -3 & -3 & b-2a \\ 0 & -3 & -3 & c-a \end{array}\right)$$

$$\underset{③+②\times(-1)}{\longrightarrow}\left(\begin{array}{ccc|c}1 & 0 & -1 & a\\ 0 & -3 & -3 & b-2a\\ 0 & 0 & 0 & a-b+c\end{array}\right)$$

だから $\operatorname{rank}\begin{pmatrix}A & \boldsymbol{b}\end{pmatrix}=\operatorname{rank}A=2$ ならば $A\boldsymbol{x}=\boldsymbol{b}$ は解を持つ．従って，与式が解を持つための条件は $a-b+c=0$ である．

問 2.7 次の連立1次方程式が解を持つための a, b, c の条件を求めよ．

(1) $\begin{cases}4x-\ y+3z=a\\ -5x+2y-3z=b\\ x-\ y\qquad =c\end{cases}$　　(2) $\begin{cases}3x+2y-\ z=a\\ -x+3y-2z=b\\ 2x+5y-3z=c\end{cases}$

例題 2.8 次の連立1次方程式を解け．

$$\begin{cases}x-y+\ z+\ w=2\\ 2x-y-2z-\ w=3\\ 3x-y-5z-3w=4\end{cases}$$

解答 掃き出し法を用いる．

$$\begin{pmatrix}A & \boldsymbol{b}\end{pmatrix}=\left(\begin{array}{cccc|c}1 & -1 & 1 & 1 & 2\\ 2 & -1 & -2 & -1 & 3\\ 3 & -1 & -5 & -3 & 4\end{array}\right)\underset{\substack{②+①\times(-2)\\ ③+①\times(-3)}}{\longrightarrow}\left(\begin{array}{cccc|c}1 & -1 & 1 & 1 & 2\\ 0 & 1 & -4 & -3 & -1\\ 0 & 2 & -8 & -6 & -2\end{array}\right)$$

$$\underset{\substack{①+②\\ ③+②\times(-2)}}{\longrightarrow}\left(\begin{array}{cccc|c}1 & 0 & -3 & -2 & 1\\ 0 & 1 & -4 & -3 & -1\\ 0 & 0 & 0 & 0 & 0\end{array}\right)$$

だから $\operatorname{rank}\begin{pmatrix}A & \boldsymbol{b}\end{pmatrix}=\operatorname{rank}A=2$ より与式は自由度 $4-\operatorname{rank}A=2$ の解を持ち

$$\begin{cases}x\quad -3z-2w=\ 1\\ \quad y-4z-3w=-1\end{cases}$$

を満たす．ここで，$z=c_1$, $w=c_2$ とおくと，$x=3z+2w+1=3c_1+2c_2+1$, $y=4z+3w-1=4c_1+3c_2-1$ である．従って，与式の一般解は

$$\begin{pmatrix}x\\ y\\ z\\ w\end{pmatrix}=c_1\begin{pmatrix}3\\ 4\\ 1\\ 0\end{pmatrix}+c_2\begin{pmatrix}2\\ 3\\ 0\\ 1\end{pmatrix}+\begin{pmatrix}1\\ -1\\ 0\\ 0\end{pmatrix}\quad(c_1, c_2\text{は任意定数})$$

で与えられる． ■

注意 $c_1 = c_2 = 0$ としたときの解 $\boldsymbol{x} = {}^t\begin{pmatrix} -1 & 1 & 0 & 0 \end{pmatrix}$ は与式の 1 つの特解を与える.

問 2.8 次の連立 1 次方程式を解け.

(1) $\begin{cases} x + y - z = 5 \\ 3x + z = 4 \\ 2y - 3z = 8 \end{cases}$ (2) $\begin{cases} x + y + z = 6 \\ 3x + 2y - z = 4 \\ 2x - y + 3z = 9 \end{cases}$

(3) $\begin{cases} x + 2y + z = 3 \\ x + 2y + 3z = 7 \\ x + 2y + 2z = 5 \end{cases}$ (4) $\begin{cases} 2x + y + z + 2w = -4 \\ x + 2y + 5z + 5w = 6 \\ 3x + 2y + 3z + 4w = -2 \end{cases}$

(5) $\begin{cases} x + y + z + w = 2 \\ 2x + y + 2z + 2w = 3 \\ x + z + w = 1 \end{cases}$ (6) $\begin{cases} 3x + y + 3z + 5w = -1 \\ 2x + y + z + 4w = 0 \\ x + y - z + 3w = 1 \end{cases}$

♦ 同次連立 1 次方程式 ♦

連立 1 次方程式の定数項がすべて 0 の場合

$$\begin{cases} a_{11}x_1 + a_{12}x_2 + \cdots + a_{1n}x_n = 0 \\ a_{21}x_1 + a_{22}x_2 + \cdots + a_{2n}x_n = 0 \\ \qquad\cdots\cdots \\ a_{m1}x_1 + a_{m2}x_2 + \cdots + a_{mn}x_n = 0 \end{cases}$$

を考える. この連立 1 次方程式 $A\boldsymbol{x} = \boldsymbol{0}$ を**同次連立 1 次方程式**という. 拡大係数行列 $\begin{pmatrix} A & \boldsymbol{0} \end{pmatrix}$ は $\operatorname{rank}\begin{pmatrix} A & \boldsymbol{0} \end{pmatrix} = \operatorname{rank} A$ を満たしているので, $A\boldsymbol{x} = \boldsymbol{0}$ は必ず解を持つ. 実際, $\boldsymbol{x} = \boldsymbol{0}$ は 1 つの解である. この解 $\boldsymbol{x} = \boldsymbol{0}$ を**自明解**といい, $\boldsymbol{x} \neq \boldsymbol{0}$ となる解 $\boldsymbol{x}$ を**非自明解**という.

$\operatorname{rank} A = n$ のとき, 定理 2.4 より解の自由度は 0 だから解は任意定数を含まない. よって, $A\boldsymbol{x} = \boldsymbol{0}$ はただ 1 組の解すなわち自明解 $\boldsymbol{x} = \boldsymbol{0}$ のみを持つ. 従って, 次のことが分かる.

定理 2.5

A を $m \times n$ 行列とする. n 個の未知数からなる同次連立 1 次方程式 $A\boldsymbol{x} = \boldsymbol{0}$ に対して

(I) 次は同値である.

(a) $A\boldsymbol{x} = \boldsymbol{0}$ は自明解のみを持つ

(b) $\operatorname{rank} A = n$

(II) 次は同値である.

(a) $A\boldsymbol{x} = \boldsymbol{0}$ は非自明解を持つ

(b) $\operatorname{rank} A \neq n$

(II) は (I) の対偶である. また, $\operatorname{rank} A \leqq n$ だから $\operatorname{rank} A \neq n$ ならば $\operatorname{rank} A < n$ である.

注意 (1) $\operatorname{rank} A \neq n$ のとき，$A\boldsymbol{x} = \boldsymbol{0}$ の一般解は自明解と非自明解からなる．

(2) 同次連立1次方程式に「掃き出し法」を適応する場合には拡大係数行列 $\begin{pmatrix} A & \boldsymbol{0} \end{pmatrix}$ の代わりに係数行列 A に対して基本変形を行えばよい．

例題 2.9 次の同次連立1次方程式を解け．

$$\begin{cases} x - y + z + w = 0 \\ 2x - y - 2z - w = 0 \\ 3x - y - 5z - 3w = 0 \end{cases}$$

解答 例題 2.8 において $\boldsymbol{b} = \boldsymbol{0}$ として同様の計算を行えば

$$A = \begin{pmatrix} 1 & -1 & 1 & 1 \\ 2 & -1 & -2 & 1 \\ 3 & -1 & -5 & -3 \end{pmatrix} \longrightarrow \begin{pmatrix} 1 & 0 & -3 & -2 \\ 0 & 1 & -4 & -3 \\ 0 & 0 & 0 & 0 \end{pmatrix}$$

だから $\operatorname{rank} A = 2\ (\neq 4)$ となり，与式は非自明解を持つことが分かる．また，与式の一般解は

$$\begin{pmatrix} x \\ y \\ z \\ w \end{pmatrix} = c_1 \begin{pmatrix} 3 \\ 4 \\ 1 \\ 0 \end{pmatrix} + c_2 \begin{pmatrix} 2 \\ 3 \\ 0 \\ 1 \end{pmatrix} \quad (c_1, c_2 \text{は任意定数})$$

で与えられる． ■

一般に，$\operatorname{rank} A = r\ (< n)$ のとき，同次連立1次方程式 $A\boldsymbol{x} = \boldsymbol{0}$ の解の自由度は $n - r$ であり，一般解 $\boldsymbol{x}$ は $A\boldsymbol{x} = \boldsymbol{0}$ の $n - r$ 個の非自明解 $\boldsymbol{x}_1, \boldsymbol{x}_2, \cdots, \boldsymbol{x}_{n-r}$ と任意定数 $c_1, c_2, \cdots, c_{n-r}$ を用いて

$$\boldsymbol{x} = c_1\boldsymbol{x}_1 + c_2\boldsymbol{x}_2 + \cdots + c_{n-r}\boldsymbol{x}_{n-r}$$

と書ける．この解 $\boldsymbol{x}_1, \boldsymbol{x}_2, \cdots, \boldsymbol{x}_{n-r}$ を $A\boldsymbol{x} = \boldsymbol{0}$ の**基本解**という．ただし，基本解の取り方は一意的でない．

例 2.10 例題 2.9 では $\{{}^t\begin{pmatrix} 3 & 4 & 1 & 0 \end{pmatrix}, {}^t\begin{pmatrix} 2 & 3 & 0 & 1 \end{pmatrix}\}$ は1組の基本解である．

例 2.11 $x + y + z = 0$ の一般解 $\boldsymbol{x} = {}^t\begin{pmatrix} x & y & z \end{pmatrix}$ は

$$\boldsymbol{x} = c_1 \begin{pmatrix} -1 \\ 1 \\ 0 \end{pmatrix} + c_2 \begin{pmatrix} -1 \\ 0 \\ 1 \end{pmatrix} \quad (c_1, c_2 \text{ は任意定数})$$

と書けるから，$\{{}^t\begin{pmatrix}-1 & 1 & 0\end{pmatrix}, {}^t\begin{pmatrix}-1 & 0 & 1\end{pmatrix}\}$ は 1 組の基本解である．

また，一般解 $\boldsymbol{x} = {}^t\begin{pmatrix}x & y & z\end{pmatrix}$ は

$$\boldsymbol{x} = c_1' \begin{pmatrix} 1 \\ 0 \\ -1 \end{pmatrix} + c_2' \begin{pmatrix} 0 \\ 1 \\ -1 \end{pmatrix} \quad (c_1', c_2' \text{ は任意定数})$$

とも書けるから，$\{{}^t\begin{pmatrix}1 & 0 & -1\end{pmatrix}, {}^t\begin{pmatrix}0 & 1 & -1\end{pmatrix}\}$ も 1 組の基本解である．

注意 $\boldsymbol{a} = \begin{pmatrix} -1 \\ 1 \\ 0 \end{pmatrix}$, $\boldsymbol{b} = \begin{pmatrix} -1 \\ 0 \\ 1 \end{pmatrix}$, $\boldsymbol{p} = \begin{pmatrix} 1 \\ 0 \\ -1 \end{pmatrix}$, $\boldsymbol{q} = \begin{pmatrix} 0 \\ 1 \\ -1 \end{pmatrix}$ とする．
$\boldsymbol{a} = (-1)\cdot\boldsymbol{p} + 1\cdot\boldsymbol{q}$, $\boldsymbol{b} = (-1)\cdot\boldsymbol{p} + 0\cdot\boldsymbol{q}$ より $c_1' = -(c_1 + c_2)$, $c_2' = c_1$ とおくと，$c_1\boldsymbol{a} + c_2\boldsymbol{b}\ (= -(c_1 + c_2)\boldsymbol{p} + c_1\boldsymbol{q}) = c_1'\boldsymbol{p} + c_2'\boldsymbol{q}$ である．

問 2.9 次の同次連立 1 次方程式の 1 組の基本解を求めよ．

(1) $\begin{cases} -6x - 3y + 3z = 0 \\ 4x + 2y - 2z = 0 \end{cases}$

(2) $\begin{cases} x + 2y + 2z = 0 \\ -x - y - 2z = 0 \\ x + 3y + 2z = 0 \end{cases}$

(3) $\begin{cases} 2x + 2y - z + 2w = 0 \\ x + 2y - 4z + 3w = 0 \\ 5x + 4y + z + 3w = 0 \end{cases}$

(4) $\begin{cases} 3x + y - z - 3w = 0 \\ x + y + z + w = 0 \\ 2x + 3y + 4z + 5w = 0 \\ x - z - 2w = 0 \end{cases}$

2.4 章末問題*

♦ 行列のランクと正則性 ♦

問 2.10 n 次正方行列 A, B に対して，次を示せ．

(1) A が正則 $\Longrightarrow$ A のどの行ベクトルも $\mathbf{0}$ でない

(2) AB のどの行ベクトルも $\mathbf{0}$ でない
$\Longrightarrow$ A のどの行ベクトルも $\mathbf{0}$ でない

(3) $AB = E \Longrightarrow BA = E$

(補足) 問 2.10 (3) より $AX = E$（または $XA = E$）を満たす行列 X が存在すれば $XA = E$（または $AX = E$）となり，A は正則で $X = A^{-1}$ となる（定理 3.13 参照）．すなわち

A が正則 $\iff$ $AX = E$ を満たす行列 X が存在する
$\iff$ $XA = E$ を満たす行列 X が存在する

問 2.11　正則行列は有限個の基本行列の積で表せることを示せ．

問 2.12　次の不等式を示せ．

$$\mathrm{rank}\,(AB) \leqq \mathrm{rank}\,A$$

問 2.13　$\mathrm{rank}\,A = r$ のとき，次の等式を満たす正則行列 P, Q が存在することを示せ．なお，E_r は r 次単位行列である．

$$PAQ = \begin{pmatrix} E_r & O \\ O & O \end{pmatrix}$$

問 2.14　次の等式を示せ．

(1) P が正則 $\Longrightarrow$ $\mathrm{rank}\,(PA) = \mathrm{rank}\,A$

(2) Q が正則 $\Longrightarrow$ $\mathrm{rank}\,(AQ) = \mathrm{rank}\,A$

(3) P, Q が正則 $\Longrightarrow$ $\mathrm{rank}\,(PAQ) = \mathrm{rank}\,A$

問 2.15　次の等式を示せ．

$$\mathrm{rank}\,{}^t\!A = \mathrm{rank}\,A$$

問 2.16　次の不等式を示せ．

$$\mathrm{rank}\,(AB) \leqq \mathrm{rank}\,B$$

問 2.17　行列のランクは一意的であることを示せ．

◆ 連立 1 次方程式 ◆

問 2.18　A を $m \times n$ 行列，$r = \mathrm{rank}\,A$ として，次を示せ．

(1) 連立 1 次方程式 $A\boldsymbol{x} = \boldsymbol{b}$ が解を持つとき，一般解 $\boldsymbol{x}$ は，$A\boldsymbol{x} = \boldsymbol{b}$ の 1 つの特解 $\boldsymbol{x}_*$ と同次連立 1 次方程式 $A\boldsymbol{x} = \boldsymbol{0}$ の一般解 $\boldsymbol{u}$ の和によって

$$\boldsymbol{x} = \boldsymbol{u} + \boldsymbol{x}_*$$

と書ける．

(2) さらに，$A\boldsymbol{x} = \boldsymbol{0}$ の $n - r$ 個の基本解を $\boldsymbol{x}_1, \cdots, \boldsymbol{x}_{n-r}$ とすると，

$$\boldsymbol{x} = c_1\boldsymbol{x}_1 + \cdots + c_{n-r}\boldsymbol{x}_{n-r} + \boldsymbol{x}_*$$

と書ける．

問 2.19　$A = \begin{pmatrix} 2 & 1 & 1 \\ 1 & 2 & 1 \\ 1 & 1 & 2 \end{pmatrix}$, $\boldsymbol{x} = \begin{pmatrix} x \\ y \\ z \end{pmatrix}$ とする．

(1) $A\boldsymbol{x} = \boldsymbol{x}$ を解け．　　(2) $A\boldsymbol{x} = 4\boldsymbol{x}$ を解け．

問 2.20　$A = \begin{pmatrix} 1 & 0 & 1 \\ -3 & 3 & 2 \\ 1 & -1 & 2 \end{pmatrix}$, $\boldsymbol{x} = \begin{pmatrix} x \\ y \\ z \end{pmatrix}$, $\boldsymbol{p} = \begin{pmatrix} 1 \\ 1 \\ 1 \end{pmatrix}$ とする．

(1) $\lambda \neq 2$ のとき，$(\lambda E - A)\boldsymbol{x} = \boldsymbol{0}$ は自明解のみを持つことを示せ．

(2) $(2E - A)\boldsymbol{x} + \boldsymbol{p} = \boldsymbol{0}$ を解け．　　(3) $(2E - A)^2\boldsymbol{x} = \boldsymbol{p}$ を解け．

第3章

行　列　式

3.1　行　列　式

第 1 章 1.3 節では 2 次正方行列 A の正則性に関連する値として行列式 $|A|$ を $|A| = ad - bc$ と定めた．一般の n 次正方行列 A に対する行列式 $|A|$ の定義には順列の性質を利用する．

♦ 順列 ♦

1 から n までの自然数を任意の順序で一列に並べたものを $\{1, 2, \cdots, n\}$ の**順列**といい，$(p_1 \ \ p_2 \ \ \cdots \ \ p_n)$ と書く．このような順列は全部で $n!$ 個ある．

例 3.1　2 文字の順列は $(1 \ \ 2)$ と $(2 \ \ 1)$ の $2! = 2$ 個である．

順列 $(p_1 \ \ p_2 \ \ \cdots \ \ p_n)$ に対して

　p_1 より後にあって，p_1 より小さい数の個数を k_1

　p_2 より後にあって，p_2 より小さい数の個数を k_2

以下同様にして $k_3, \cdots, k_n$ を定める．$k_n = 0$ である．

$$k_1 + k_2 + \cdots + k_{n-1} + k_n$$

を順列 $(p_1 \ \ p_2 \ \ \cdots \ \ p_n)$ の**転倒数**という．

例 3.2　(1) 順列 $(2 \ \ 3 \ \ 1)$ に対して，$k_1 = 1$, $k_2 = 1$ より転倒数は 2.

(2) 順列 $(3 \ \ 2 \ \ 1)$ に対して，$k_1 = 2$, $k_2 = 1$ より転倒数は 3.

順列 $(p_1 \ \ p_2 \ \ \cdots \ \ p_n)$ の転倒数が偶数のとき，$(p_1 \ \ p_2 \ \ \cdots \ \ p_n)$ は**偶順列**であるといい，奇数のときは**奇順列**であるという．また，順列 $(p_1 \ \ p_2 \ \ \cdots \ \ p_n)$ の**符号** $\varepsilon(p_1 \ \ p_2 \ \ \cdots \ \ p_n)$ を次のように定める．

$$\varepsilon(p_1 \ \ p_2 \ \ \cdots \ \ p_n) = \begin{cases} 1 & ((p_1 \ \ p_2 \ \ \cdots \ \ p_n) \text{ は偶順列}) \\ -1 & ((p_1 \ \ p_2 \ \ \cdots \ \ p_n) \text{ は奇順列}) \end{cases}$$

例 3.3　$\varepsilon(1 \ \ 2) = 1, \quad \varepsilon(2 \ \ 1) = -1, \quad \varepsilon(2 \ \ 3 \ \ 1) = 1, \quad \varepsilon(3 \ \ 2 \ \ 1) = -1$

問 3.1 次を求めよ.

(1) $\varepsilon(1\ \ 2\ \ 3)$ (2) $\varepsilon(1\ \ 3\ \ 2)$ (3) $\varepsilon(2\ \ 1\ \ 3)$ (4) $\varepsilon(3\ \ 1\ \ 2)$

順列 $(p_1\ \cdots\ p_i\ p_{i+1}\ \cdots\ p_n)$ の隣どうしの2つの数 p_i と p_{i+1} を入れ換えると，順列の転倒数が1つだけ変化するので，順列の符号が変わる．すなわち

$$\varepsilon(p_1\ \cdots\ p_i\ \ p_{i+1}\ \cdots\ p_n) = -\varepsilon(p_1\ \cdots\ p_{i+1}\ \ p_i\ \cdots\ p_n)$$

さらに，順列 $(p_1\ \cdots\ p_i\ \cdots\ p_j\ \cdots\ p_n)$ において，2つの数 p_i と p_j の入れ換えは $2(j-i)-1$ 回すなわち奇数回の隣りどうしの交換によって実現できるから，次のことが分かる．

定 理 3.1

順列の2つの数を入れ換えると，順列の符号が変わる．すなわち

$$\varepsilon(p_1\ \cdots\ p_i\ \cdots\ p_j\ \cdots\ p_n) = -\varepsilon(p_1\ \cdots\ p_j\ \cdots\ p_i\ \cdots\ p_n)$$

♦ 行列式 (determinant) の定義 ♦

n 次正方行列 $A=(a_{ij})$ に対して，n 次の**行列式** $|A|$ を次で定義する．

$$\begin{vmatrix} a_{11} & a_{12} & \cdots & a_{1n} \\ a_{21} & a_{22} & \cdots & a_{2n} \\ & \cdots\cdots\cdots & & \\ a_{n1} & a_{n2} & \cdots & a_{nn} \end{vmatrix} = \sum \varepsilon(p_1\ \ p_2\ \cdots\ p_n) a_{1p_1} a_{2p_2} \cdots a_{np_n}$$

ただし，$\sum$ は $\{1,2,\cdots,n\}$ の $n!$ 個からなるすべての順列に関する和である．また，行列式 $|A|$ は $\det A$ などと書くこともある．

注意 行列式 $|A|$ は「行列 A の各行各列からそれぞれ1つずつ取り出した n 個の成分の積に，取り出し方に対応する順列の符号を付けた $n!$ 個の数の総和」である．よって，行列式 $|A|$ は行列 A に対応する1つの数値である．

例 3.4 (1) $n=1$ のとき（1次の行列式）

$$|\,a_{11}\,| = a_{11}$$

(2) $n=2$ のとき（2次の行列式）

$$\begin{vmatrix} a_{11} & a_{12} \\ a_{21} & a_{22} \end{vmatrix} = a_{11}a_{22} - a_{12}a_{21}$$

(3) $n=3$ のとき（3 次の行列式）

$$\begin{vmatrix} a_{11} & a_{12} & a_{13} \\ a_{21} & a_{22} & a_{23} \\ a_{31} & a_{32} & a_{33} \end{vmatrix} = a_{11}a_{22}a_{33} + a_{12}a_{23}a_{31} + a_{13}a_{21}a_{32} \\ -a_{13}a_{22}a_{31} - a_{12}a_{21}a_{33} - a_{11}a_{23}a_{32}$$

♦ サラス (Sarrus) の方法 ♦

2 次と 3 次の行列式は，**サラスの方法**とよばれる次のサラスの図で記憶しておくと便利である．

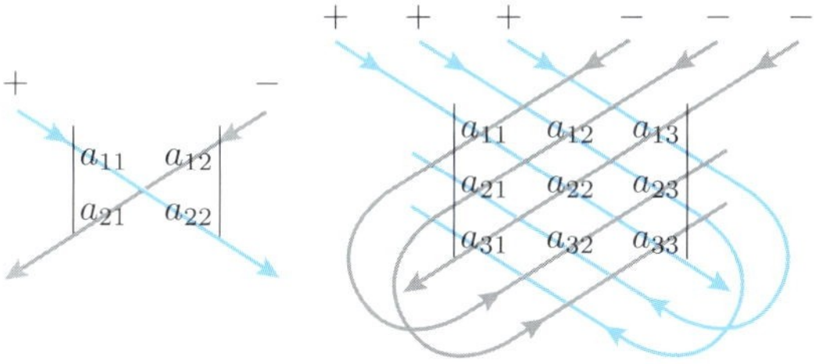

注意 4 次以上の行列式には便利な記憶法は知られていないので，具体的な計算をする場合には次節で扱う行列式の性質を利用して計算することが多い．

例 3.5 2 次と 3 次の行列式にサラスの方法を用いてみよう．

(1) $\begin{vmatrix} 1 & -2 \\ 3 & -4 \end{vmatrix} = 1\cdot(-4) - (-2)\cdot 3 = 2$

(2) $\begin{vmatrix} 1 & -2 & 1 \\ 3 & -4 & 2 \\ -1 & 2 & -2 \end{vmatrix} = 8 + 4 + 6 - 4 - 12 - 4 = -2$

問 3.2 次の行列式の値を求めよ．

(1) $\begin{vmatrix} 3 & -4 \\ 1 & -2 \end{vmatrix}$ (2) $\begin{vmatrix} -3 & 6 \\ 3 & -4 \end{vmatrix}$ (3) $\begin{vmatrix} 3 & -4 & 2 \\ 1 & -2 & 1 \\ -1 & 2 & -2 \end{vmatrix}$ (4) $\begin{vmatrix} 4 & -8 & 7 \\ 3 & -4 & 2 \\ -1 & 2 & -2 \end{vmatrix}$

問 3.3 $|A| = \begin{vmatrix} a & b \\ c & d \end{vmatrix}$ とするとき，次の行列式を $|A|$ を用いて表せ．

(1) $\begin{vmatrix} c & d \\ a & b \end{vmatrix}$ (2) $\begin{vmatrix} \alpha a & \alpha b \\ c & d \end{vmatrix}$ (3) $\begin{vmatrix} -a & -b \\ -c & -d \end{vmatrix}$ (4) $\begin{vmatrix} a+\beta c & b+\beta d \\ c & d \end{vmatrix}$

3.2 行列式の性質

◆ 行列式の基本性質 ◆

定 理 3.2

(I) 2つの行を入れ換えると，行列式の値は符号が変わる

(II) 1つの行を α 倍すると，行列式の値は α 倍される

(III) 1つの行に他の行の β 倍を加えても，行列式の値は変わらない

すなわち

(I) 第 i 行と第 j 行 $(i \neq j)$ を入れ換えると（ⓘ $\leftrightarrow$ ⓙ と略記する）

$$\begin{vmatrix} a_{11} & a_{12} & \cdots & a_{1n} \\ & & \cdots & \\ a_{i1} & a_{i2} & \cdots & a_{in} \\ & & \cdots & \\ a_{j1} & a_{j2} & \cdots & a_{jn} \\ & & \cdots & \\ a_{n1} & a_{n2} & \cdots & a_{nn} \end{vmatrix} = - \begin{vmatrix} a_{11} & a_{12} & \cdots & a_{1n} \\ & & \cdots & \\ a_{j1} & a_{j2} & \cdots & a_{jn} \\ & & \cdots & \\ a_{i1} & a_{i2} & \cdots & a_{in} \\ & & \cdots & \\ a_{n1} & a_{n2} & \cdots & a_{nn} \end{vmatrix} \begin{matrix} \\ \\ \leftarrow ⓘ \\ \\ \leftarrow ⓙ \\ \\ \\ \end{matrix}$$

証明 定理3.1より $\varepsilon(p_1 \cdots p_i \cdots p_j \cdots p_n) = -\varepsilon(p_1 \cdots p_j \cdots p_i \cdots p_n)$ だから

$$\begin{aligned} 左辺 &= \sum \varepsilon(p_1 \cdots p_i \cdots p_j \cdots p_n) a_{1p_1} \cdots a_{ip_i} \cdots a_{jp_j} \cdots a_{np_n} \\ &= -\sum \varepsilon(p_1 \cdots p_j \cdots p_i \cdots p_n) a_{1p_1} \cdots a_{ip_i} \cdots a_{jp_j} \cdots a_{np_n} \\ &= -\sum \varepsilon(p_1 \cdots p_j \cdots p_i \cdots p_n) a_{1p_1} \cdots a_{jp_j} \cdots a_{ip_i} \cdots a_{np_n} \\ &= 右辺 \end{aligned}$$

■

例 3.6

$$\begin{vmatrix} a & b & c \\ d & e & f \\ g & h & i \end{vmatrix} \underset{①\leftrightarrow③}{=} - \begin{vmatrix} g & h & i \\ d & e & f \\ a & b & c \end{vmatrix} \underset{②\leftrightarrow③}{=} (-1)^2 \begin{vmatrix} g & h & i \\ a & b & c \\ d & e & f \end{vmatrix}$$

注意 第 i 行と第 j 行 $(i \neq j)$ の成分がすべて等しいとき，行列式 $|A|$ の値は0となる．実際，ⓘ $\leftrightarrow$ ⓙ のとき，$|A| = -|A|$ より $|A| = 0$.

例 3.7 (1) $\begin{vmatrix} a & b \\ a & b \end{vmatrix} = 0$ (2) $\begin{vmatrix} a & b & c \\ d & e & f \\ a & b & c \end{vmatrix} = 0$

(II)　第 i 行から共通因数 α を括り出すと（ⓘ$/\alpha$ と略記する）

$$\begin{vmatrix} a_{11} & a_{12} & \cdots & a_{1n} \\ & & \cdots & \\ \alpha a_{i1} & \alpha a_{i2} & \cdots & \alpha a_{in} \\ & & \cdots & \\ a_{n1} & a_{n2} & \cdots & a_{nn} \end{vmatrix} = \alpha \begin{vmatrix} a_{11} & a_{12} & \cdots & a_{1n} \\ & & \cdots & \\ a_{i1} & a_{i2} & \cdots & a_{in} \\ & & \cdots & \\ a_{n1} & a_{n2} & \cdots & a_{nn} \end{vmatrix} \begin{matrix} \\ \\ \leftarrow ⓘ \\ \\ \\ \end{matrix}$$

証明　$左辺 = \sum \varepsilon(p_1 \cdots p_i \cdots p_n) a_{1p_1} \cdots (\alpha a_{ip_i}) \cdots a_{np_n}$
$= \alpha \sum \varepsilon(p_1 \cdots p_i \cdots p_n) a_{1p_1} \cdots a_{ip_i} \cdots a_{np_n} = 右辺$ ■

例 3.8　(1) $\begin{vmatrix} \alpha a & \alpha b \\ \beta c & \beta d \end{vmatrix} \underset{①/\alpha}{=} \alpha \begin{vmatrix} a & b \\ \beta c & \beta d \end{vmatrix} \underset{②/\beta}{=} \alpha\beta \begin{vmatrix} a & b \\ c & d \end{vmatrix}$

(2) n 次正方行列 A に対して，$|\alpha A| = \alpha^n |A|$

(III)　第 i 行に第 j 行 $(i \neq j)$ の β 倍を加えると（ⓘ$+$ⓙ$\times \beta$ と略記する）

$$\begin{vmatrix} a_{11} & a_{12} & \cdots & a_{1n} \\ & & \cdots & \\ a_{i1} & a_{i2} & \cdots & a_{in} \\ & & \cdots & \\ a_{j1} & a_{j2} & \cdots & a_{jn} \\ & & \cdots & \\ a_{n1} & a_{n2} & \cdots & a_{nn} \end{vmatrix} = \begin{vmatrix} a_{11} & \cdots & a_{1n} \\ & \cdots & \\ a_{i1} + \beta a_{j1} & \cdots & a_{in} + \beta a_{jn} \\ & \cdots & \\ a_{j1} & \cdots & a_{jn} \\ & \cdots & \\ a_{n1} & \cdots & a_{nn} \end{vmatrix} \begin{matrix} \\ \\ \leftarrow ⓘ \\ \\ \leftarrow ⓙ \\ \\ \\ \end{matrix}$$

証明

$右辺 = \sum \varepsilon(p_1 \cdots p_i \cdots p_j \cdots p_n) a_{1p_1} \cdots (a_{ip_i} + \beta a_{jp_i}) \cdots a_{jp_j} \cdots a_{np_n}$
$= \sum \varepsilon(p_1 \cdots p_i \cdots p_j \cdots p_n) a_{1p_1} \cdots a_{ip_i} \cdots a_{jp_j} \cdots a_{np_n}$
$+ \beta \sum \varepsilon(p_1 \cdots p_i \cdots p_j \cdots p_n) a_{1p_1} \cdots a_{jp_i} \cdots a_{jp_j} \cdots a_{np_n}$
$= 左辺 + \beta \cdot$(ⓘ$=$ⓙである行列式)$= 左辺$ ■

例 3.9　(1) $\begin{vmatrix} -3 & 4 \\ 1 & -2 \end{vmatrix} \underset{①\leftrightarrow②}{=} - \begin{vmatrix} 1 & -2 \\ -3 & 4 \end{vmatrix} \underset{②+①\times 3}{=} - \begin{vmatrix} 1 & -2 \\ 0 & -2 \end{vmatrix} - 2$

(2) $\begin{vmatrix} 4 & -8 & 4 \\ -3 & 3 & -1 \\ -2 & 4 & -3 \end{vmatrix} \underset{①/4}{=} 4 \cdot \begin{vmatrix} 1 & -2 & 1 \\ -3 & 3 & -1 \\ -2 & 4 & -3 \end{vmatrix} \underset{\substack{②+①\times 3 \\ ③+①\times 2}}{=} 4 \cdot \begin{vmatrix} 1 & -2 & 1 \\ 0 & -3 & 2 \\ 0 & 0 & -1 \end{vmatrix}$
$= 4 \cdot 3 = 12$

注意 行列式の成分に 0 が含まれていると計算が容易になる.

問 3.4 次の行列式の値を求めよ.

(1) $\begin{vmatrix} 3 & -6 & 3 \\ 6 & -6 & 2 \\ -2 & 4 & -3 \end{vmatrix}$ (2) $\begin{vmatrix} 4 & 4 & -8 \\ 2 & 3 & -1 \\ -3 & -3 & 6 \end{vmatrix}$ (3) $\begin{vmatrix} 1 & 2 & 3 \\ 2 & 3 & 1 \\ 3 & 1 & 2 \end{vmatrix}$ (4) $\begin{vmatrix} 1 & 1 & 1 \\ 2 & 2^2 & 2^3 \\ 3 & 3^2 & 3^3 \end{vmatrix}$

♦ 値が 0 になる行列式 ♦

定理 3.3

(1) 1 つの行の成分がすべて 0 ならば，その行列式の値は 0 である
（すなわち $\boldsymbol{a}'_i = \boldsymbol{0}'$ ならば，$|A| = 0$）

(2) 2 つの行の成分が等しいならば，その行列式の値は 0 である
（すなわち $\boldsymbol{a}'_i = \boldsymbol{a}'_j$ ならば，$|A| = 0$）

(3) 2 つの行の成分が比例していれば，その行列式の値は 0 である
（すなわち $\boldsymbol{a}'_i = k\boldsymbol{a}'_j$ ならば，$|A| = 0$）

証明 (1) 定理 3.2 (II) で $\alpha = 0$ とすればよい.

(2) 定理 3.2 (I) から分かる.

(3) $\boldsymbol{a}'_i = k\boldsymbol{a}'_j$ のとき，第 i 行から共通因数 k を括り出せば，第 i 行と第 j 行の成分がすべて等しいので，行列式の値は 0 になる. ■

例 3.10 (1) $\begin{vmatrix} 1 & 2 & 3 \\ 4 & 5 & 6 \\ 0 & 0 & 0 \end{vmatrix} = 0$ (2) $\begin{vmatrix} 1 & 2 & 3 \\ 4 & 5 & 6 \\ 1 & 2 & 3 \end{vmatrix} = 0$ (3) $\begin{vmatrix} 1 & 2 & 3 \\ 4 & 5 & 6 \\ 3 & 6 & 9 \end{vmatrix} = 0$

例題 3.11 $A = \begin{pmatrix} 2 & 1 & 1 \\ 1 & 2 & 1 \\ 1 & 1 & 2 \end{pmatrix}$ に対して，$|xE - A| = 0$ を満たす x を求めよ.

解答

$$|xE - A| = \begin{vmatrix} x-2 & -1 & -1 \\ -1 & x-2 & -1 \\ -1 & -1 & x-2 \end{vmatrix} \underset{\substack{①+② \\ ①+③}}{=} \begin{vmatrix} x-4 & x-4 & x-4 \\ -1 & x-2 & -1 \\ -1 & -1 & x-2 \end{vmatrix}$$

$$\underset{①/(x-4)}{=} (x-4)\begin{vmatrix} 1 & 1 & 1 \\ -1 & x-2 & -1 \\ -1 & -1 & x-2 \end{vmatrix} \underset{\substack{②+① \\ ③+①}}{=} (x-4)\begin{vmatrix} 1 & 1 & 1 \\ 0 & x-1 & 0 \\ 0 & 0 & x-1 \end{vmatrix}$$

$$= (x-4)(x-1)^2 = 0$$

よって，$x = 1, 4$ である．■

問 3.5　次の行列 A に対して $|xE - A| = 0$ を満たす x を求めよ．

(1) $\begin{pmatrix} 3 & 1 & 1 \\ 1 & 3 & 1 \\ 1 & 1 & 3 \end{pmatrix}$ (2) $\begin{pmatrix} -1 & 1 & 1 \\ 1 & -1 & 1 \\ 1 & 1 & -1 \end{pmatrix}$ (3) $\begin{pmatrix} 1 & -1 & 0 \\ 0 & 2 & 1 \\ 1 & 1 & 1 \end{pmatrix}$ (4) $\begin{pmatrix} 1 & 2 & 2 \\ -1 & -2 & -1 \\ 1 & 1 & 0 \end{pmatrix}$

定理 3.4

1 つの行の各成分を 2 数の和に分けた行列式は，その行の成分をそれぞれの成分で置き換えた 2 つの行列式の和に等しい．

すなわち

$$\begin{vmatrix} a_{11} & a_{12} & \cdots & a_{1n} \\ & & \cdots & \\ a_{i1}+b_{i1} & a_{i2}+b_{i2} & \cdots & a_{in}+b_{in} \\ & & \cdots & \\ a_{n1} & a_{n2} & \cdots & a_{nn} \end{vmatrix} \leftarrow ⓘ$$

$$= \begin{vmatrix} a_{11} & a_{12} & \cdots & a_{1n} \\ & & \cdots & \\ a_{i1} & a_{i2} & \cdots & a_{in} \\ & & \cdots & \\ a_{n1} & a_{n2} & \cdots & a_{nn} \end{vmatrix} + \begin{vmatrix} a_{11} & a_{12} & \cdots & a_{1n} \\ & & \cdots & \\ b_{i1} & b_{i2} & \cdots & b_{in} \\ & & \cdots & \\ a_{n1} & a_{n2} & \cdots & a_{nn} \end{vmatrix} \leftarrow ⓘ$$

証明　
$$\begin{aligned} 左辺 &= \sum \varepsilon(p_1 \cdots p_i \cdots p_n) a_{1p_1} \cdots (a_{ip_i} + b_{ip_i}) \cdots a_{np_n} \\ &= \sum \varepsilon(p_1 \cdots p_i \cdots p_n) a_{1p_1} \cdots a_{ip_i} \cdots a_{np_n} \\ &\quad + \sum \varepsilon(p_1 \cdots p_i \cdots p_n) a_{1p_1} \cdots b_{ip_i} \cdots a_{np_n} \\ &= 右辺 \end{aligned}$$
■

注意　定理 3.2 (II) と定理 3.4 における行列式の性質を行列式の（多重）**線形性**という．

例 3.12

$$\begin{vmatrix} a & b \\ c & d \end{vmatrix} = \begin{vmatrix} a+0 & 0+b \\ c & d \end{vmatrix} = \begin{vmatrix} a & 0 \\ c & d \end{vmatrix} + \begin{vmatrix} 0 & b \\ c & d \end{vmatrix}$$

$$= \begin{vmatrix} a & b \\ c+0 & 0+d \end{vmatrix} = \begin{vmatrix} a & b \\ c & 0 \end{vmatrix} + \begin{vmatrix} a & b \\ 0 & d \end{vmatrix}$$

◆ 転置行列の行列式 ◆

定 理 3.5

A の転置行列 ${}^tA$ に対して，$|A| = |{}^tA|$ が成り立つ．すなわち

$$\begin{vmatrix} a_{11} & a_{12} & \cdots & a_{1n} \\ a_{21} & a_{22} & \cdots & a_{2n} \\ & & \cdots & \\ a_{n1} & a_{n2} & \cdots & a_{nn} \end{vmatrix} = \begin{vmatrix} a_{11} & a_{21} & & a_{n1} \\ a_{12} & a_{22} & & a_{n2} \\ \vdots & \vdots & \vdots & \vdots \\ a_{1n} & a_{2n} & & a_{nn} \end{vmatrix}$$

証明 $A = (a_{ij})$, ${}^tA = (b_{ij})$ とおくと，$b_{ij} = a_{ji}$ だから

$$\begin{aligned} |{}^tA| &= \sum \varepsilon(p_1 \ \ p_2 \ \ \cdots \ \ p_n) b_{1p_1} b_{2p_2} \cdots b_{np_n} \\ &= \sum \varepsilon(p_1 \ \ p_2 \ \ \cdots \ \ p_n) a_{p_1 1} a_{p_2 2} \cdots a_{p_n n} \end{aligned}$$

ここで，$a_{p_1 1} a_{p_2 2} \cdots a_{p_n n}$ の積の順序を何回か入れ換えれば

$$a_{p_1 1} a_{p_2 2} \cdots a_{p_n n} = a_{1q_1} a_{2q_2} \cdots a_{nq_n}$$

と変形できる．このとき，順列 $(p_1 \ \ p_2 \ \ \cdots \ \ p_n)$ と順列 $(q_1 \ \ q_2 \ \ \cdots \ \ q_n)$ に対して

$$\varepsilon(p_1 \ \ p_2 \ \ \cdots \ \ p_n) = \varepsilon(q_1 \ \ q_2 \ \ \cdots \ \ q_n)$$

が成り立つ．（実際，何回かの数の交換で順列 $(p_1 \ \ p_2 \ \ \cdots \ \ p_n)$ が順列 $(1 \ \ 2 \ \ \cdots \ \ n)$ になるとき，順列 $(1 \ \ 2 \ \ \cdots \ \ n)$ は順列 $(q_1 \ \ q_2 \ \ \cdots \ \ q_n)$ になる．）よって

$$\begin{aligned} |{}^tA| &= \sum \varepsilon(p_1 \ \ p_2 \ \ \cdots \ \ p_n) a_{p_1 1} a_{p_2 2} \cdots a_{p_n n} \\ &= \sum \varepsilon(q_1 \ \ q_2 \ \ \cdots \ \ q_n) a_{1q_1} a_{2q_2} \cdots a_{nq_n} = |A| \end{aligned}$$

が成り立つ． ■

定理 3.5 より行列式 $|A|$ について次のことが分かる．

$$\begin{aligned} |A| &= \sum \varepsilon(p_1 \ \ p_2 \ \ \cdots \ \ p_n) a_{1p_1} a_{2p_2} \cdots a_{np_n} \\ &= \sum \varepsilon(p_1 \ \ p_2 \ \ \cdots \ \ p_n) a_{p_1 1} a_{p_2 2} \cdots a_{p_n n} \end{aligned}$$

例 3.13

(1) $\begin{vmatrix} a & b \\ c & d \end{vmatrix} = \begin{vmatrix} a & c \\ b & d \end{vmatrix}$ (2) $\begin{vmatrix} 1 & 2 & 3 \\ 4 & 5 & 6 \\ 7 & 8 & 9 \end{vmatrix} = \begin{vmatrix} 1 & 4 & 7 \\ 2 & 5 & 8 \\ 3 & 6 & 9 \end{vmatrix}$

$|A| = |{}^tA|$ だから，行に関する行列式の性質（定理 3.2，定理 3.3，定理 3.4 など）は列に関しても同様に成り立つ．

列に関する変形では，記号 $\boxed{j}$ は第 j 列を表すとし，次のように略記する．

(I)「第 i 列と第 j 列を入れ換える」ことを　$\boxed{i} \leftrightarrow \boxed{j}$

(II)「第 i 列から α を括り出す」ことを　$\boxed{i}/\alpha$

(III)「第 i 列に第 j 列の β 倍を加える」ことを　$\boxed{i} + \boxed{j} \times \beta$

問 3.6 定理 3.2，定理 3.3，定理 3.4 に対応する列に関する定理をそれぞれ書け．

例 3.14 行列式の列に関する変形を利用して行列式を計算してみよう．

(1) $$\begin{vmatrix} -3 & 1 \\ 4 & -2 \end{vmatrix} \underset{\boxed{1}\leftrightarrow\boxed{2}}{=} -\begin{vmatrix} 1 & -3 \\ -2 & 4 \end{vmatrix} \underset{\boxed{2}+\boxed{1}\times 3}{=} -\begin{vmatrix} 1 & 0 \\ -2 & -2 \end{vmatrix} = 2$$

(2) $$\begin{vmatrix} 4 & -3 & -2 \\ -8 & 3 & 4 \\ 4 & -1 & -3 \end{vmatrix} \underset{\boxed{1}/4}{=} 4 \cdot \begin{vmatrix} 1 & -3 & -2 \\ -2 & 3 & 4 \\ 1 & -1 & -3 \end{vmatrix} \underset{\substack{\boxed{2}+\boxed{1}\times 3 \\ \boxed{3}+\boxed{1}\times 2}}{=} 4 \cdot \begin{vmatrix} 1 & 0 & 0 \\ -2 & -3 & 0 \\ 1 & 2 & -1 \end{vmatrix}$$
$$= 4 \cdot 3 = 12$$

問 3.7 次の行列式の値を求めよ．

(1) $\begin{vmatrix} -4 & -9 & 4 \\ 8 & 9 & -8 \\ -4 & -3 & 6 \end{vmatrix}$　(2) $\begin{vmatrix} 2 & -3 & 4 \\ 3 & -3 & 4 \\ -1 & 6 & -8 \end{vmatrix}$　(3) $\begin{vmatrix} 2 & 3 & 4 \\ 2^2 & 3^2 & 4^2 \\ 2^3 & 3^3 & 4^3 \end{vmatrix}$

♦ 次数に関する変形 ♦

行列式の次数を下げるときには，次の性質が利用できる．

定理 3.6

$$\begin{vmatrix} a_{11} & 0 & \cdots & 0 \\ a_{21} & a_{22} & \cdots & a_{2n} \\ \vdots & \vdots & \ddots & \vdots \\ a_{n1} & a_{n2} & \cdots & a_{nn} \end{vmatrix} = a_{11} \begin{vmatrix} a_{22} & \cdots & a_{2n} \\ \vdots & \ddots & \vdots \\ a_{n2} & \cdots & a_{nn} \end{vmatrix}$$

n 次の行列式　　$n-1$ 次の行列式

証明 $q_i = p_{i+1} - 1,\ b_{i\,q_i} = a_{i+1\,p_{i+1}}\ (i = 1, 2, \cdots, n-1)$ とおくと，左辺の行列式は $a_{1j} = 0\ (j = 2, 3, \cdots, n)$ かつ $\varepsilon(1\ \ p_2\ \ p_3\ \ \cdots\ \ p_n) = \varepsilon(p_2-1\ \ p_3-1\ \ \cdots\ \ p_n-1) = \varepsilon(q_1\ \ q_2\ \ \cdots\ \ q_{n-1})$ だから

$$\begin{aligned}\text{左辺} &= \sum \varepsilon(1\ \ p_2\ \ \cdots\ \ p_n)a_{11}a_{2p_2}\cdots a_{np_n}\\ &= a_{11}\sum \varepsilon(q_1\ \ \cdots\ \ q_{n-1})b_{1q_1}\cdots b_{n-1\,q_{n-1}} = \text{右辺}\end{aligned}$$ ■

定理 3.5 と定理 3.6 より次の性質も分かる．

定 理 3.7

$$\underbrace{\begin{vmatrix} a_{11} & a_{12} & \cdots & a_{1n} \\ 0 & a_{22} & \cdots & a_{2n} \\ \vdots & \vdots & \ddots & \vdots \\ 0 & a_{n2} & \cdots & a_{nn} \end{vmatrix}}_{n\text{ 次の行列式}} = a_{11} \underbrace{\begin{vmatrix} a_{22} & \cdots & a_{2n} \\ \vdots & \ddots & \vdots \\ a_{n2} & \cdots & a_{nn} \end{vmatrix}}_{n-1\text{ 次の行列式}}$$

定理 3.6 または定理 3.7 を繰り返し用いれば，3 角行列の行列式の計算ができる．

定 理 3.8

3 角行列の行列式の値は対角成分の積である．すなわち

$$\begin{vmatrix} a_{11} & & & O \\ a_{21} & a_{22} & & \\ \vdots & \vdots & \ddots & \\ a_{n1} & a_{n2} & \cdots & a_{nn} \end{vmatrix} = \begin{vmatrix} a_{11} & a_{12} & \cdots & a_{1n} \\ & a_{22} & \cdots & a_{2n} \\ & & \ddots & \vdots \\ O & & & a_{nn} \end{vmatrix} = a_{11}a_{22}\cdots a_{nn}$$

特に，単位行列 E に対して，$|E| = 1$ である．

問 3.8　次の行列式の値を求めよ．

(1) $\begin{vmatrix} 1 & 0 & 0 & 0 \\ 3 & -2 & 1 & 4 \\ 2 & 0 & 3 & 0 \\ 5 & 0 & 2 & -4 \end{vmatrix}$　(2) $\begin{vmatrix} -1 & 0 & 0 & 0 \\ 4 & 3 & -2 & 7 \\ 2 & 0 & -3 & -4 \\ -3 & 0 & -5 & 1 \end{vmatrix}$　(3) $\begin{vmatrix} -2 & 3 & 4 & -5 \\ 0 & 5 & 0 & 0 \\ 0 & -4 & 1 & -2 \\ 0 & 2 & -4 & 3 \end{vmatrix}$

(4) $\begin{vmatrix} 2 & 0 & 0 & 0 \\ -4 & -1 & 0 & 4 \\ 7 & 3 & 5 & 1 \\ 5 & 2 & 4 & -2 \end{vmatrix}$　(5) $\begin{vmatrix} 4 & -2 & 5 & -1 \\ 0 & 1 & 2 & 2 \\ 0 & -2 & -3 & 1 \\ 0 & -1 & -4 & 6 \end{vmatrix}$　(6) $\begin{vmatrix} 1 & 2 & 3 & 4 \\ 1 & 2^2 & 3^2 & 4^2 \\ 1 & 2^3 & 3^3 & 4^3 \\ 1 & 2^4 & 3^4 & 4^4 \end{vmatrix}$

♦ 余因子 ♦

n 次正方行列 $A = (a_{ij})$ から第 i 行と第 j 列を取り除いて得られる $n-1$ 次正方行列を A_{ij} と書き，A_{ij} の行列式 $|A_{ij}|$ を A の **(i,j) 小行列式**という．すなわち

$$|A_{ij}| = \begin{vmatrix} a_{11} & \cdots & a_{1j} & \cdots & a_{1n} \\ \vdots & & \vdots & & \vdots \\ a_{i1} & \cdots & a_{ij} & \cdots & a_{in} \\ \vdots & & \vdots & & \vdots \\ a_{n1} & \cdots & a_{nj} & \cdots & a_{nn} \end{vmatrix} \quad \text{(2 重線部分を除く)}$$

さらに，$|A_{ij}|$ に符号を付けた $(-1)^{i+j}|A_{ij}|$ を a_{ij} の**余因子**または A の $\boldsymbol{(i, j)}$ **余因子**といい，$\widetilde{a}_{ij}$ と書く．すなわち

$$\widetilde{a}_{ij} = (-1)^{i+j}|A_{ij}|$$

例 3.15 $A = \begin{pmatrix} -3 & 4 & 2 \\ -4 & 8 & 1 \\ 1 & -2 & -1 \end{pmatrix}$ のとき

$$|A_{23}| = \begin{vmatrix} -3 & 4 \\ 1 & -2 \end{vmatrix} = 2 \qquad \widetilde{a}_{23} = (-1)^{2+3}|A_{23}| = -2$$

問 3.9 例 3.15 の行列 A に対して，$\widetilde{a}_{11}, \widetilde{a}_{12}, \widetilde{a}_{13}, \widetilde{a}_{32}$ を求めよ．

♦ 行列式の展開公式 ♦

行列式の展開公式は，行列式の次数を下げるときに利用する．

3 次の行列式 $|A|$ の第 1 行に，定理 3.4 を用いれば

$$|A| = \begin{vmatrix} a_{11}+0+0 & 0+a_{12}+0 & 0+0+a_{13} \\ a_{21} & a_{22} & a_{23} \\ a_{31} & a_{32} & a_{33} \end{vmatrix}$$

$$= \begin{vmatrix} a_{11} & 0 & 0 \\ a_{21} & a_{22} & a_{23} \\ a_{31} & a_{32} & a_{33} \end{vmatrix} + \begin{vmatrix} 0 & a_{12} & 0 \\ a_{21} & a_{22} & a_{23} \\ a_{31} & a_{32} & a_{33} \end{vmatrix} + \begin{vmatrix} 0 & 0 & a_{13} \\ a_{21} & a_{22} & a_{23} \\ a_{31} & a_{32} & a_{33} \end{vmatrix}$$

ここで，第 2 項の行列式では「第 1 列 ↔ 第 2 列」，第 3 項の行列式では「第 2 列 ↔ 第 3 列」と「第 1 列 ↔ 第 2 列」の変形を行って

$$= \begin{vmatrix} a_{11} & 0 & 0 \\ a_{21} & a_{22} & a_{23} \\ a_{31} & a_{32} & a_{33} \end{vmatrix} + (-1)\begin{vmatrix} a_{12} & 0 & 0 \\ a_{22} & a_{21} & a_{23} \\ a_{32} & a_{31} & a_{33} \end{vmatrix} + (-1)^2\begin{vmatrix} a_{13} & 0 & 0 \\ a_{23} & a_{21} & a_{22} \\ a_{33} & a_{31} & a_{32} \end{vmatrix}$$

また，定理 3.6 より

$$\begin{aligned} |A| &= a_{11}|A_{11}| + (-1)a_{12}|A_{12}| + (-1)^2 a_{13}|A_{13}| \\ &= a_{11}(-1)^{1+1}|A_{11}| + a_{12}(-1)^{1+2}|A_{12}| + a_{13}(-1)^{1+3}|A_{13}| \end{aligned}$$

を得る．よって

$$|A| = a_{11}\widetilde{a}_{11} + a_{12}\widetilde{a}_{12} + a_{13}\widetilde{a}_{13}$$

また，第2行および第3行に，同様の変形を行えば

$$|A| = a_{21}\widetilde{a}_{21} + a_{22}\widetilde{a}_{22} + a_{23}\widetilde{a}_{23}$$

$$|A| = a_{31}\widetilde{a}_{31} + a_{32}\widetilde{a}_{32} + a_{33}\widetilde{a}_{33}$$

さらに，第1列，第2列，第3列に，同様の変形を行えば

$$|A| = a_{11}\widetilde{a}_{11} + a_{21}\widetilde{a}_{21} + a_{31}\widetilde{a}_{31}$$

$$|A| = a_{12}\widetilde{a}_{12} + a_{22}\widetilde{a}_{22} + a_{32}\widetilde{a}_{32}$$

$$|A| = a_{13}\widetilde{a}_{13} + a_{23}\widetilde{a}_{23} + a_{33}\widetilde{a}_{33}$$

問 3.10 上記の $|A| = a_{13}\widetilde{a}_{13} + a_{23}\widetilde{a}_{23} + a_{33}\widetilde{a}_{33}$ を示せ．

一般に，n 次の行列式に対して同様の変形を行えば，次の展開公式を得る．

定 理 3.9（行列式の展開公式）

(1) 第 i 行に関する展開公式

$$|A| = a_{i1}\widetilde{a}_{i1} + a_{i2}\widetilde{a}_{i2} + \cdots + a_{in}\widetilde{a}_{in} \qquad (i = 1, 2, \cdots, n)$$

(2) 第 j 列に関する展開公式

$$|A| = a_{1j}\widetilde{a}_{1j} + a_{2j}\widetilde{a}_{2j} + \cdots + a_{nj}\widetilde{a}_{nj} \qquad (j = 1, 2, \cdots, n)$$

注意 定理 3.6 および定理 3.7 はそれぞれ第1行および第1列に関する展開公式のことである．第 i 行に関する展開公式を用いるときは「ⓘ で展開」などと略記する．

例 3.16 展開公式を用いて行列式の値を求めてみよう．

(1) $$\begin{vmatrix} -3 & 5 & 1 \\ 0 & 4 & 0 \\ 4 & 3 & -2 \end{vmatrix} \underset{\text{②で展開}}{=} 0 + 4\cdot(-1)^{2+2}\cdot\begin{vmatrix} -3 & 1 \\ 4 & -2 \end{vmatrix} + 0 = 8$$

(2) $$\begin{vmatrix} -3 & 6 & 5 & 0 \\ 5 & -6 & -3 & 0 \\ 1 & -2 & -2 & 0 \\ -2 & 3 & 4 & 1 \end{vmatrix} \underset{\boxed{4}\text{で展開}}{=} 0 + 0 + 0 + 1\cdot(-1)^{4+4}\cdot\begin{vmatrix} -3 & 6 & 5 \\ 5 & -6 & -3 \\ 1 & -2 & -2 \end{vmatrix}$$

$$\underset{\substack{\boxed{2}+\boxed{1}\times 2 \\ \boxed{3}+\boxed{1}\times 2}}{=} \begin{vmatrix} -3 & 0 & -1 \\ 5 & 4 & 7 \\ 1 & 0 & 0 \end{vmatrix} \underset{\text{③で展開}}{=} 1\cdot(-1)^{3+1}\cdot\begin{vmatrix} 0 & -1 \\ 4 & 7 \end{vmatrix} + 0 + 0 = 4$$

問 3.11 次の行列式の値を求めよ.

(1) $\begin{vmatrix} 4 & 0 & -3 \\ 2 & 5 & -4 \\ -1 & 0 & 2 \end{vmatrix}$ (2) $\begin{vmatrix} -3 & 1 & 5 & 0 \\ 4 & -2 & 3 & 0 \\ 0 & 0 & 4 & 0 \\ 1 & 2 & -3 & 1 \end{vmatrix}$ (3) $\begin{vmatrix} 1 & 0 & 4 & 4 \\ -2 & 3 & 5 & 7 \\ 0 & 0 & -1 & 0 \\ 5 & 0 & 2 & -3 \end{vmatrix}$

(4) $\begin{vmatrix} 1 & 1 & 1 & 1 \\ 1 & 1 & -1 & -1 \\ 1 & -1 & 1 & -1 \\ 1 & -1 & -1 & 1 \end{vmatrix}$ (5) $\begin{vmatrix} 1 & 3 & -1 & -2 \\ -3 & 0 & 4 & 2 \\ 2 & -1 & 1 & 3 \\ 9 & 0 & -1 & 6 \end{vmatrix}$ (6) $\begin{vmatrix} 4^4 & 4^3 & 4^2 & 4 \\ 3^4 & 3^3 & 3^2 & 3 \\ 2^4 & 2^3 & 2^2 & 2 \\ 1 & 1 & 1 & 1 \end{vmatrix}$

例 3.17 共通因数を括り出して，行列式を因数分解してみよう.

$$\begin{vmatrix} 1 & a & a^2 \\ 1 & b & b^2 \\ 1 & c & c^2 \end{vmatrix} \underset{\substack{②+①\times(-1) \\ ③+①\times(-1)}}{=} \begin{vmatrix} 1 & a & a^2 \\ 0 & b-a & (b-a)(b+a) \\ 0 & c-a & (c-a)(c+a) \end{vmatrix}$$

$$\underset{\substack{②/(b-a) \\ ③/(c-a)}}{=} (b-a)(c-a) \begin{vmatrix} 1 & a & a^2 \\ 0 & 1 & b+a \\ 0 & 1 & c+a \end{vmatrix} \underset{③+②\times(-1)}{=} (b-a)(c-a) \begin{vmatrix} 1 & a & a^2 \\ 0 & 1 & b+a \\ 0 & 0 & c-b \end{vmatrix}$$

$$= (b-a)(c-a)(c-b) = (a-b)(b-c)(c-a)$$

問 3.12 次の行列式を因数分解せよ.

(1) $\begin{vmatrix} 1 & 1 & 1 \\ a & b & c \\ a^3 & b^3 & c^3 \end{vmatrix}$ (2) $\begin{vmatrix} 1 & a^2 & a^3 \\ 1 & b^2 & b^3 \\ 1 & c^2 & c^3 \end{vmatrix}$ (3) $\begin{vmatrix} a+b & a & a \\ a & a+b & a \\ a & a & a+b \end{vmatrix}$

(4) $\begin{vmatrix} 2a+b+c & a & a \\ b & a+2b+c & b \\ c & c & a+b+2c \end{vmatrix}$ (5) $\begin{vmatrix} a+b+c & -a & -b \\ -a & a+b+c & -c \\ -b & -c & a+b+c \end{vmatrix}$

(6) $\begin{vmatrix} a & b & c & d \\ b & b & c & d \\ c & c & c & d \\ d & d & d & d \end{vmatrix}$ (7) $\begin{vmatrix} a & b & b & b \\ b & a & c & c \\ c & c & a & d \\ d & d & d & a \end{vmatrix}$ (8) $\begin{vmatrix} a & b & c & d \\ b & a & d & c \\ c & d & a & b \\ d & c & b & a \end{vmatrix}$

♦ 積の行列式 ♦

定 理 3.10

n 次正方行列 A, B に対して，次の等式が成り立つ.

$$|AB| = |A||B|$$

証明 $n=2$ の場合のみ示す．定理 3.4 の変形を用いると

$$|AB| = \left|\begin{pmatrix} a_{11} & a_{12} \\ a_{21} & a_{22}\end{pmatrix}\begin{pmatrix} b_{11} & b_{12} \\ b_{21} & b_{22}\end{pmatrix}\right| = \begin{vmatrix} a_{11}b_{11}+a_{12}b_{21} & a_{11}b_{12}+a_{12}b_{22} \\ a_{21}b_{11}+a_{22}b_{21} & a_{21}b_{12}+a_{22}b_{22}\end{vmatrix}$$

$$= \begin{vmatrix} a_{11}b_{11} & a_{11}b_{12} \\ a_{21}b_{11}+a_{22}b_{21} & a_{21}b_{12}+a_{22}b_{22}\end{vmatrix} + \begin{vmatrix} a_{12}b_{21} & a_{12}b_{22} \\ a_{21}b_{11}+a_{22}b_{21} & a_{21}b_{12}+a_{22}b_{22}\end{vmatrix}$$

$$= \begin{vmatrix} a_{11}b_{11} & a_{11}b_{12} \\ a_{21}b_{11} & a_{21}b_{12}\end{vmatrix} + \begin{vmatrix} a_{11}b_{11} & a_{11}b_{12} \\ a_{22}b_{21} & a_{22}b_{22}\end{vmatrix} + \begin{vmatrix} a_{12}b_{21} & a_{12}b_{22} \\ a_{21}b_{11} & a_{21}b_{12}\end{vmatrix} + \begin{vmatrix} a_{12}b_{21} & a_{12}b_{22} \\ a_{22}b_{21} & a_{22}b_{22}\end{vmatrix}$$

各行列式から共通因数を括り出すと

$$= a_{11}a_{21}\begin{vmatrix} b_{11} & b_{12} \\ b_{11} & b_{12}\end{vmatrix} + a_{11}a_{22}\begin{vmatrix} b_{11} & b_{12} \\ b_{21} & b_{22}\end{vmatrix} + a_{12}a_{21}\begin{vmatrix} b_{21} & b_{22} \\ b_{11} & b_{12}\end{vmatrix} + a_{12}a_{22}\begin{vmatrix} b_{21} & b_{22} \\ b_{21} & b_{22}\end{vmatrix}$$

$$= 0 + a_{11}a_{22}|B| + a_{12}a_{21}(-|B|) + 0$$

$$= (a_{11}a_{22} - a_{12}a_{21})|B| = |A||B|$$

よって，$|AB| = |A||B|$ である．一般の n の場合も同様の方針で示せる． ■

問 3.13 一般の n 次正方行列の場合に定理 3.10 を示せ．

例 3.18

$A = \begin{pmatrix} a & b \\ -b & a\end{pmatrix}$, $B = \begin{pmatrix} c & d \\ -d & c\end{pmatrix}$ のとき，$AB = \begin{pmatrix} ac-bd & ad+bc \\ -(ad+bc) & ac-bd\end{pmatrix}$ である．

一方，$|A| = a^2+b^2$, $|B| = c^2+d^2$, $|AB| = (ac-bd)^2+(ad+bc)^2$ だから $|AB| = |A||B|$ より，次の等式が成り立つ．

$$(ac-bd)^2+(ad+bc)^2 = (a^2+b^2)(c^2+d^2)$$

問 3.14 $|A| = 2$, $|B| = -1$ を満たす同型の行列 A, B に対して，次の行列式の値を求めよ．

(1) $|A^3|$　(2) $|A^2B^3|$　(3) $|{}^tA\,A|$　(4) $|{}^t(AB)B^4|$

問 3.15 $A = \begin{pmatrix} 0 & a & b & c \\ a & 0 & c & b \\ b & c & 0 & a \\ c & b & a & 0\end{pmatrix}$, $B = \begin{pmatrix} 1 & 1 & 1 & 1 \\ 1 & 1 & -1 & -1 \\ 1 & -1 & 1 & -1 \\ 1 & -1 & -1 & 1\end{pmatrix}$ とする．

等式 $|AB| = |A||B|$ を利用して $|A|$ を因数分解せよ．

3.3 行列式の応用

◆ 逆行列の公式 ◆

A の (i,j) 余因子 $\widetilde{a}_{ij}$ を成分に持つ行列を $\widetilde{A}$ と書き，${}^t\widetilde{A}$ を A の余因子行列という．

$$\widetilde{A} = \begin{pmatrix} \widetilde{a}_{11} & \widetilde{a}_{12} & \cdots & \widetilde{a}_{1n} \\ \widetilde{a}_{21} & \widetilde{a}_{22} & \cdots & \widetilde{a}_{2n} \\ & \cdots\cdots\cdots & & \\ \widetilde{a}_{n1} & \widetilde{a}_{n2} & \cdots & \widetilde{a}_{nn} \end{pmatrix}, \qquad {}^t\widetilde{A} = \begin{pmatrix} \widetilde{a}_{11} & \widetilde{a}_{21} & \cdots & \widetilde{a}_{n1} \\ \widetilde{a}_{12} & \widetilde{a}_{22} & \cdots & \widetilde{a}_{n2} \\ & \cdots\cdots\cdots & & \\ \widetilde{a}_{1n} & \widetilde{a}_{2n} & \cdots & \widetilde{a}_{nn} \end{pmatrix}$$

定 理 3.11

n 次正方行列 $A=(a_{ij})$ に対して，次の等式が成り立つ．

$$A\,{}^t\widetilde{A} = {}^t\widetilde{A}\,A = |A|\,E$$

証明 「第 i 行 $=$ 第 j 行 $(i \neq j)$」である行列式は 0 になることを利用して，その行列式を第 j 行で展開すると

$$0 = \begin{vmatrix} a_{11} & a_{12} & \cdots & a_{1n} \\ & \cdots\cdots\cdots & & \\ a_{i1} & a_{i2} & \cdots & a_{in} \\ & \cdots\cdots\cdots & & \\ a_{i1} & a_{i2} & \cdots & a_{in} \\ & \cdots\cdots\cdots & & \\ a_{n1} & a_{n2} & \cdots & a_{nn} \end{vmatrix} = a_{i1}\widetilde{a}_{j1} + a_{i2}\widetilde{a}_{j2} + \cdots + a_{in}\widetilde{a}_{jn}$$

また，「第 i 列 $=$ 第 j 列 $(i \neq j)$」である行列式は 0 になることを利用して，その行列式を第 j 列で展開すると

$$0 = \begin{vmatrix} a_{11} & a_{1i} & a_{1i} & a_{1n} \\ a_{21} & a_{2i} & a_{2i} & a_{2n} \\ \vdots \ \vdots & \vdots \ \vdots & \vdots & \vdots \ \vdots \\ a_{n1} & a_{ni} & a_{ni} & a_{nn} \end{vmatrix} = a_{1i}\widetilde{a}_{1j} + a_{2i}\widetilde{a}_{2j} + \cdots + a_{ni}\widetilde{a}_{nj}$$

従って，定理 3.9 と合わせて次の関係式を得る．

$$\sum_{k=1}^{n} a_{ik}\widetilde{a}_{jk} = \begin{cases} |A| & (i=j) \\ 0 & (i \neq j) \end{cases} \quad \text{かつ} \quad \sum_{k=1}^{n} a_{ki}\widetilde{a}_{kj} = \begin{cases} |A| & (i=j) \\ 0 & (i \neq j) \end{cases}$$

よって

$$A\,{}^t\widetilde{A} = \begin{pmatrix} a_{11} & a_{12} & \cdots & a_{1n} \\ a_{21} & a_{22} & \cdots & a_{2n} \\ & \cdots\cdots\cdots & & \\ a_{n1} & a_{n2} & \cdots & a_{nn} \end{pmatrix} \begin{pmatrix} \widetilde{a}_{11} & \widetilde{a}_{21} & \cdots & \widetilde{a}_{n1} \\ \widetilde{a}_{12} & \widetilde{a}_{22} & \cdots & \widetilde{a}_{n2} \\ & \cdots\cdots\cdots & & \\ \widetilde{a}_{1n} & \widetilde{a}_{2n} & \cdots & \widetilde{a}_{nn} \end{pmatrix}$$

$$= \begin{pmatrix} \sum a_{1k}\widetilde{a}_{1k} & \sum a_{1k}\widetilde{a}_{2k} & \cdots & \sum a_{1k}\widetilde{a}_{nk} \\ \sum a_{2k}\widetilde{a}_{1k} & \sum a_{2k}\widetilde{a}_{2k} & \cdots & \sum a_{2k}\widetilde{a}_{nk} \\ & \cdots\cdots\cdots\cdots & & \\ \sum a_{nk}\widetilde{a}_{1k} & \sum a_{nk}\widetilde{a}_{2k} & \cdots & \sum a_{nk}\widetilde{a}_{nk} \end{pmatrix} = \begin{pmatrix} |A| & & & O \\ & |A| & & \\ & & \ddots & \\ O & & & |A| \end{pmatrix}$$

すなわち，$A\,{}^t\widetilde{A} = |A|E$. 同様にして，${}^t\widetilde{A}\,A = |A|E$ も分かる. ■

定 理 3.12（逆行列の公式）

n 次正方行列 A に対して，次は同値である.

(a) A は正則　　(b) $|A| \neq 0$

さらに，A が正則ならば，次が成り立つ.

$$A^{-1} = \frac{1}{|A|}{}^t\widetilde{A} = \frac{1}{|A|}\begin{pmatrix} \widetilde{a}_{11} & \widetilde{a}_{21} & \cdots & \widetilde{a}_{n1} \\ \widetilde{a}_{12} & \widetilde{a}_{22} & \cdots & \widetilde{a}_{n2} \\ & \cdots\cdots\cdots & & \\ \widetilde{a}_{1n} & \widetilde{a}_{2n} & \cdots & \widetilde{a}_{nn} \end{pmatrix} \quad \text{かつ} \quad |A^{-1}| = |A|^{-1}$$

証明 (a) ⇒ (b)：$A\,A^{-1} = E$ だから定理 3.10 より $|A||A^{-1}| = |AA^{-1}| = |E| = 1$ である. よって，$|A| \neq 0$ かつ $|A^{-1}| = |A|^{-1}$ である.

(b) ⇒ (a)：$|A| \neq 0$ より $X = \dfrac{1}{|A|}\,{}^t\widetilde{A}$ とおけば，定理 3.11 より $AX = E$ および $XA = E$. よって，A は正則で $A^{-1} = X = \dfrac{1}{|A|}\,{}^t\widetilde{A}$ である. ■

例 3.19（定理 1.8 の別証） $A = \begin{pmatrix} a & b \\ c & d \end{pmatrix}$ とする. $|A| = ad - bc$ であり $\widetilde{a}_{11} = d, \widetilde{a}_{12} = -c, \widetilde{a}_{21} = -b, \widetilde{a}_{22} = a$ だから

(1) $|A| \neq 0$ のとき，A は正則で $A^{-1} = \dfrac{1}{|A|}\begin{pmatrix} d & -b \\ -c & a \end{pmatrix}$

(2) $|A| = 0$ のとき，A は正則でない

問 3.16　次の行列 A が正則となるための条件を求めよ．

(1) $\begin{pmatrix} 1 & 1 & x \\ 1 & x & 1 \\ x & 1 & 1 \end{pmatrix}$ (2) $\begin{pmatrix} 1+x & x & x \\ y & 1+y & y \\ z & z & 1+z \end{pmatrix}$ (3) $\begin{pmatrix} x & y & x & -y \\ y & z & -y & z \\ x & -y & x & y \\ -y & z & y & z \end{pmatrix}$

注意　次数の高い行列に対して逆行列の公式を適用すると，計算すべき余因子（行列式）の個数も多くなり大変になるので，通常は第 2 章で扱った「掃き出し法」を利用して逆行列を求めることになる．

$AX = XA = E$ を満たす X が存在するとき，A は正則であると定義したが，実は，$AX = E$（または $XA = E$）を満たす X が存在すれば，A は正則となる．実際，定理 3.10 より $|A||X| = |AX| = |E| = 1$（または $|X||A| = 1$）だから $|A| \neq 0$ となり，定理 3.12 より A は正則となる．すなわち

定理 3.13

正方行列 A に対して，次は同値である．

(a)　A は正則である

(b)　$AX = E$ を満たす行列 X が存在する

(c)　$XA = E$ を満たす行列 X が存在する

注意　(b) または (c) のとき，逆行列の一意性より $A^{-1} = X$ も分かる．

◆ 連立 1 次方程式の解の公式 ◆

未知数 $x_1, x_2, \cdots, x_n$ の個数と方程式の個数が同じである連立 1 次方程式

$$(*) \qquad \begin{cases} a_{11}x_1 + a_{12}x_2 + \cdots + a_{1n}x_n = b_1 \\ a_{21}x_1 + a_{22}x_2 + \cdots + a_{2n}x_n = b_2 \\ \qquad\qquad \cdots\cdots \\ a_{n1}x_1 + a_{n2}x_2 + \cdots + a_{nn}x_n = b_n \end{cases}$$

を考える．$(*)$ は $A\boldsymbol{x} = \boldsymbol{b}$ と書ける．ただし

$$A = \begin{pmatrix} a_{11} & \cdots & a_{1n} \\ & \cdots & \\ a_{n1} & \cdots & a_{nn} \end{pmatrix}, \quad \boldsymbol{x} = \begin{pmatrix} x_1 \\ \vdots \\ x_n \end{pmatrix}, \quad \boldsymbol{b} = \begin{pmatrix} b_1 \\ \vdots \\ b_n \end{pmatrix}$$

$|A| \neq 0$ のとき，A は正則だから定理 3.12 より

$$x = A^{-1}b = \frac{1}{|A|}\begin{pmatrix} \widetilde{a}_{11} & \widetilde{a}_{21} & \cdots & \widetilde{a}_{n1} \\ \widetilde{a}_{12} & \widetilde{a}_{22} & \cdots & \widetilde{a}_{n2} \\ & \cdots\cdots\cdots & & \\ \widetilde{a}_{1n} & \widetilde{a}_{2n} & \cdots & \widetilde{a}_{nn} \end{pmatrix}\begin{pmatrix} b_1 \\ b_2 \\ \vdots \\ b_n \end{pmatrix}$$

すなわち

$$\begin{pmatrix} x_1 \\ x_2 \\ \vdots \\ x_n \end{pmatrix} = \frac{1}{|A|}\begin{pmatrix} b_1\widetilde{a}_{11} + b_2\widetilde{a}_{21} + \cdots + b_n\widetilde{a}_{n1} \\ b_1\widetilde{a}_{12} + b_2\widetilde{a}_{22} + \cdots + b_n\widetilde{a}_{n2} \\ \cdots\cdots\cdots\cdots \\ b_1\widetilde{a}_{1n} + b_2\widetilde{a}_{2n} + \cdots + b_n\widetilde{a}_{nn} \end{pmatrix}$$

一方，A の第 j 列を $\boldsymbol{b}$ の成分で置き換えた行列を $A[j;\boldsymbol{b}]$ とすると，第 j 列での展開公式より

$$|A[j;\boldsymbol{b}]| = \begin{vmatrix} a_{11} & \cdots & b_1 & \cdots & a_{1n} \\ a_{21} & \cdots & b_2 & \cdots & a_{2n} \\ \vdots & & \vdots & & \vdots \\ a_{n1} & \cdots & b_n & \cdots & a_{nn} \end{vmatrix} = b_1\widetilde{a}_{1j} + b_2\widetilde{a}_{2j} + \cdots + b_n\widetilde{a}_{nj}$$

$(j = 1, 2, \cdots, n)$ である．従って，次の解の公式を得る．

定 理 3.14（クラメル (Cramer) の公式）

A を n 次正方行列とする．$|A| \neq 0$ のとき，連立 1 次方程式 $A\boldsymbol{x} = \boldsymbol{b}$ はただ 1 組の解を持ち，次で与えられる．

$$x_1 = \frac{1}{|A|}|A[1;\boldsymbol{b}]|, \quad x_2 = \frac{1}{|A|}|A[2;\boldsymbol{b}]|, \quad \cdots, \quad x_n = \frac{1}{|A|}|A[n;\boldsymbol{b}]|$$

例 3.20 $\begin{cases} 2x - \ \ y = 1 \\ \ \ x - 2y = -4 \end{cases}$ を解いてみよう．

$|A| = \begin{vmatrix} 2 & -1 \\ 1 & -2 \end{vmatrix} = -3\ (\neq 0)$ よりクラメルの公式が適用できる．よって

$$x = \frac{1}{|A|}\begin{vmatrix} 1 & -1 \\ -4 & -2 \end{vmatrix} = \frac{-6}{-3} = 2, \quad y = \frac{1}{|A|}\begin{vmatrix} 2 & 1 \\ 1 & -4 \end{vmatrix} = \frac{-9}{-3} = 3$$

問 3.17 次の連立 1 次方程式を解け．

(1) $\begin{cases} -2x + 5y = 4 \\ x - y = 1 \end{cases}$ (2) $\begin{cases} 2x - y + 3z = 1 \\ -x + 2y - z = 2 \\ x - 2y = -1 \end{cases}$ (3) $\begin{cases} x + y + z = 6 \\ 3x + 2y - z = 4 \\ 2x - y + 3z = 9 \end{cases}$

注意　未知数の多い連立 1 次方程式に対してクラメルの公式を適用すると，計算すべき行列式の個数も多くなり大変になるので，通常は第 2 章で扱った「掃き出し法」を利用して解を求めることになる．

正方行列の正則性に関係する基本事項について整理しておく．定理 2.2，定理 2.5，定理 3.12 から次の同値性が分かる．

定理 3.15

A を n 次正方行列とする．このとき

(I)　次は同値である．

(a) A は正則である

(b) $|A| \neq 0$

(c) $\operatorname{rank} A = n$

(d) $A\boldsymbol{x} = \boldsymbol{0}$ は自明解のみを持つ

(II)　次は同値である．

(a) A は正則でない

(b) $|A| = 0$

(c) $\operatorname{rank} A \neq n$

(d) $A\boldsymbol{x} = \boldsymbol{0}$ は非自明解を持つ

例 3.21　同次連立 1 次方程式 $\begin{cases} (\lambda-2)x - \quad\quad y = 0 \\ \quad -x + (\lambda-2)y = 0 \end{cases}$ が非自明解を持つための条件は $\begin{vmatrix} \lambda-2 & -1 \\ -1 & \lambda-2 \end{vmatrix} = (\lambda-1)(\lambda-3) = 0$ より $\lambda = 1, 3$ である．

問 3.18　次の同型の行列 A と単位行列 E に対して，同次連立 1 次方程式 $(\lambda E - A)\boldsymbol{x} = \boldsymbol{0}$ が非自明解を持つための条件を求めよ．

(1) $\begin{pmatrix} 1 & 2 \\ 3 & 2 \end{pmatrix}$　(2) $\begin{pmatrix} 1 & 2 \\ -1 & 4 \end{pmatrix}$　(3) $\begin{pmatrix} 3 & 1 & 1 \\ 1 & 3 & 1 \\ 1 & 1 & 3 \end{pmatrix}$　(4) $\begin{pmatrix} 1 & 1 & 1 \\ -2 & -3 & -1 \\ 0 & 1 & -1 \end{pmatrix}$

♦ 方程式の行列式表示* ♦

xy 平面上の 2 点 $\mathrm{A}(x_1, y_1)$, $\mathrm{B}(x_2, y_2)$ を通る直線の方程式を

$$px + qy + r = 0 \qquad (p^2 + q^2 \neq 0)$$

とすると，2 点 A, B はこの直線上にあるので

$$\begin{cases} px + qy + r = 0 \\ px_1 + qy_1 + r = 0 \\ px_2 + qy_2 + r = 0 \end{cases} \quad \text{すなわち} \quad \begin{pmatrix} x & y & 1 \\ x_1 & y_1 & 1 \\ x_2 & y_2 & 1 \end{pmatrix} \begin{pmatrix} p \\ q \\ r \end{pmatrix} = \begin{pmatrix} 0 \\ 0 \\ 0 \end{pmatrix}$$

が成り立つ．これを p, q, r に関する同次連立 1 次方程式とみると，$p \neq 0$ または $q \neq 0$ だからこの方程式は非自明解を持つ．従って

$$(*)\qquad \begin{vmatrix} x & y & 1 \\ x_1 & y_1 & 1 \\ x_2 & y_2 & 1 \end{vmatrix} = 0$$

が成り立つ．この行列式を展開すると

$$\begin{vmatrix} x & y & 1 \\ x_1 & y_1 & 1 \\ x_2 & y_2 & 1 \end{vmatrix} \underset{\substack{②+①\times(-1) \\ ③+①\times(-1)}}{=} \begin{vmatrix} x & y & 1 \\ x_1 - x & y_1 - y & 0 \\ x_2 - x & y_2 - y & 0 \end{vmatrix}$$

$$\underset{\boxed{3}\text{で展開}}{=} \begin{vmatrix} x_1 - x & y_1 - y \\ x_2 - x & y_2 - y \end{vmatrix}$$

$$= (y_1 - y_2)x + (x_2 - x_1)y + (x_1 y_2 - y_1 x_2)$$

だから，$(*)$ は x, y の 1 次方程式となり，直線の方程式を表すことが分かる．

一方，$(*)$ の行列式の x, y に点 $\mathrm{A}(x_1, y_1)$ および点 $\mathrm{B}(x_2, y_2)$ を代入しても行列式の値は 0 となることから，次のことが分かる．

定理 3.16

xy 平面上の 2 点 $\mathrm{A}(x_1, y_1)$, $\mathrm{B}(x_2, y_2)$ を通る直線の方程式は次で与えられる．

$$\begin{vmatrix} x & y & 1 \\ x_1 & y_1 & 1 \\ x_2 & y_2 & 1 \end{vmatrix} = 0$$

例 3.22 2 点 $\mathrm{A}(1, 0)$, $\mathrm{B}(0, 1)$ を通る直線の方程式は

$$\begin{vmatrix} x & y & 1 \\ 1 & 0 & 1 \\ 0 & 1 & 1 \end{vmatrix} \underset{\substack{\boxed{3}+\boxed{1}\times(-1) \\ \boxed{3}+\boxed{2}\times(-1)}}{=} \begin{vmatrix} x & y & 1 - x - y \\ 1 & 0 & 0 \\ 0 & 1 & 0 \end{vmatrix} = 1 - x - y = 0$$

すなわち，$x + y = 1$ である．

問 3.19 2 点 $\mathrm{A}(1, 2)$, $\mathrm{B}(3, 4)$ を通る直線の方程式を求めよ．

同様にして，xyz 空間内の同一直線上にない 3 点を含む平面の方程式も行列式を用いて表現できる．

定理 3.17

xyz 空間内の同一直線上にない 3 点 $\mathrm{A}(x_1, y_1, z_1)$, $\mathrm{B}(x_2, y_2, z_2)$, $\mathrm{C}(x_3, y_3, z_3)$ を含む平面の方程式は次で与えられる．

$$\begin{vmatrix} x & y & z & 1 \\ x_1 & y_1 & z_1 & 1 \\ x_2 & y_2 & z_2 & 1 \\ x_3 & y_3 & z_3 & 1 \end{vmatrix} = 0$$

例 3.23 3 点 $\mathrm{A}(1,0,0)$, $\mathrm{B}(0,1,0)$, $\mathrm{C}(0,0,1)$ を含む平面の方程式は

$$\begin{vmatrix} x & y & z & 1 \\ 1 & 0 & 0 & 1 \\ 0 & 1 & 0 & 1 \\ 0 & 0 & 1 & 1 \end{vmatrix} = \begin{vmatrix} x & y & z & 1-x-y-z \\ 1 & 0 & 0 & 0 \\ 0 & 1 & 0 & 0 \\ 0 & 0 & 1 & 0 \end{vmatrix} = -(1-x-y-z) = 0$$

すなわち，$x+y+z=1$ である．

問 3.20 3 点 $\mathrm{A}(1,2,3)$, $\mathrm{B}(2,3,1)$, $\mathrm{C}(3,1,2)$ を含む平面の方程式を求めよ．

3.4 章末問題*

◆ 行列式 ◆

問 3.21 n 次の基本行列 $P(i,j)$, $P(i;3)$, $P(i,j;3)$ と $|A|=2$ を満たす n 次正則行列 A に対して，次の行列式の値を求めよ．

(1) $|P(i,j)|$ (2) $|P(i;3)|$ (3) $|P(i,j;3)|$ (4) $|2A|$ (5) $|A^{-1}|$
(6) $|P(i,j)A|$ (7) $|P(i;3)A|$ (8) $|P(i,j;3)A|$ (9) $|({}^tA\,A)^{-1}|$

問 3.22 A を r 次正方行列，B を s 次正方行列とする．このとき，次の等式を示せ．

(1) $\begin{vmatrix} A & X \\ O & E_s \end{vmatrix} = |A|$ (2) $\begin{vmatrix} A & O \\ X & E_s \end{vmatrix} = |A|$ (3) $\begin{vmatrix} E_r & X \\ O & B \end{vmatrix} = |B|$

(4) $\begin{vmatrix} E_r & O \\ X & B \end{vmatrix} = |B|$ (5) $\begin{vmatrix} A & X \\ O & B \end{vmatrix} = |A||B|$ (6) $\begin{vmatrix} A & O \\ X & B \end{vmatrix} = |A||B|$

問 3.23 A, B, C, D を n 次正方行列，E を n 次単位行列とする．このとき，次を示せ．

(1) $\begin{vmatrix} A & B \\ C & E \end{vmatrix} = |A - BC|$

(2) A が正則ならば，$\begin{vmatrix} A & B \\ C & D \end{vmatrix} = |A||D - CA^{-1}B|$

(3) A が正則で，A と C が可換ならば，$\begin{vmatrix} A & B \\ C & D \end{vmatrix} = |AD - CB|$

(4) $\begin{vmatrix} A & B \\ B & A \end{vmatrix} = |A + B||A - B|$

(5) $\begin{vmatrix} A & -B \\ B & A \end{vmatrix} = |A + iB||A - iB|$ (ただし，$i = \sqrt{-1}$ は虚数単位)

問 3.24 △XYZ の 3 つの角 x, y, z に対して，次を示せ．

$$\begin{vmatrix} -1 & \cos x & \cos y \\ \cos x & -1 & \cos z \\ \cos y & \cos z & -1 \end{vmatrix} = 0$$

問 3.25 次の等式を示せ．

$$\begin{vmatrix} 0 & x & y & z \\ x & 0 & z & y \\ y & z & 0 & x \\ z & y & x & 0 \end{vmatrix} = \begin{vmatrix} 0 & x^2 & y^2 & z^2 \\ x^2 & 0 & 1 & 1 \\ y^2 & 1 & 0 & 1 \\ z^2 & 1 & 1 & 0 \end{vmatrix} = \begin{vmatrix} 0 & 1 & 1 & 1 \\ 1 & 0 & z^2 & y^2 \\ 1 & z^2 & 0 & x^2 \\ 1 & y^2 & x^2 & 0 \end{vmatrix}$$

第4章

線形空間と線形写像

4.1 ベクトル

♦ 空間のベクトル ♦

空間のベクトルは，空間内の有向線分（向きを指定した線分）で，その位置を問題にせず向きと大きさだけを考えたものである．有向線分 AB で表されるベクトルを $\overrightarrow{\mathrm{AB}}$ と書き，A を**始点**，B を**終点**という．また，有向線分 AB の長さをベクトル $\overrightarrow{\mathrm{AB}}$ の**大きさ**といい，$\|\overrightarrow{\mathrm{AB}}\|$ と表す．特に，大きさが 1 であるベクトルを**単位ベクトル**という．

ベクトルは，太小文字のアルファベット $\boldsymbol{a}, \boldsymbol{b}, \boldsymbol{c}$ などで表す．

2 つのベクトル $\boldsymbol{a}$ と $\boldsymbol{b}$ の向きが同じで大きさが等しいとき，ベクトル $\boldsymbol{a}, \boldsymbol{b}$ は**等しい**といい，$\boldsymbol{a}=\boldsymbol{b}$ と書く．すなわち，$\boldsymbol{a}=\boldsymbol{b}$ ならば，それらを表す有向線分を平行移動して，重ね合わせることができる．

$\boldsymbol{a}$ と同じ大きさで向きが反対のベクトルを $\boldsymbol{a}$ を**逆ベクトル**といい，$-\boldsymbol{a}$ と書く．すなわち $\boldsymbol{a}=\overrightarrow{\mathrm{AB}}$ ならば $-\boldsymbol{a}=\overrightarrow{\mathrm{BA}}$ である．また，始点と終点が一致するときも，大きさ 0 のベクトルと考えて，**零ベクトル**といい，$\boldsymbol{0}$ と書く．

2 つのベクトル $\boldsymbol{a}$ と $\boldsymbol{b}$ の**和**を $\boldsymbol{a}+\boldsymbol{b}$ と表し，$\boldsymbol{a}=\overrightarrow{\mathrm{AB}}$, $\boldsymbol{b}=\overrightarrow{\mathrm{BC}}$ のとき，$\boldsymbol{a}+\boldsymbol{b}=\overrightarrow{\mathrm{AC}}$ と定める．2 つのベクトル $\boldsymbol{a}, \boldsymbol{b}$ に対して，$\boldsymbol{a}+(-\boldsymbol{b})$ を $\boldsymbol{a}-\boldsymbol{b}$ と書き，$\boldsymbol{a}$ から $\boldsymbol{b}$ を引いた**差**という．すなわち，$\boldsymbol{a}=\overrightarrow{\mathrm{PQ}}$, $\boldsymbol{b}=\overrightarrow{\mathrm{PR}}$ のとき，$\boldsymbol{a}-\boldsymbol{b}=\overrightarrow{\mathrm{RQ}}$ である．

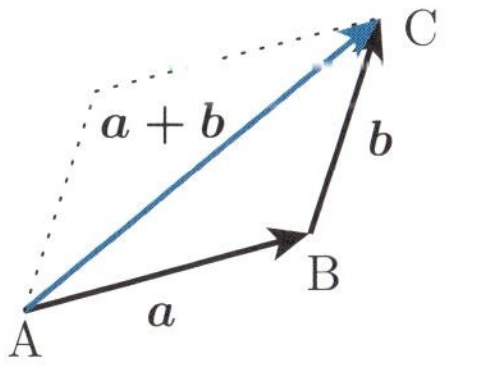

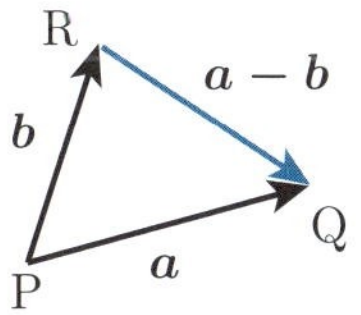

ベクトル $\boldsymbol{a}$ と実数 α に対して，$\boldsymbol{a}$ の α 倍を $\alpha\boldsymbol{a}$ と表し

(i) $\alpha > 0$ のとき，$\boldsymbol{a}$ と同じ向きで大きさは α 倍

(ii) $\alpha < 0$ のとき，$\boldsymbol{a}$ と反対向きで大きさは $|\alpha|$ 倍

と定める．ただし，$\alpha\boldsymbol{0} = \boldsymbol{0}$, $0\boldsymbol{a} = \boldsymbol{0}$ とする．

$\boldsymbol{0}$ でない2つのベクトル $\boldsymbol{a}$ と $\boldsymbol{b}$ が同じ向き，または反対の向きならば，$\boldsymbol{a}$ と $\boldsymbol{b}$ は平行であるといい，$\boldsymbol{a} \mathbin{/\!/} \boldsymbol{b}$ と書く．すなわち

$$\boldsymbol{a} \mathbin{/\!/} \boldsymbol{b} \iff \boldsymbol{a} = \alpha\boldsymbol{b} \text{ となる実数 } \alpha\ (\neq 0) \text{ が取れる}$$

なお，$\alpha > 0$ のとき同じ向き，$\alpha < 0$ のとき反対の向きである．

◆ ベクトルの成分表示 ◆

原点Oを始点とするベクトルを**位置ベクトル**という．任意の点Aの位置は，ベクトル $\overrightarrow{\mathrm{OA}}$ によって定まることになる．点 $\mathrm{A}(a_1, a_2, a_3)$ を位置ベクトル $\boldsymbol{a} = \overrightarrow{\mathrm{OA}}$ と同一視して $\boldsymbol{a} = \begin{pmatrix} a_1 \\ a_2 \\ a_3 \end{pmatrix}$ と表し，これを $\boldsymbol{a}$ の**成分表示**という．また，ベクトル $\boldsymbol{a}$ の大きさ $\|\boldsymbol{a}\|$ は，線分OAの長さだから $\|\boldsymbol{a}\| = \sqrt{a_1^2 + a_2^2 + a_3^2}$ である．

$\boldsymbol{a} = \begin{pmatrix} a_1 \\ a_2 \\ a_3 \end{pmatrix}$, $\boldsymbol{b} = \begin{pmatrix} b_1 \\ b_2 \\ b_3 \end{pmatrix}$ と実数 α に対して，$\boldsymbol{a}$ と $\boldsymbol{b}$ の和 $\boldsymbol{a}+\boldsymbol{b}$ および α 倍 $\alpha\boldsymbol{a}$ を成分を用いて表すと

$$\boldsymbol{a}+\boldsymbol{b} = \begin{pmatrix} a_1 + b_1 \\ a_2 + b_2 \\ a_3 + b_3 \end{pmatrix}, \qquad \alpha\boldsymbol{a} = \begin{pmatrix} \alpha a_1 \\ \alpha a_2 \\ \alpha a_3 \end{pmatrix}$$

ベクトルの成分表示を 3×1 行列（すなわち3次列ベクトル）と見なせば，行列の和および実数倍と一致する．従って，次のベクトルの和と実数倍に関する基本性質が成り立つ．

定理 4.1

(I) ベクトル $\boldsymbol{a}, \boldsymbol{b}, \boldsymbol{c}$ に対して

(1) $(\boldsymbol{a}+\boldsymbol{b})+\boldsymbol{c} = \boldsymbol{a}+(\boldsymbol{b}+\boldsymbol{c})$ (2) $\boldsymbol{a}+\boldsymbol{b} = \boldsymbol{b}+\boldsymbol{a}$

(3) $\boldsymbol{a}+\boldsymbol{0} = \boldsymbol{a}$ (4) $\boldsymbol{a}+(-\boldsymbol{a}) = \boldsymbol{0}$

(II) ベクトル $\boldsymbol{a}, \boldsymbol{b}$ と実数 α, β に対して

(1) $\alpha(\boldsymbol{a}+\boldsymbol{b}) = \alpha\boldsymbol{a}+\alpha\boldsymbol{b}$ (2) $(\alpha+\beta)\boldsymbol{a} = \alpha\boldsymbol{a}+\beta\boldsymbol{a}$

(3) $(\alpha\beta)\boldsymbol{a} = \alpha(\beta\boldsymbol{a})$ (4) $1\boldsymbol{a} = \boldsymbol{a}$

問 4.1 定理4.1を証明せよ．

ベクトル $\boldsymbol{x} = \begin{pmatrix} x_1 \\ x_2 \\ x_3 \end{pmatrix}$ は，基本ベクトル $\boldsymbol{e}_1 = \begin{pmatrix} 1 \\ 0 \\ 0 \end{pmatrix}$, $\boldsymbol{e}_2 = \begin{pmatrix} 0 \\ 1 \\ 0 \end{pmatrix}$, $\boldsymbol{e}_3 = \begin{pmatrix} 0 \\ 0 \\ 1 \end{pmatrix}$ を用いて

$$\begin{pmatrix} x_1 \\ x_2 \\ x_3 \end{pmatrix} = x_1 \begin{pmatrix} 1 \\ 0 \\ 0 \end{pmatrix} + x_2 \begin{pmatrix} 0 \\ 1 \\ 0 \end{pmatrix} + x_3 \begin{pmatrix} 0 \\ 0 \\ 1 \end{pmatrix}$$

すなわち $\boldsymbol{x} = x_1\boldsymbol{e}_1 + x_2\boldsymbol{e}_2 + x_3\boldsymbol{e}_3$ と書くことができる．これを $\boldsymbol{x}$ の**基本ベクトル表示**という．基本ベクトルは，原点 O を始点とし正の向きを持つ単位ベクトルである．

♦ ベクトルの 1 次独立性 ♦

ベクトル $\boldsymbol{a}_1, \boldsymbol{a}_2, \cdots, \boldsymbol{a}_k$ と実数 $\alpha_1, \alpha_2, \cdots, \alpha_k$ に対して

$$\alpha_1\boldsymbol{a}_1 + \alpha_2\boldsymbol{a}_2 + \cdots + \alpha_k\boldsymbol{a}_k = \boldsymbol{0} \quad \Longrightarrow \quad \alpha_1 = \alpha_2 = \cdots = \alpha_k = 0$$

が成り立つとき，$\boldsymbol{a}_1, \boldsymbol{a}_2, \cdots, \boldsymbol{a}_k$ は **1 次独立**であるという．また，1 次独立でないとき，$\boldsymbol{a}_1, \boldsymbol{a}_2, \cdots, \boldsymbol{a}_k$ は **1 次従属**であるという．すなわち，1 次従属とは，$\alpha_1, \alpha_2, \cdots, \alpha_k$ の中に 0 でない実数が少なくとも 1 つは存在して $\alpha_1\boldsymbol{a}_1 + \alpha_2\boldsymbol{a}_2 + \cdots + \alpha_k\boldsymbol{a}_k = \boldsymbol{0}$ とできることである．

例 4.1 (1) $\boldsymbol{a}$ と $\boldsymbol{b}$ が平行ならば，$\boldsymbol{a}$, $\boldsymbol{b}$ は 1 次従属である．実際，実数 α $(\neq 0)$ を用いて $\boldsymbol{a} = \alpha\boldsymbol{b}$ と書けるから $(-1)\boldsymbol{a} + \alpha\boldsymbol{b} = \boldsymbol{0}$ が成り立つ．

(2) $\boldsymbol{a} = {}^t\begin{pmatrix} 1 & 1 & 0 \end{pmatrix}$ は基本ベクトル $\boldsymbol{e}_1$, $\boldsymbol{e}_2$ を用いて $\boldsymbol{a} = \boldsymbol{e}_1 + \boldsymbol{e}_2$ と書けるから $(-1)\boldsymbol{a} + \boldsymbol{e}_1 + \boldsymbol{e}_2 = \boldsymbol{0}$ が成り立つ．従って，$\boldsymbol{a}$, $\boldsymbol{e}_1$, $\boldsymbol{e}_2$ は 1 次従属である．
（幾何的には，$\boldsymbol{a}$, $\boldsymbol{e}_1$, $\boldsymbol{e}_2$ の位置ベクトルは同一平面上にあることが分かる．）

(3) 基本ベクトル $\boldsymbol{e}_1$, $\boldsymbol{e}_2$, $\boldsymbol{e}_3$ に対して $\alpha_1\boldsymbol{e}_1 + \alpha_2\boldsymbol{e}_2 + \alpha_3\boldsymbol{e}_3 = \boldsymbol{0}$ とすると，$\alpha_1 = \alpha_2 = \alpha_3 = 0$ となる．従って，$\boldsymbol{e}_1$, $\boldsymbol{e}_2$, $\boldsymbol{e}_3$ は 1 次独立である．
（幾何的には，$\boldsymbol{e}_1$, $\boldsymbol{e}_2$, $\boldsymbol{e}_3$ の位置ベクトルは同一平面上にないことが分かる．）

もちろん，$\boldsymbol{e}_i$, $\boldsymbol{e}_j$ $(i \neq j)$ は 1 次独立であり，$\boldsymbol{e}_i$ と $\boldsymbol{e}_j$ は平行ではない．

問 4.2 基本ベクトル $\boldsymbol{e}_1$, $\boldsymbol{e}_2$, $\boldsymbol{e}_3$ と $\boldsymbol{a} = {}^t\begin{pmatrix} 1 & 0 & 1 \end{pmatrix}$, $\boldsymbol{b} = {}^t\begin{pmatrix} 0 & 1 & 1 \end{pmatrix}$ に対して，次のベクトルの 1 次独立性について調べよ．

(1) $\boldsymbol{e}_1$, $\boldsymbol{a}$　　(2) $\boldsymbol{e}_1$, $\boldsymbol{e}_3$, $\boldsymbol{a}$　　(3) $\boldsymbol{e}_1$, $\boldsymbol{a}$, $\boldsymbol{b}$　　(4) $\boldsymbol{e}_1$, $\boldsymbol{e}_2$, $\boldsymbol{a}$, $\boldsymbol{b}$

♦ 幾何ベクトル ♦

平面上のベクトルについても空間のベクトルと同様の議論ができる．また，平面上のベクトルと空間のベクトルを総称して**幾何ベクトル**という．

4.2 線形空間

実数全体の集合を $\boldsymbol{R}$, 複素数全体の集合を $\boldsymbol{C}$ と書き, スカラー全体の集合を $\boldsymbol{K}$ と書く. すなわち, $\boldsymbol{K}$ は $\boldsymbol{R}$ または $\boldsymbol{C}$ である. また,「$\alpha \in \boldsymbol{K}$」は, α がスカラーであることを表し, $\boldsymbol{K}=\boldsymbol{R}$ のときスカラー α は実数, $\boldsymbol{K}=\boldsymbol{C}$ のときスカラー α は複素数を意味する.

幾何ベクトルの和とスカラー倍に関する基本性質（定理 4.1）と同じ構造を持つ集合（線形空間という）について考える.

◆ 線形空間の定義 ◆

空でない集合 V に, 和とスカラー倍

任意の $\boldsymbol{a}, \boldsymbol{b} \in V$ に対して, 和 $\boldsymbol{a}+\boldsymbol{b} \in V$

任意の $\boldsymbol{a} \in V$ と $\alpha \in \boldsymbol{K}$ に対して, スカラー倍 $\alpha\boldsymbol{a} \in V$

が定義されていて, 次の条件 (I) (II) が満たされているとき, V を $\boldsymbol{K}$ 上の**線形空間**または**ベクトル空間**といい, V の元を**ベクトル**という.

(I) $\boldsymbol{a}, \boldsymbol{b}, \boldsymbol{c} \in V$ に対して

(1°) $(\boldsymbol{a}+\boldsymbol{b})+\boldsymbol{c}=\boldsymbol{a}+(\boldsymbol{b}+\boldsymbol{c})$ (2°) $\boldsymbol{a}+\boldsymbol{b}=\boldsymbol{b}+\boldsymbol{a}$

(3°) $\boldsymbol{a}+\boldsymbol{0}=\boldsymbol{a}$ を満たす $\boldsymbol{0} \in V$ が存在する

(4°) $\boldsymbol{a}+(-\boldsymbol{a})=\boldsymbol{0}$ を満たす $(-\boldsymbol{a}) \in V$ が存在する

(II) $\boldsymbol{a}, \boldsymbol{b} \in V$ と $\alpha, \beta \in \boldsymbol{K}$ に対して

(1°) $\alpha(\boldsymbol{a}+\boldsymbol{b})=\alpha\boldsymbol{a}+\alpha\boldsymbol{b}$ (2°) $(\alpha+\beta)\boldsymbol{a}=\alpha\boldsymbol{a}+\beta\boldsymbol{a}$

(3°) $(\alpha\beta)\boldsymbol{a}=\alpha(\beta\boldsymbol{a})$ (4°) $1\boldsymbol{a}=\boldsymbol{a}$

$\boldsymbol{0}$ を**零ベクトル**といい, $(-\boldsymbol{a})$ を $\boldsymbol{a}$ の**逆ベクトル**という. $(\boldsymbol{a}+\boldsymbol{b})+\boldsymbol{c}$ を $\boldsymbol{a}+\boldsymbol{b}+\boldsymbol{c}$ とも書く. また, $\boldsymbol{a}+(-\boldsymbol{b})$ を $\boldsymbol{a}-\boldsymbol{b}$ とも書き, $\boldsymbol{a}$ と $\boldsymbol{b}$ の**差**という.

注意 次の性質は容易に分かる.

(1) $\boldsymbol{0}+\boldsymbol{a}=\boldsymbol{a}$ (2) 零ベクトル $\boldsymbol{0}$ の存在は一意的である

(3) $(-\boldsymbol{a})+\boldsymbol{a}=\boldsymbol{0}$ (4) $\boldsymbol{a}$ の逆ベクトル $(-\boldsymbol{a})$ の存在は一意的である

(5) $0\boldsymbol{a}=\boldsymbol{0}$ (6) $\alpha\boldsymbol{0}=\boldsymbol{0}$ (7) $\alpha\boldsymbol{a}=\boldsymbol{0}$ ならば, $\alpha=0$ または $\boldsymbol{a}=\boldsymbol{0}$

問 4.3 上記の性質 (1) ～ (7) を示せ.

$\boldsymbol{R}$ 上の線形空間を**実線形空間**ともいい, $\boldsymbol{C}$ 上の線形空間を**複素線形空間**ともいう. すなわち, 実線形空間では, スカラーを実数に限定し, 複素線形空間では, スカラーを複素数まで拡げて考える.

例 4.2 実数を成分に持つ n 次列ベクトル全体の集合を

$$\boldsymbol{R}^n = \left\{ \begin{pmatrix} a_1 \\ \vdots \\ a_n \end{pmatrix} \;\middle|\; a_1, \cdots, a_n \in \boldsymbol{R} \right\}$$

と書く．幾何ベクトルの場合と同様に和と実数倍を定める．すなわち $\boldsymbol{a}, \boldsymbol{b} \in \boldsymbol{R}^n$, $\alpha \in \boldsymbol{R}$ に対して $\boldsymbol{a}+\boldsymbol{b} = \begin{pmatrix} a_1+b_1 \\ \vdots \\ a_n+b_n \end{pmatrix}$, $\alpha\boldsymbol{a} = \begin{pmatrix} \alpha a_1 \\ \vdots \\ \alpha a_n \end{pmatrix}$ と定めれば，$\boldsymbol{R}^n$ は実線形空間となる．この空間を $\boldsymbol{R}$ 上の**数ベクトル空間**ともいう．特に，$\boldsymbol{R}^2$ は平面ベクトル全体の集合，$\boldsymbol{R}^3$ は空間ベクトル全体の集合と同一視することができる．

例 4.3 複素数を成分に持つ n 次列ベクトル全体の集合を

$$\boldsymbol{C}^n = \left\{ \begin{pmatrix} a_1 \\ \vdots \\ a_n \end{pmatrix} \;\middle|\; a_1, \cdots, a_n \in \boldsymbol{C} \right\}$$

と書く．$\boldsymbol{a}, \boldsymbol{b} \in \boldsymbol{C}^n$, $\alpha \in \boldsymbol{C}$ に対して，$\boldsymbol{a}+\boldsymbol{b} = \begin{pmatrix} a_1+b_1 \\ \vdots \\ a_n+b_n \end{pmatrix}$, $\alpha\boldsymbol{a} = \begin{pmatrix} \alpha a_1 \\ \vdots \\ \alpha a_n \end{pmatrix}$ と定めれば，$\boldsymbol{C}^n$ は複素線形空間となる．この空間を $\boldsymbol{C}$ 上の**数ベクトル空間**ともいう．

例 4.4 (1) $m \times n$ 実行列全体の集合を $M_{m\times n}(\boldsymbol{R})$ とする．$M_{m\times n}(\boldsymbol{R})$ は，行列の和と実数倍について実線形空間となる．

特に，$M_{m\times 1}(\boldsymbol{R}) = \boldsymbol{R}^m$ である．

(2) $m \times n$ 複素行列全体の集合を $M_{m\times n}(\boldsymbol{C})$ とする．$M_{m\times n}(\boldsymbol{C})$ は，行列の和と複素数倍について複素線形空間となる．

特に，$M_{m\times 1}(\boldsymbol{C}) = \boldsymbol{C}^m$ である．

例 4.5 $I = [a, b]$ 上の実連続関数全体の集合を $C^0(I)$ とする．$f, g \in C^0(I)$, $\alpha \in \boldsymbol{R}$ に対して，和 $f+g$ と実数倍 αf を

$$(f+g)(x) = f(x) + g(x), \qquad (\alpha f)(x) = \alpha f(x) \quad (x \in I)$$

と定めれば，$f+g, \alpha f \in C^0(I)$ となる．$C^0(I)$ は，これらの演算について実線形空間となる．

実線形空間と複素線形空間は異なる線形空間であり，それらは明確に区別して取り扱う必要がある．しかし，スカラーの違いを除けば，どちらの線形空間においても共通して成り立つことが多い．以後簡単のためにスカラーはすべて実数とし，特に断らない限り線形空間は実線形空間とする．すなわち $\boldsymbol{K} = \boldsymbol{R}$ とする．

♦ 部分空間 ♦

W を線形空間 V の空でない部分集合とする．W が V と同じ演算（和とスカラー倍）について**閉じている**とき，すなわち

(1°) $\boldsymbol{a}, \boldsymbol{b} \in W \implies \boldsymbol{a} + \boldsymbol{b} \in W$

(2°) $\boldsymbol{a} \in W,\ \alpha \in \boldsymbol{R} \implies \alpha\boldsymbol{a} \in W$

が成り立つとき，W は V の**部分空間**であるという．

条件 (1°) (2°) は次の条件 (3°) と同値である．

(3°) $\boldsymbol{a}, \boldsymbol{b} \in W,\ \alpha, \beta \in \boldsymbol{R} \implies \alpha\boldsymbol{a} + \beta\boldsymbol{b} \in W$

実際，[(1°) (2°) ⇒ (3°)] 条件 (2°) より $\alpha\boldsymbol{a}, \beta\boldsymbol{b} \in W$ であり，条件 (1°) より $\alpha\boldsymbol{a} + \beta\boldsymbol{b} \in W$ だから条件 (3°) を得る．[(3°) ⇒ (1°) (2°)] 条件 (3°) において $\alpha = \beta = 1$ とすると条件 (1°) を得る．また，$\beta = 0$ とすると条件 (2°) を得る．

注意　線形空間 V の部分空間 W は，V の演算（和とスカラー倍）について線形空間となる．特に，$\boldsymbol{0} \in W$ である．

例 4.6　$W = \{\boldsymbol{0}\}$ は線形空間 V の部分空間であり，V の任意の部分空間に含まれる．

問 4.4　W を線形空間 V の部分空間とする．$\boldsymbol{a}_1, \boldsymbol{a}_2, \cdots, \boldsymbol{a}_k \in W$, α_1, α_2, $\cdots$, $\alpha_k \in \boldsymbol{R}$ に対して，次を示せ．

(1) $\alpha_1\boldsymbol{a}_1 + \alpha_2\boldsymbol{a}_2 + \alpha_3\boldsymbol{a}_3 \in W$

(2) $\alpha_1\boldsymbol{a}_1 + \alpha_2\boldsymbol{a}_2 + \cdots + \alpha_k\boldsymbol{a}_k \in W \quad (k \geqq 4)$

定 理 4.2（共通空間）

W_1, W_2 を線形空間 V の部分空間とする．このとき

$$W_1 \cap W_2 = \{\boldsymbol{a} \in V \mid \boldsymbol{a} \in W_1 \text{ かつ } \boldsymbol{a} \in W_2\}$$

は V の部分空間となる．（$W_1 \cap W_2$ を W_1 と W_2 の**共通空間**という.）

証明　$\boldsymbol{a}, \boldsymbol{b} \in W_1 \cap W_2$ と $\alpha, \beta \in \boldsymbol{R}$ に対して，$\boldsymbol{a}, \boldsymbol{b} \in W_1$ かつ $\boldsymbol{a}, \boldsymbol{b} \in W_2$ だから $\alpha\boldsymbol{a}+\beta\boldsymbol{b} \in W_1$ かつ $\alpha\boldsymbol{a}+\beta\boldsymbol{b} \in W_2$ である．従って，$\alpha\boldsymbol{a}+\beta\boldsymbol{b} \in W_1 \cap W_2$ である．■

例 4.7 $W = \{{}^t(x\ \ y\ \ z) \in \boldsymbol{R}^3 \mid 3x - 2y + z = 0\}$ とすると，W は $\boldsymbol{R}^3$ の部分空間である．

実際，$\boldsymbol{x} = {}^t(x\ \ y\ \ z)$, $\boldsymbol{u} = {}^t(u\ \ v\ \ w) \in W$ と $\alpha \in \boldsymbol{R}$ に対して，$\boldsymbol{x} + \boldsymbol{u} = {}^t(x+u\ \ y+v\ \ z+w)$, $\alpha\boldsymbol{x} = {}^t(\alpha x\ \ \alpha y\ \ \alpha z)$ だから

$$3(x+u)-2(y+v)+(z+w) = (3x-2y+z)+(3u-2v+w) = 0+0 = 0$$
$$3(\alpha x) - 2(\alpha y) + (\alpha z) = \alpha(3x - 2y + z) = \alpha 0 = 0$$

よって，$\boldsymbol{x} + \boldsymbol{u} \in W$ かつ $\alpha\boldsymbol{x} \in W$ である．

例 4.8 $W = \left\{\begin{pmatrix} x \\ y \end{pmatrix} \in \boldsymbol{R}^2 \;\middle|\; x < y\right\}$ とすると，W は $\boldsymbol{R}^2$ の部分空間ではない．実際，$\begin{pmatrix} 0 \\ 0 \end{pmatrix} \notin W$ である．

問 4.5 次の集合 W は $\boldsymbol{R}^3$ の部分空間であるか調べよ．ただし，$\boldsymbol{x} = {}^t(x\ y\ z)$ とする．

(1) $W = \{\boldsymbol{x} \in \boldsymbol{R}^3 \mid x = y = z\}$ (2) $W = \{\boldsymbol{x} \in \boldsymbol{R}^3 \mid x > y > z\}$

(3) $W = \{\boldsymbol{x} \in \boldsymbol{R}^3 \mid x+4y = 0,\, 3y-z = 0\}$ (4) $W = \{\boldsymbol{x} \in \boldsymbol{R}^3 \mid x = z^2\}$

例題 4.9 集合 $W = \{\boldsymbol{x} \in \boldsymbol{R}^n \mid A\boldsymbol{x} = \boldsymbol{0}\}$ は $\boldsymbol{R}^n$ の部分空間であることを示せ．ただし，A は $m \times n$ 行列である．

解答 $\boldsymbol{x}, \boldsymbol{u} \in W$ と $\alpha, \beta \in \boldsymbol{R}$ に対して

$$A(\alpha\boldsymbol{x} + \beta\boldsymbol{u}) = \alpha A\boldsymbol{x} + \beta A\boldsymbol{u} = \alpha\boldsymbol{0} + \beta\boldsymbol{0} = \boldsymbol{0}$$

だから $\alpha\boldsymbol{x} + \beta\boldsymbol{u} \in W$ となる．（集合 W を $A\boldsymbol{x} = \boldsymbol{0}$ の**解空間**という．） ■

例題 4.9 より，$\boldsymbol{R}^n$ の部分集合 W の条件を $A\boldsymbol{x} = \boldsymbol{0}$ の形に変形できれば，W は $\boldsymbol{R}^n$ の部分空間となることが分かる．

例 4.10

$$W_1 = \{\boldsymbol{x} \in \boldsymbol{R}^3 \mid x - 2y + z = 0,\, x - y = 0\}$$
$$W_2 = \{\boldsymbol{x} \in \boldsymbol{R}^3 \mid x - 2y + z = 0,\, y - z = 0\}$$

に対して，$W_1, W_2, W_1 \cap W_2$ は $\boldsymbol{R}^3$ の部分空間である．ただし，$\boldsymbol{x} = {}^t(x\ y\ z)$ とする．実際

$$A = \begin{pmatrix} 1 & -2 & 1 \\ 1 & -1 & 0 \end{pmatrix},\quad B = \begin{pmatrix} 1 & -2 & 1 \\ 0 & 1 & -1 \end{pmatrix},\quad C = \begin{pmatrix} 1 & -2 & 1 \\ 1 & -1 & 0 \\ 0 & 1 & -1 \end{pmatrix}$$

とおくと，$W_1 = \{\boldsymbol{x} \in \boldsymbol{R}^3 \mid A\boldsymbol{x} = \boldsymbol{0}\}$, $W_2 = \{\boldsymbol{x} \in \boldsymbol{R}^3 \mid B\boldsymbol{x} = \boldsymbol{0}\}$, $W_1 \cap W_2 = \{\boldsymbol{x} \in \boldsymbol{R}^3 \mid C\boldsymbol{x} = \boldsymbol{0}\}$ である．

◆ 1 次結合 ◆

ベクトル $\boldsymbol{a}_1, \boldsymbol{a}_2, \cdots, \boldsymbol{a}_k \in V$ とスカラー $\alpha_1, \alpha_2, \cdots, \alpha_k \in \boldsymbol{R}$ に対して

$$\alpha_1\boldsymbol{a}_1 + \alpha_2\boldsymbol{a}_2 + \cdots + \alpha_k\boldsymbol{a}_k$$

を $\boldsymbol{a}_1, \boldsymbol{a}_2, \cdots, \boldsymbol{a}_k$ の **1 次結合**または**線形結合**という．

$\boldsymbol{a}_1, \boldsymbol{a}_2, \cdots, \boldsymbol{a}_k$ の 1 次結合全体の集合は，V の部分空間となる．この集合を $\boldsymbol{a}_1, \boldsymbol{a}_2, \cdots, \boldsymbol{a}_k$ によって**生成される部分空間**，または $\boldsymbol{a}_1, \boldsymbol{a}_2, \cdots, \boldsymbol{a}_k$ で**張られる部分空間**などといい，$\langle \boldsymbol{a}_1, \boldsymbol{a}_2, \cdots, \boldsymbol{a}_k \rangle$ と書く．すなわち

$$\langle \boldsymbol{a}_1, \boldsymbol{a}_2, \cdots, \boldsymbol{a}_k \rangle = \{\alpha_1\boldsymbol{a}_1 + \alpha_2\boldsymbol{a}_2 + \cdots + \alpha_k\boldsymbol{a}_k \mid \alpha_1, \alpha_2, \cdots, \alpha_k \in \boldsymbol{R}\}$$

例 4.11　$\boldsymbol{a} = \begin{pmatrix} -1 \\ 0 \end{pmatrix}, \boldsymbol{b} = \begin{pmatrix} 1 \\ 1 \end{pmatrix}$ とする．$\boldsymbol{R}^2$ の任意のベクトル $\boldsymbol{x} = \begin{pmatrix} x \\ y \end{pmatrix}$ は $\boldsymbol{x} = (-x + y)\boldsymbol{a} + y\boldsymbol{b}$ と書けるから，$\boldsymbol{R}^2 = \langle \boldsymbol{a}, \boldsymbol{b} \rangle$ である．

例 4.12　$\boldsymbol{R}^n = \langle \boldsymbol{e}_1, \boldsymbol{e}_2, \cdots, \boldsymbol{e}_n \rangle$ である．ただし，$\boldsymbol{e}_1, \boldsymbol{e}_2, \cdots, \boldsymbol{e}_n$ は $\boldsymbol{R}^n$ の基本ベクトルである．

問 4.6　$\boldsymbol{R}^3$ のベクトル $\begin{pmatrix} 1 \\ 2 \\ 3 \end{pmatrix}$ を次のベクトルの 1 次結合で表せ．

(1) $\begin{pmatrix} 1 \\ 0 \\ 0 \end{pmatrix}, \begin{pmatrix} 1 \\ 1 \\ 0 \end{pmatrix}, \begin{pmatrix} 1 \\ 1 \\ 1 \end{pmatrix}$　(2) $\begin{pmatrix} 1 \\ -1 \\ 1 \end{pmatrix}, \begin{pmatrix} 0 \\ 1 \\ -1 \end{pmatrix}, \begin{pmatrix} -1 \\ 1 \\ 0 \end{pmatrix}$　(3) $\begin{pmatrix} 2 \\ -1 \\ -3 \end{pmatrix}, \begin{pmatrix} 4 \\ 3 \\ 3 \end{pmatrix}$

◆ 1 次独立と 1 次従属 ◆

ベクトル $\boldsymbol{a}_1, \boldsymbol{a}_2, \cdots, \boldsymbol{a}_k \in V$ とスカラー $\alpha_1, \alpha_2, \cdots, \alpha_k \in \boldsymbol{R}$ に対して

$$\alpha_1\boldsymbol{a}_1 + \alpha_2\boldsymbol{a}_2 + \cdots + \alpha_k\boldsymbol{a}_k = \boldsymbol{0} \quad \Longrightarrow \quad \alpha_1 = \alpha_2 = \cdots = \alpha_k = 0$$

が成り立つとき，$\boldsymbol{a}_1, \boldsymbol{a}_2, \cdots, \boldsymbol{a}_k$ は V で **1 次独立**または**線形独立**であるという．

また，$\boldsymbol{a}_1, \boldsymbol{a}_2, \cdots, \boldsymbol{a}_k$ が V で 1 次独立でないとき，$\boldsymbol{a}_1, \boldsymbol{a}_2, \cdots, \boldsymbol{a}_k$ は V で **1 次従属**または**線形従属**であるという．すなわち，1 次従属とは，$\alpha_1, \alpha_2, \cdots, \alpha_k$ の中に 0 でないスカラーが少なくとも 1 つは存在して $\alpha_1\boldsymbol{a}_1 + \alpha_2\boldsymbol{a}_2 + \cdots + \alpha_k\boldsymbol{a}_k = \boldsymbol{0}$ とできることである．

注意　$\boldsymbol{R}^3$ については例 4.1 を参照せよ．

例 4.13　$\boldsymbol{a}_1, \boldsymbol{a}_2, \boldsymbol{a}_3$ が V で 1 次独立とすると，$\boldsymbol{a}_1, \boldsymbol{a}_1 + \boldsymbol{a}_2, \boldsymbol{a}_1 + \boldsymbol{a}_2 + \boldsymbol{a}_3$ も V で 1 次独立である．

実際，$\alpha_1\boldsymbol{a}_1+\alpha_2(\boldsymbol{a}_1+\boldsymbol{a}_2)+\alpha_3(\boldsymbol{a}_1+\boldsymbol{a}_2+\boldsymbol{a}_3)=\boldsymbol{0}$ とすると，$(\alpha_1+\alpha_2+\alpha_3)\boldsymbol{a}_1+(\alpha_2+\alpha_3)\boldsymbol{a}_2+\alpha_3\boldsymbol{a}_3=\boldsymbol{0}$ である．よって，$\boldsymbol{a}_1,\boldsymbol{a}_2,\boldsymbol{a}_3$ の 1 次独立性より $\alpha_1+\alpha_2+\alpha_3=\alpha_2+\alpha_3=\alpha_3=0$ だから $\alpha_1=\alpha_2=\alpha_3=0$ を得る．

問 4.7 $\boldsymbol{a}_1,\boldsymbol{a}_2,\boldsymbol{a}_3,\boldsymbol{a}_4$ は V で 1 次独立とする．このとき，次のベクトルの V での 1 次独立性について調べよ．

(1) $\boldsymbol{a}_1,\boldsymbol{a}_1+2\boldsymbol{a}_2,\boldsymbol{a}_1+2\boldsymbol{a}_2+3\boldsymbol{a}_3$　　(2) $\boldsymbol{a}_1+\boldsymbol{a}_2,\boldsymbol{a}_2+\boldsymbol{a}_3,\boldsymbol{a}_3+\boldsymbol{a}_4,\boldsymbol{a}_4+\boldsymbol{a}_1$

(3) $\boldsymbol{a}_1+\boldsymbol{a}_2,\boldsymbol{a}_2+\boldsymbol{a}_3,\boldsymbol{a}_3+\boldsymbol{a}_4,\boldsymbol{a}_4$　　(4) $\boldsymbol{a}_1-\boldsymbol{a}_2,\boldsymbol{a}_2-\boldsymbol{a}_3,\boldsymbol{a}_3-\boldsymbol{a}_4,\boldsymbol{a}_4-\boldsymbol{a}_1$

注意 $\boldsymbol{a}_1,\boldsymbol{a}_2,\cdots,\boldsymbol{a}_m$ が V で 1 次独立で，$\boldsymbol{a}_1,\boldsymbol{a}_2,\cdots,\boldsymbol{a}_m,\boldsymbol{b}$ が V で 1 次従属ならば，$\boldsymbol{b}\in\langle\boldsymbol{a}_1,\boldsymbol{a}_2,\cdots,\boldsymbol{a}_m\rangle$ である（問 4.23 参照）．

実際，$\alpha_1\boldsymbol{a}_1+\cdots+\alpha_m\boldsymbol{a}_m+\beta\boldsymbol{b}=\boldsymbol{0}$ とする．もし，$\beta=0$ ならば $\boldsymbol{a}_1,\cdots,\boldsymbol{a}_m$ の 1 次独立性より $\alpha_1=\cdots=\alpha_m=0$ となり，仮定に反する．よって，$\beta\neq0$ である．従って，$\boldsymbol{b}=(-\alpha_1/\beta)\boldsymbol{a}_1+\cdots+(-\alpha_m/\beta)\boldsymbol{a}_m\in\langle\boldsymbol{a}_1,\cdots,\boldsymbol{a}_m\rangle$ である．

$\boldsymbol{R}^n$ のベクトルの 1 次独立性は行列のランクを利用して調べることができる．

定理 4.3

$\boldsymbol{R}^n$ のベクトル $\boldsymbol{a}_1,\boldsymbol{a}_2,\cdots,\boldsymbol{a}_k$ に対して，$n\times k$ 行列 $A=\begin{pmatrix}\boldsymbol{a}_1 & \boldsymbol{a}_2 & \cdots & \boldsymbol{a}_k\end{pmatrix}$ とする．このとき

(1) $\boldsymbol{a}_1,\boldsymbol{a}_2,\cdots,\boldsymbol{a}_k$ は 1 次独立 $\iff$ $\operatorname{rank}A=k$

(2) $\boldsymbol{a}_1,\boldsymbol{a}_2,\cdots,\boldsymbol{a}_k$ は 1 次従属 $\iff$ $\operatorname{rank}A\neq k$

証明 $\alpha_1,\alpha_2,\cdots,\alpha_k\in\boldsymbol{R}$ に対して，$\boldsymbol{x}={}^t\begin{pmatrix}\alpha_1 & \alpha_2 & \cdots & \alpha_k\end{pmatrix}$ とおくと

$$\alpha_1\boldsymbol{a}_1+\alpha_2\boldsymbol{a}_2+\cdots+\alpha_k\boldsymbol{a}_k=\boldsymbol{0}\quad\iff\quad A\boldsymbol{x}=\boldsymbol{0}$$

だから定理 2.5 より

$$\begin{aligned}\boldsymbol{a}_1,\boldsymbol{a}_2,\cdots,\boldsymbol{a}_k \text{ は 1 次独立} &\iff A\boldsymbol{x}=\boldsymbol{0} \text{ は自明解 } \boldsymbol{x}=\boldsymbol{0} \text{ のみを持つ}\\ &\iff \operatorname{rank}A=k\end{aligned}$$

が成り立つ．一方，(2) は (1) の対偶である． ■

例 4.14 $\boldsymbol{a}_1=\begin{pmatrix}1\\0\\-1\end{pmatrix},\ \boldsymbol{a}_2=\begin{pmatrix}0\\1\\-1\end{pmatrix},\ \boldsymbol{a}_3=\begin{pmatrix}2\\0\\1\end{pmatrix},\ \boldsymbol{a}_4=\begin{pmatrix}0\\1\\0\end{pmatrix},\ \boldsymbol{a}_5=\begin{pmatrix}2\\-3\\1\end{pmatrix}$

とする．

(1)
$$\begin{pmatrix}\boldsymbol{a}_1 & \boldsymbol{a}_2 & \boldsymbol{a}_3\end{pmatrix}=\begin{pmatrix}1 & 0 & 2\\0 & 1 & 0\\-1 & -1 & 1\end{pmatrix}\underset{\substack{③+①\\③+②}}{\longrightarrow}\begin{pmatrix}1 & 0 & 2\\0 & 1 & 0\\0 & 0 & 3\end{pmatrix}$$

だから $\mathrm{rank}\begin{pmatrix}\boldsymbol{a}_1 & \boldsymbol{a}_2 & \boldsymbol{a}_3\end{pmatrix} = 3$ より $\boldsymbol{a}_1, \boldsymbol{a}_2, \boldsymbol{a}_3$ は $\boldsymbol{R}^3$ で 1 次独立となる．また，$\mathrm{rank}\begin{pmatrix}\boldsymbol{a}_1 & \boldsymbol{a}_2\end{pmatrix} = 2$ より $\boldsymbol{a}_1, \boldsymbol{a}_2$ は $\boldsymbol{R}^3$ で 1 次独立となる．一方，$\mathrm{rank}\begin{pmatrix}\boldsymbol{a}_1 & \boldsymbol{a}_2 & \boldsymbol{a}_3 & \boldsymbol{a}_4\end{pmatrix} = 3\ (\neq 4)$ より $\boldsymbol{a}_1, \boldsymbol{a}_2, \boldsymbol{a}_3, \boldsymbol{a}_4$ は $\boldsymbol{R}^3$ で 1 次従属となる．

(2)
$$\begin{pmatrix}\boldsymbol{a}_3 & \boldsymbol{a}_4 & \boldsymbol{a}_5\end{pmatrix} = \begin{pmatrix}2 & 0 & 2\\ 0 & 1 & -3\\ 1 & 0 & 1\end{pmatrix} \underset{③+①\times(-1/2)}{\longrightarrow} \begin{pmatrix}2 & 0 & 2\\ 0 & 1 & -3\\ 0 & 0 & 0\end{pmatrix}$$

だから $\mathrm{rank}\begin{pmatrix}\boldsymbol{a}_3 & \boldsymbol{a}_4 & \boldsymbol{a}_5\end{pmatrix} = 2\ (\neq 3)$ より $\boldsymbol{a}_3, \boldsymbol{a}_4, \boldsymbol{a}_5$ は $\boldsymbol{R}^3$ で 1 次従属となる．一方，$\mathrm{rank}\begin{pmatrix}\boldsymbol{a}_3 & \boldsymbol{a}_4\end{pmatrix} = 2$ より $\boldsymbol{a}_3, \boldsymbol{a}_4$ は $\boldsymbol{R}^3$ で 1 次独立となる．

問 4.8　$\boldsymbol{a}_1 = \begin{pmatrix}1\\-2\\4\end{pmatrix}, \boldsymbol{a}_2 = \begin{pmatrix}2\\-4\\1\end{pmatrix}, \boldsymbol{a}_3 = \begin{pmatrix}-1\\2\\-1\end{pmatrix}, \boldsymbol{a}_4 = \begin{pmatrix}3\\0\\6\end{pmatrix}$ とする．このとき，次のベクトルの $\boldsymbol{R}^3$ での 1 次独立性について調べよ．

(1) $\boldsymbol{a}_1, \boldsymbol{a}_2, \boldsymbol{a}_3$　　(2) $\boldsymbol{a}_2, \boldsymbol{a}_3$　　(3) $\boldsymbol{a}_1, \boldsymbol{a}_2, \boldsymbol{a}_3, \boldsymbol{a}_4$　　(4) $\boldsymbol{a}_2, \boldsymbol{a}_3, \boldsymbol{a}_4$

定 理 4.4

n 次正方行列 $A = \begin{pmatrix}\boldsymbol{a}_1 & \boldsymbol{a}_2 & \cdots & \boldsymbol{a}_n\end{pmatrix}$ に対して，次は同値である．

$$A \text{ は正則} \iff \boldsymbol{a}_1, \boldsymbol{a}_2, \cdots, \boldsymbol{a}_n \text{ は 1 次独立}$$

証明　定理 2.2（定理 3.15）と定理 4.3 より

$$A \text{ は正則} \iff \mathrm{rank}\, A = n \iff \boldsymbol{a}_1, \boldsymbol{a}_2, \cdots, \boldsymbol{a}_n \text{ は 1 次独立}$$ ■

◆ 基底と次元 ◆

線形空間 V の有限個のベクトル $\boldsymbol{a}_1, \boldsymbol{a}_2, \cdots, \boldsymbol{a}_m$ が

(1°) $\boldsymbol{a}_1, \boldsymbol{a}_2, \cdots, \boldsymbol{a}_m$ は V で 1 次独立
(2°) $V = \langle \boldsymbol{a}_1, \boldsymbol{a}_2, \cdots, \boldsymbol{a}_m \rangle$

を満たすとき，$\{\boldsymbol{a}_1, \boldsymbol{a}_2, \cdots, \boldsymbol{a}_m\}$ を V の**基底**という．また，基底を構成するベクトルの個数 m を V の**次元**といい，$\dim V = m$ と書く．このとき，線形空間 V は $\boldsymbol{m}$ **次元**または**有限次元**であるという．

注意　(1) V の基底の取り方は 1 通りではないが，どのような基底を取ってもその基底を構成するベクトルの個数は一意的であることが示せる．
(2) $V = \{\boldsymbol{0}\}$ は基底を持たないので，$\dim\{\boldsymbol{0}\} = 0$ と定める．
(3) V が有限次元でないとき，V は**無限次元**であるという．

$W\ (\neq \{\boldsymbol{0}\})$ を線形空間 V の部分空間とすると，W も線形空間だから基底や次元が定義できる．

例 4.15 $\boldsymbol{R}^n$ の基本ベクトルの組 $\{\boldsymbol{e}_1, \boldsymbol{e}_2, \cdots, \boldsymbol{e}_n\}$ は $\boldsymbol{R}^n$ の基底となる．この基底を $\boldsymbol{R}^n$ の**標準基底**という．$\dim \boldsymbol{R}^n = n$ である．

例 4.16 $\left\{\begin{pmatrix} 1 & 0 \\ 0 & 0 \end{pmatrix}, \begin{pmatrix} 0 & 1 \\ 0 & 0 \end{pmatrix}, \begin{pmatrix} 0 & 0 \\ 1 & 0 \end{pmatrix}, \begin{pmatrix} 0 & 0 \\ 0 & 1 \end{pmatrix}\right\}$ は $M_{2\times 2}(\boldsymbol{R})$ の基底となる．$\dim M_{2\times 2}(\boldsymbol{R}) = 4$ である．

例題 4.17 次の $\boldsymbol{R}^3$ の部分空間の基底と次元を求めよ．

(1) $W_1 = \{{}^t\begin{pmatrix} x & y & z \end{pmatrix} \in \boldsymbol{R}^3 \mid x + y + z = 0\}$

(2) $W_2 = \{{}^t\begin{pmatrix} x & y & z \end{pmatrix} \in \boldsymbol{R}^3 \mid x = 2z\}$ (3) $W_1 \cap W_2$

解答 (1) $x + y + z = 0$ の解 $\boldsymbol{x} = {}^t\begin{pmatrix} x & y & z \end{pmatrix}$ は $\boldsymbol{x} = c_1\boldsymbol{a}_1 + c_2\boldsymbol{a}_2$, $\boldsymbol{a}_1 = {}^t\begin{pmatrix} 1 & 0 & -1 \end{pmatrix}$, $\boldsymbol{a}_2 = {}^t\begin{pmatrix} 0 & 1 & -1 \end{pmatrix}$ $(c_1, c_2 \in \boldsymbol{R})$ だから $W_1 = \langle \boldsymbol{a}_1, \boldsymbol{a}_2 \rangle$ である．また，例 4.14 (1) より $\boldsymbol{a}_1, \boldsymbol{a}_2$ は 1 次独立だから $\{\boldsymbol{a}_1, \boldsymbol{a}_2\}$ は W_1 の基底となり，$\dim W_1 = 2$ を得る． ■

(2) $x - 2z = 0$ の解 $\boldsymbol{x}$ は $\boldsymbol{x} = c_3\boldsymbol{a}_3 + c_4\boldsymbol{a}_4$, $\boldsymbol{a}_3 = {}^t\begin{pmatrix} 2 & 0 & 1 \end{pmatrix}$, $\boldsymbol{a}_4 = {}^t\begin{pmatrix} 0 & 1 & 0 \end{pmatrix}$ $(c_3, c_4 \in \boldsymbol{R})$ だから $W_2 = \langle \boldsymbol{a}_3, \boldsymbol{a}_4 \rangle$ である．また，例 4.14 (2) より $\boldsymbol{a}_3, \boldsymbol{a}_4$ は 1 次独立だから $\{\boldsymbol{a}_3, \boldsymbol{a}_4\}$ は W_2 の基底となり，$\dim W_2 = 2$ を得る． ■

(3) $\begin{cases} x + y + z = 0 \\ x \qquad - 2z = 0 \end{cases}$ の解 $\boldsymbol{x}$ は $\boldsymbol{x} = c_5\boldsymbol{a}_5$, $\boldsymbol{a}_5 = {}^t\begin{pmatrix} 2 & -3 & 1 \end{pmatrix}$ $(c_5 \in \boldsymbol{R})$ だから $W_1 \cap W_2 = \langle \boldsymbol{a}_5 \rangle$ である．また，$\boldsymbol{a}_5$ $(\neq \boldsymbol{0})$ は 1 次独立だから $\{\boldsymbol{a}_5\}$ は $W_1 \cap W_2$ の基底となり，$\dim (W_1 \cap W_2) = 1$ を得る． ■

注意 (1) $\boldsymbol{a}_5 = 2\boldsymbol{a}_1 + (-3)\boldsymbol{a}_2$ より $\boldsymbol{a}_1, \boldsymbol{a}_2, \boldsymbol{a}_5$ は 1 次従属である．
(2) $\boldsymbol{a}_5 = \boldsymbol{a}_3 + (-3)\boldsymbol{a}_4$ より $\boldsymbol{a}_3, \boldsymbol{a}_4, \boldsymbol{a}_5$ は 1 次従属である．

問 4.9 $\boldsymbol{x} = {}^t\begin{pmatrix} x & y & z & w \end{pmatrix} \in \boldsymbol{R}^4$ の集合 W_1, W_2, W_3 を
$W_1 = \{\boldsymbol{x} \in \boldsymbol{R}^4 \mid x + y + z + w = 0\}$, $W_2 = \{\boldsymbol{x} \in \boldsymbol{R}^4 \mid x + 2y - z = 0\}$,
$W_3 = \{\boldsymbol{x} \in \boldsymbol{R}^4 \mid 3x - z + w = 0,\ 2x - y - 2z = 0\}$
とするとき，次の $\boldsymbol{R}^4$ の部分空間の基底と次元を求めよ．
(1) W_1 (2) $W_1 \cap W_2$ (3) $W_1 \cap W_3$ (4) $(W_1 \cap W_2) \cap W_3$

♦ 基底の延長定理 ♦

線形空間 V に m 個の 1 次独立なベクトルが存在し，V のどの $m + 1$ 個のベクトルも 1 次従属になるとき，この m を V の **1 次独立なベクトルの最大個数**という．

定 理 4.5

線形空間 V の 1 次独立なベクトルの最大個数 m は，V の次元 $\dim V$ と一致する．すなわち，$\dim V = m$ である．

証明 V の m 個の 1 次独立なベクトルを $\boldsymbol{a}_1, \boldsymbol{a}_2, \cdots, \boldsymbol{a}_m$ とする．V の任意のベクトル $\boldsymbol{x}$ に対して，$m+1$ 個のベクトル $\boldsymbol{a}_1, \cdots, \boldsymbol{a}_m, \boldsymbol{x}$ は 1 次従属だから，$\boldsymbol{x} \in \langle \boldsymbol{a}_1, \boldsymbol{a}_2, \cdots, \boldsymbol{a}_m \rangle$ となり $V = \langle \boldsymbol{a}_1, \boldsymbol{a}_2, \cdots, \boldsymbol{a}_m \rangle$ が分かる．従って，$\{\boldsymbol{a}_1, \boldsymbol{a}_2, \cdots, \boldsymbol{a}_m\}$ は V の基底となり，$\dim V = m$ となる． ■

注意 V の部分空間 W に対して，次が分かる（問 4.24 参照）．

(1) $\dim W \leqq \dim V$ (2) $\dim W = \dim V$ ならば $W = V$

定 理 4.6（基底の延長定理）

V を m 次元線形空間とする．$k < m$ とし，$\boldsymbol{a}_1, \boldsymbol{a}_2, \cdots, \boldsymbol{a}_k$ は V で 1 次独立とする．このとき，V の適当な $m-k$ 個のベクトル $\boldsymbol{b}_1, \boldsymbol{b}_2, \cdots, \boldsymbol{b}_{m-k}$ を付加して，$\{\boldsymbol{a}_1, \cdots, \boldsymbol{a}_k, \boldsymbol{b}_1, \cdots, \boldsymbol{b}_{m-k}\}$ を V の基底にできる．

注意 基底の延長定理は，V が m 次元複素線形空間の場合にも成り立つ．

証明 $W = \langle \boldsymbol{a}_1, \boldsymbol{a}_2, \cdots, \boldsymbol{a}_k \rangle$ とすると，W は V の部分空間で $\dim W = k < m = \dim V$ である．V の任意のベクトル $\boldsymbol{x}$ に対して，$\boldsymbol{a}_1, \cdots, \boldsymbol{a}_k, \boldsymbol{x}$ が V で 1 次従属であれば $\boldsymbol{x} \in W$ $(= \langle \boldsymbol{a}_1, \boldsymbol{a}_2, \cdots, \boldsymbol{a}_k \rangle)$ だから $W = V$ となり矛盾する．従って，$\boldsymbol{a}_1, \cdots, \boldsymbol{a}_k, \boldsymbol{b}_1$ が V で 1 次独立となるように $\boldsymbol{b}_1 \in V$ を取ることができる．

次に，$\boldsymbol{a}_1, \cdots, \boldsymbol{a}_k, \boldsymbol{b}_1$ に対して，同様の議論を行えば，$\boldsymbol{a}_1, \cdots, \boldsymbol{a}_k, \boldsymbol{b}_1, \boldsymbol{b}_2$ が V で 1 次独立となるように $\boldsymbol{b}_2 \in V$ を取ることができる．

よって，このような操作を $m-k$ 回繰り返せばよい． ■

問 4.10 次のベクトルの組が $\boldsymbol{R}^3$ の基底となるための x の条件を求めよ．

(1) $\begin{pmatrix} 1 \\ 2 \\ -2 \end{pmatrix}, \begin{pmatrix} 2 \\ -1 \\ 4 \end{pmatrix}, \begin{pmatrix} -2 \\ 6 \\ x \end{pmatrix}$ (2) $\begin{pmatrix} 3 \\ -1 \\ 2 \end{pmatrix}, \begin{pmatrix} 1 \\ 3 \\ -2 \end{pmatrix}, \begin{pmatrix} -1 \\ x \\ -2 \end{pmatrix}$

(3) $\begin{pmatrix} 2 \\ -3 \\ 1 \end{pmatrix}, \begin{pmatrix} x \\ 1 \\ -2 \end{pmatrix}, \begin{pmatrix} 4 \\ 1 \\ 3 \end{pmatrix}$ (4) $\begin{pmatrix} -2 \\ 4 \\ -1 \end{pmatrix}, \begin{pmatrix} 3 \\ x \\ 6 \end{pmatrix}, \begin{pmatrix} 1 \\ -2 \\ 1 \end{pmatrix}$

4.3 線形写像

簡単のためにスカラーはすべて実数とし，特に断らない限り線形空間は実線形空間とする．すなわち $\boldsymbol{K} = \boldsymbol{R}$ とする．

第 1 章 1.4 節で学んだ $\boldsymbol{R}^2$ の間の 1 次変換を一般化した線形空間の間の写像について考える．

以下，V, V', V'' を線形空間とする．

♦ 写像 ♦

V の各ベクトル $\boldsymbol{x}$ に V' のベクトル $\boldsymbol{y}$ をただ 1 つ対応させる規則 f が与えれているとき，この f による対応を V から V' への**写像**といい

$$f : V \longrightarrow V', \qquad \boldsymbol{y} = f(\boldsymbol{x})$$

などと表す．$\boldsymbol{y}$ を写像 f による $\boldsymbol{x}$ の**像**という．

V の部分集合 X に対して，V' の部分集合 $\{f(\boldsymbol{x}) \mid \boldsymbol{x} \in X\}$ を写像 f による X の**像**といい，$f(X)$ と書く．すなわち

$$f(X) = \{f(\boldsymbol{x}) \mid \boldsymbol{x} \in X\}$$

特に，写像 $f : V \to V'$ に対して

(1°) $f(V) = V'$ であるとき，f は**全射**または**上への写像**であるという．

(2°) $\boldsymbol{a} \neq \boldsymbol{b}$ ならば $f(\boldsymbol{a}) \neq f(\boldsymbol{b})$ であるとき，f は**単射**または **1 対 1 写像**であるという．

(3°) f が全射かつ単射であるとき，f は**全単射**または**上への 1 対 1 写像**であるという．

注意 写像 $f : V \to V'$ に対して，次が成り立つ．

(i) f が全射 $\iff$ 任意の $\boldsymbol{y} \in V'$ に対して $f(\boldsymbol{x}) = \boldsymbol{y}$ となる $\boldsymbol{x} \in V$ が存在する

(ii) f が単射 $\iff$ $f(\boldsymbol{a}) = f(\boldsymbol{b})$ ならば $\boldsymbol{a} = \boldsymbol{b}$

$f(\boldsymbol{x}) = \boldsymbol{x}$ で定まる写像 $f : V \to V$ を**恒等写像**といい，I_V と表す．すなわち $I_V(\boldsymbol{x}) = \boldsymbol{x}$ である．

2 つの写像 $f : V \to V'$ と $g : V' \to V''$ に対して，$\boldsymbol{x} \in V$ に $g(f(\boldsymbol{x})) \in V''$ を対応させる写像を f と g の**合成写像**といい，$g \circ f$ と表す．すなわち

$$(g \circ f)(\boldsymbol{x}) = g(f(\boldsymbol{x})) \qquad (\boldsymbol{x} \in V)$$

写像 $f : V \to V'$ が全単射であるとき，任意の $\boldsymbol{y} \in V'$ に対して $f(\boldsymbol{x}) = \boldsymbol{y}$ となる $\boldsymbol{x} \in V$ がただ 1 つ定まる．このとき，写像 $f^{-1} : V' \to V$ を

$$f^{-1}(\boldsymbol{y}) = \boldsymbol{x} \qquad (\Longleftrightarrow \boldsymbol{y} = f(\boldsymbol{x}))$$

で定義し，f^{-1} を f の**逆写像**という．このとき

$$\text{(i)}\ f^{-1} \circ f = I_V \qquad \text{(ii)}\ f \circ f^{-1} = I_{V'}$$

問 4.11　上記の性質 (i) (ii) を示せ．

◆ 線形写像の定義 ◆

写像 $f: V \to V'$ が，$\boldsymbol{a}, \boldsymbol{b} \in V$ と $\alpha \in \boldsymbol{R}$ に対して

(1°)　$f(\boldsymbol{a}+\boldsymbol{b}) = f(\boldsymbol{a}) + f(\boldsymbol{b})$

(2°)　$f(\alpha\boldsymbol{a}) = \alpha f(\boldsymbol{a})$

を満たすとき，f は**線形写像**または**線形**であるという．

条件 (1°) (2°) は次の条件 (3°) と同値である．写像 $f: V \to V'$ が $\boldsymbol{a}, \boldsymbol{b} \in V$ と $\alpha, \beta \in \boldsymbol{R}$ に対して

(3°)　$f(\alpha\boldsymbol{a}+\beta\boldsymbol{b}) = \alpha f(\boldsymbol{a}) + \beta f(\boldsymbol{b})$

実際，[(1°) (2°) ⇒ (3°)] 条件 (1°) (2°) より $f(\alpha\boldsymbol{a}+\beta\boldsymbol{b}) = f(\alpha\boldsymbol{a}) + f(\beta\boldsymbol{b}) = \alpha f(\boldsymbol{a}) + \beta f(\boldsymbol{b})$ を得る．[(3°) ⇒ (1°) (2°)] 条件 (3°) において $\alpha = \beta = 1$ とすると条件 (1°) を得る．$\beta = 0$ とすると条件 (2°) を得る．

$V = V'$ のとき，線形写像 $f: V \to V$ を **1 次変換**または**線形変換**という．特に，恒等写像 $I_V: V \to V$ を**恒等変換**ともいう．

線形写像 $f: V \to V'$ は次の性質を持つ．

(i)　$f(\boldsymbol{0}) = \boldsymbol{0}$

(ii)　$f(-\boldsymbol{x}) = -f(\boldsymbol{x})$

(iii)　$f\left(\displaystyle\sum_{k=1}^{m} c_k \boldsymbol{x}_k\right) = \displaystyle\sum_{k=1}^{m} c_k f(\boldsymbol{x}_k) \quad (c_k \in \boldsymbol{R})$

実際，(i) 条件 (1°) において $\boldsymbol{a} = \boldsymbol{b} = \boldsymbol{0}$ とすると $f(\boldsymbol{0}) = f(\boldsymbol{0}+\boldsymbol{0}) = f(\boldsymbol{0}) + f(\boldsymbol{0})$ だから $f(\boldsymbol{0}) = \boldsymbol{0}$ である．(ii) 条件 (2°) において $\alpha = -1$ とおくと $f(-\boldsymbol{x}) = -f(\boldsymbol{x})$ である．(iii) m についての帰納法で示すことができる．

問 4.12　上記の性質 (iii) を示せ．

例 4.18　$f(x) = 3x$ で定まる写像 $f: \boldsymbol{R} \to \boldsymbol{R}$ は線形であるが，$g(x) = 3x+1$ で定まる写像 $g: \boldsymbol{R} \to \boldsymbol{R}$ は線形ではない．実際，$g(0) = 1\ (\neq 0)$．

例 4.19　$f\left(\begin{pmatrix} x \\ y \end{pmatrix}\right) = \begin{pmatrix} x \\ y \\ 0 \end{pmatrix}$ で定まる写像 $f: \boldsymbol{R}^2 \to \boldsymbol{R}^3$ は線形である．

実際，$\begin{pmatrix} x \\ y \end{pmatrix}, \begin{pmatrix} u \\ v \end{pmatrix} \in \boldsymbol{R}^2$ と $\alpha \in \boldsymbol{R}$ に対して

$$f(\begin{pmatrix} x \\ y \end{pmatrix} + \begin{pmatrix} u \\ v \end{pmatrix}) = f(\begin{pmatrix} x+u \\ y+v \end{pmatrix}) = \begin{pmatrix} x+u \\ y+v \\ 0 \end{pmatrix} = \begin{pmatrix} x \\ y \\ 0 \end{pmatrix} + \begin{pmatrix} u \\ v \\ 0 \end{pmatrix}$$
$$= f(\begin{pmatrix} x \\ y \end{pmatrix}) + f(\begin{pmatrix} u \\ v \end{pmatrix})$$

$$f(\alpha \begin{pmatrix} x \\ y \end{pmatrix}) = f(\begin{pmatrix} \alpha x \\ \alpha y \end{pmatrix}) = \begin{pmatrix} \alpha x \\ \alpha y \\ 0 \end{pmatrix} = \alpha \begin{pmatrix} x \\ y \\ 0 \end{pmatrix} = \alpha f(\begin{pmatrix} x \\ y \end{pmatrix})$$

問 4.13 次で定まる写像 $f : \boldsymbol{R}^2 \to \boldsymbol{R}^3$ の線形性を調べよ．

(1) $f(\begin{pmatrix} x \\ y \end{pmatrix}) = \begin{pmatrix} x \\ x-2y \\ 2x+y \end{pmatrix}$　(2) $f(\begin{pmatrix} x \\ y \end{pmatrix}) = \begin{pmatrix} x+1 \\ y \\ x+y \end{pmatrix}$

(3) $f(\begin{pmatrix} x \\ y \end{pmatrix}) = \begin{pmatrix} x \\ y \\ xy \end{pmatrix}$　(4) $f(\begin{pmatrix} x \\ y \end{pmatrix}) = \begin{pmatrix} 0 \\ x^2 \\ y \end{pmatrix}$

♦ 線形写像の性質 ♦

定 理 4.7

2 つの写像 $f : V \to V'$ と $g : V' \to V''$ が共に線形写像ならば，合成写像 $g \circ f : V \to V''$ も線形写像である．

証明 $\boldsymbol{a}, \boldsymbol{b} \in V$ と $\alpha \in \boldsymbol{R}$ に対して

$$(g \circ f)(\boldsymbol{a}+\boldsymbol{b}) = g(f(\boldsymbol{a}+\boldsymbol{b})) = g(f(\boldsymbol{a})+f(\boldsymbol{b})) = g(f(\boldsymbol{a}))+g(f(\boldsymbol{b}))$$
$$= (g \circ f)(\boldsymbol{a}) + (g \circ f)(\boldsymbol{b})$$
$$(g \circ f)(\alpha \boldsymbol{a}) = g(f(\alpha \boldsymbol{a})) = g(\alpha f(\boldsymbol{a})) = \alpha g(f(\boldsymbol{a})) = \alpha (g \circ f)(\boldsymbol{a})$$

が成り立つ． ■

定 理 4.8

線形写像 $f : V \to V'$ が全単射ならば，逆写像 $f^{-1} : V' \to V$ も線形写像である．

問 4.14 定理 4.8 を証明せよ．

◆ 数ベクトル空間の間の線形写像 ◆

$V = \boldsymbol{R}^n$, $V' = \boldsymbol{R}^m$ に限定して，線形写像 $f : \boldsymbol{R}^n \to \boldsymbol{R}^m$ と行列との関係について考える．

定理 4.9
A を $m \times n$ 行列とする．$f_A(\boldsymbol{x}) = A\boldsymbol{x}$ で定まる写像 $f_A : \boldsymbol{R}^n \to \boldsymbol{R}^m$ は線形写像である．（この写像 f_A を**行列 $\boldsymbol{A}$ の定める線形写像**という.）

証明　$\boldsymbol{a}, \boldsymbol{b} \in \boldsymbol{R}^n$ と $\alpha \in \boldsymbol{R}$ に対して

$$f_A(\boldsymbol{a}+\boldsymbol{b}) = A(\boldsymbol{a}+\boldsymbol{b}) = A\boldsymbol{a} + A\boldsymbol{b} = f_A(\boldsymbol{a}) + f_A(\boldsymbol{b})$$
$$f_A(\alpha\boldsymbol{a}) = A(\alpha\boldsymbol{a}) = \alpha A\boldsymbol{a} = \alpha f_A(\boldsymbol{a})$$

が成り立つ．■

例 4.20　$f\left(\begin{pmatrix} x \\ y \\ z \end{pmatrix}\right) = \begin{pmatrix} x - y + z \\ 2x + 3y + 4z \end{pmatrix}$ で定まる写像 $f : \boldsymbol{R}^3 \to \boldsymbol{R}^2$ は線形である．

実際，$A = \begin{pmatrix} 1 & -1 & 1 \\ 2 & 3 & 4 \end{pmatrix}$, $\boldsymbol{x} = \begin{pmatrix} x \\ y \\ z \end{pmatrix}$ とすると，$f(\boldsymbol{x}) = A\boldsymbol{x}$ と書ける．

例 4.21　(1) $f(\boldsymbol{x}) = \boldsymbol{0}$ によって定まる写像 $f : \boldsymbol{R}^n \to \boldsymbol{R}^m$ を**零写像**といい，O_{R^n} と書く．零写像 O_{R^n} は $m \times n$ 型零行列 O の定める線形写像である．

(2) 恒等変換 $I_{R^n} : \boldsymbol{R}^n \to \boldsymbol{R}^n$ は単位行列 E_n の定める線形写像である．

問 4.15　次で定まる写像 $f : \boldsymbol{R} \to \boldsymbol{R}^2$ および $g : \boldsymbol{R}^3 \to \boldsymbol{R}^2$ が線形写像となるための条件を求めよ．ただし，a, b, c, d は定数である．

(1) $f(x) = \begin{pmatrix} (a + bx)x \\ c + dx \end{pmatrix}$　　(2) $g\left(\begin{pmatrix} x \\ y \\ z \end{pmatrix}\right) = \begin{pmatrix} (a + bx)(y + z) \\ (c + dyz)x \end{pmatrix}$

◆ 標準基底に関する表現行列 ◆

定理 4.9 より $f_A(\boldsymbol{x}) = A\boldsymbol{x}$（$A$ は $m \times n$ 行列）で定まる写像 $f_A : \boldsymbol{R}^n \to \boldsymbol{R}^m$ は線形写像である．逆に，写像 $f : \boldsymbol{R}^n \to \boldsymbol{R}^m$ が線形写像であれば，$f(\boldsymbol{x}) = A\boldsymbol{x}$ を満たす $m \times n$ 行列 A が存在するのか調べてみよう．

$\boldsymbol{R}^n$ の標準基底 $\mathcal{E} = \{\boldsymbol{e}_1, \boldsymbol{e}_2, \cdots, \boldsymbol{e}_n\}$ と $\boldsymbol{R}^m$ の標準基底 $\widetilde{\mathcal{E}} = \{\widetilde{\boldsymbol{e}}_1, \widetilde{\boldsymbol{e}}_2, \cdots, \widetilde{\boldsymbol{e}}_m\}$ に対して

$$
\begin{aligned}
f(\boldsymbol{e}_1) &= \boldsymbol{a}_1 = a_{11}\widetilde{\boldsymbol{e}}_1 + a_{21}\widetilde{\boldsymbol{e}}_2 + \cdots + a_{m1}\widetilde{\boldsymbol{e}}_m \\
f(\boldsymbol{e}_2) &= \boldsymbol{a}_2 = a_{12}\widetilde{\boldsymbol{e}}_1 + a_{22}\widetilde{\boldsymbol{e}}_2 + \cdots + a_{m2}\widetilde{\boldsymbol{e}}_m \\
&\cdots\cdots\cdots \\
f(\boldsymbol{e}_n) &= \boldsymbol{a}_n = a_{1n}\widetilde{\boldsymbol{e}}_1 + a_{2n}\widetilde{\boldsymbol{e}}_2 + \cdots + a_{mn}\widetilde{\boldsymbol{e}}_m
\end{aligned}
$$

とし，$m \times n$ 行列 A を

$$
A = \begin{pmatrix} \boldsymbol{a}_1 & \boldsymbol{a}_2 & \cdots & \boldsymbol{a}_n \end{pmatrix} = \begin{pmatrix} a_{11} & a_{12} & \cdots & a_{1n} \\ a_{21} & a_{22} & \cdots & a_{2n} \\ & \cdots\cdots\cdots & & \\ a_{m1} & a_{m2} & \cdots & a_{mn} \end{pmatrix}
$$

と定める．このとき，$\boldsymbol{x} = {}^t\begin{pmatrix} x_1 & x_2 & \cdots & x_n \end{pmatrix} \in \boldsymbol{R}^n$ に対して，f の線形性より

$$
\begin{aligned}
f(\boldsymbol{x}) &= f(x_1\boldsymbol{e}_1 + x_2\boldsymbol{e}_2 + \cdots + x_n\boldsymbol{e}_n) \\
&= x_1 f(\boldsymbol{e}_1) + x_2 f(\boldsymbol{e}_2) + \cdots + x_n f(\boldsymbol{e}_n) \\
&= x_1\boldsymbol{a}_1 + x_2\boldsymbol{a}_2 + \cdots + x_n\boldsymbol{a}_n \\
&= \begin{pmatrix} \boldsymbol{a}_1 & \boldsymbol{a}_2 & \cdots & \boldsymbol{a}_n \end{pmatrix}\boldsymbol{x} = A\boldsymbol{x}
\end{aligned}
$$

が成り立つ．また，この行列 A の存在は一意的である．実際，$f(\boldsymbol{x}) = A\boldsymbol{x}$ かつ $f(\boldsymbol{x}) = B\boldsymbol{x}$, $B = \begin{pmatrix} \boldsymbol{b}_1 & \boldsymbol{b}_2 & \cdots & \boldsymbol{b}_n \end{pmatrix}$ とすると $\boldsymbol{a}_j = A\boldsymbol{e}_j = f(\boldsymbol{e}_j) = B\boldsymbol{e}_j = \boldsymbol{b}_j$ $(j = 1, \cdots, n)$ より $A = B$ となる．

従って，次のことが分かる．

定 理 4.10（標準基底に関する表現行列）

線形写像 $f : \boldsymbol{R}^n \to \boldsymbol{R}^m$ に対して，$m \times n$ 行列 A が一意的に存在して $f(\boldsymbol{x}) = A\boldsymbol{x}$ $(\boldsymbol{x} \in \boldsymbol{R}^n)$ が成り立つ．

この行列 A を線形写像 f の**標準基底に関する表現行列**または単に $\boldsymbol{f}$ **の表現行列**といい，$M(f)$ と書く．すなわち $f(\boldsymbol{x}) = M(f)\boldsymbol{x}$ である．

注意（例 4.21 参照）

(1) 零写像 $O_{\boldsymbol{R}^n} : \boldsymbol{R}^n \to \boldsymbol{R}^m$ の表現行列は $M(O_{\boldsymbol{R}^n}) = m \times n$ 型零行列 O である．

(2) 恒等変換 $I_{\boldsymbol{R}^n} : \boldsymbol{R}^n \to \boldsymbol{R}^n$ の表現行列は $M(I_{\boldsymbol{R}^n}) = E_n$ である．

問 4.16 次を示せ．

(1) 線形写像 $f : \boldsymbol{R}^n \to \boldsymbol{R}^m$ と $g : \boldsymbol{R}^m \to \boldsymbol{R}^\ell$ に対して，$M(g \circ f) = M(g)M(f)$

(2) 全単射である線形変換 $f : \boldsymbol{R}^n \to \boldsymbol{R}^n$ に対して，$M(f^{-1}) = M(f)^{-1}$

例 4.22 $f\left(\begin{pmatrix} x \\ y \\ z \end{pmatrix}\right) = \begin{pmatrix} x+2y-z \\ 2x-y+z \end{pmatrix}$ で定まる線形写像 $f : \boldsymbol{R}^3 \to \boldsymbol{R}^2$ の表現行列 $M(f)$ は $M(f) = \begin{pmatrix} 1 & 2 & -1 \\ 2 & -1 & 1 \end{pmatrix}$ である．実際

$$f\left(\begin{pmatrix} 1 \\ 0 \\ 0 \end{pmatrix}\right) = \begin{pmatrix} 1 \\ 2 \end{pmatrix}, \quad f\left(\begin{pmatrix} 0 \\ 1 \\ 0 \end{pmatrix}\right) = \begin{pmatrix} 2 \\ -1 \end{pmatrix}, \quad f\left(\begin{pmatrix} 0 \\ 0 \\ 1 \end{pmatrix}\right) = \begin{pmatrix} -1 \\ 1 \end{pmatrix}$$

だから $M(f) = \begin{pmatrix} 1 & 2 & -1 \\ 2 & -1 & 1 \end{pmatrix}$ である．

（別解） 実は，$f\left(\begin{pmatrix} x \\ y \\ z \end{pmatrix}\right) = \begin{pmatrix} x+2y-z \\ 2x-y+z \end{pmatrix} = \begin{pmatrix} 1 & 2 & -1 \\ 2 & -1 & 1 \end{pmatrix}\begin{pmatrix} x \\ y \\ z \end{pmatrix}$ だから表現行列 $M(f)$ の一意性より $M(f) = \begin{pmatrix} 1 & 2 & -1 \\ 2 & -1 & 1 \end{pmatrix}$ が分かる．

問 4.17 線形写像 $f : \boldsymbol{R}^3 \to \boldsymbol{R}^2$, $g : \boldsymbol{R}^2 \to \boldsymbol{R}^3$, $h : \boldsymbol{R}^3 \to \boldsymbol{R}^3$ を

$f\left(\begin{pmatrix} x \\ y \\ z \end{pmatrix}\right) = \begin{pmatrix} x-y+2z \\ 3x-z \end{pmatrix}$, $g\left(\begin{pmatrix} x \\ y \end{pmatrix}\right) = \begin{pmatrix} 2x+y \\ x-2y \\ 3x \end{pmatrix}$, $h\left(\begin{pmatrix} x \\ y \\ z \end{pmatrix}\right) = \begin{pmatrix} x+2y+z \\ x+y+z \\ y+z \end{pmatrix}$

で定める．このとき，次の表現行列を求めよ．

(1) $M(f)$ (2) $M(g \circ f)$ (3) $M(h^{-1})$ (4) $M(f \circ h^{-1})$

問 4.18 （任意の基底に関する表現行列）

$\mathcal{V} = \{v_1, v_2, \cdots, v_n\}$, $\mathcal{W} = \{w_1, w_2, \cdots, w_m\}$ をそれぞれ $\boldsymbol{R}^n$, $\boldsymbol{R}^m$ の任意の基底とする．線形写像 $f : \boldsymbol{R}^n \to \boldsymbol{R}^m$ と $\boldsymbol{x} \in \boldsymbol{R}^n$ に対して

$$\boldsymbol{x} = \xi_1 \boldsymbol{v}_1 + \cdots + \xi_n \boldsymbol{v}_n, \quad f(\boldsymbol{x}) = \eta_1 \boldsymbol{w}_1 + \cdots + \eta_m \boldsymbol{w}_m$$

$(\xi_1, \cdots, \xi_n, \eta_1, \cdots, \eta_m \in \boldsymbol{R})$ とすると，$m \times n$ 行列 A が一意的に存在して

$$\begin{pmatrix} f(\boldsymbol{v}_1) & \cdots & f(\boldsymbol{v}_n) \end{pmatrix} = \begin{pmatrix} \boldsymbol{w}_1 & \cdots & \boldsymbol{w}_m \end{pmatrix} A \quad \text{かつ} \quad \begin{pmatrix} \eta_1 \\ \vdots \\ \eta_m \end{pmatrix} = A \begin{pmatrix} \xi_1 \\ \vdots \\ \xi_n \end{pmatrix}$$

が成り立つことを示せ．

（補足） 問 4.18 において，基底として標準基底（すなわち $\mathcal{V} = \mathcal{E}, \mathcal{W} = \widetilde{\mathcal{E}}$）を選んで，$f : \boldsymbol{R}^n \to \boldsymbol{R}^m$ と $\boldsymbol{x} \in \boldsymbol{R}^n$ に対して

$$\boldsymbol{x} = x_1\boldsymbol{e}_1 + \cdots + x_n\boldsymbol{e}_n, \qquad f(\boldsymbol{x}) = y_1\widetilde{\boldsymbol{e}}_1 + \cdots + y_m\widetilde{\boldsymbol{e}}_m$$

$(x_1, \cdots, x_n, y_1, \cdots, y_m \in \boldsymbol{R})$ とすると

$$\big(f(\boldsymbol{e}_1) \ \cdots \ f(\boldsymbol{e}_n)\big) = \big(\widetilde{\boldsymbol{e}}_1 \ \cdots \ \widetilde{\boldsymbol{e}}_m\big)M(f) \quad \text{かつ} \quad \begin{pmatrix} y_1 \\ \vdots \\ y_m \end{pmatrix} = M(f)\begin{pmatrix} x_1 \\ \vdots \\ x_n \end{pmatrix}$$

すなわち $f(\boldsymbol{x}) = M(f)\boldsymbol{x}$ を得る（定理 4.10 参照）．

♦ 像と核 ♦

線形写像 $f : \boldsymbol{R}^n \to \boldsymbol{R}^m$ に対して

$$\operatorname{Im} f = \{f(\boldsymbol{x}) \mid \boldsymbol{x} \in \boldsymbol{R}^n\}$$
$$\operatorname{Ker} f = \{\boldsymbol{x} \in \boldsymbol{R}^n \mid f(\boldsymbol{x}) = \boldsymbol{0}\}$$

とおき，$\operatorname{Im} f$ を f の**像** (image)，$\operatorname{Ker} f$ を f の**核** (kernel) という．このとき，次の同値性が分かる．

(i) $\operatorname{Im} f = \boldsymbol{R}^m \iff f$ は全射

(ii) $\operatorname{Ker} f = \{\boldsymbol{0}\} \iff f$ は単射

実際，(i) は明らか．

(ii) ($\Rightarrow$) $\operatorname{Ker} f = \{\boldsymbol{0}\}$ のとき，$f(\boldsymbol{a}) = f(\boldsymbol{b})$ とすると $f(\boldsymbol{a} - \boldsymbol{b}) = \boldsymbol{0}$ より $\boldsymbol{a} - \boldsymbol{b} \in \operatorname{Ker} f = \{\boldsymbol{0}\}$ すなわち $\boldsymbol{a} = \boldsymbol{b}$．($\Leftarrow$) 逆に，$f$ が単射のとき，$\boldsymbol{a} \in \operatorname{Ker} f$ とすると $f(\boldsymbol{a}) = \boldsymbol{0} = f(\boldsymbol{0})$ より $\boldsymbol{a} = \boldsymbol{0}$ すなわち $\operatorname{Ker} f = \{\boldsymbol{0}\}$．

定理 4.11

線形写像 $f : \boldsymbol{R}^n \to \boldsymbol{R}^m$ に対して，次が成り立つ．

(1) $\operatorname{Im} f$ は $\boldsymbol{R}^m$ の部分空間である

(2) $\operatorname{Ker} f$ は $\boldsymbol{R}^n$ の部分空間である

証明 (1) $\boldsymbol{p}, \boldsymbol{q} \in \operatorname{Im} f$ とすると，$f(\boldsymbol{a}) = \boldsymbol{p}$, $f(\boldsymbol{b}) = \boldsymbol{q}$ を満たす $\boldsymbol{a}, \boldsymbol{b} \in \boldsymbol{R}^n$ が取れる．$\alpha, \beta \in \boldsymbol{R}$ に対して，$\alpha\boldsymbol{a} + \beta\boldsymbol{b} \in \boldsymbol{R}^n$ だから $\alpha\boldsymbol{p} + \beta\boldsymbol{q} = \alpha f(\boldsymbol{a}) + \beta f(\boldsymbol{b}) = f(\alpha\boldsymbol{a}) + f(\beta\boldsymbol{b}) = f(\alpha\boldsymbol{a} + \beta\boldsymbol{b}) \in \operatorname{Im} f$ である．

(2) $\boldsymbol{a}, \boldsymbol{b} \in \operatorname{Ker} f$ と $\alpha, \beta \in \boldsymbol{R}$ に対して $f(\alpha\boldsymbol{a} + \beta\boldsymbol{b}) = f(\alpha\boldsymbol{a}) + f(\beta\boldsymbol{b}) = \alpha f(\boldsymbol{a}) + \beta f(\boldsymbol{b}) = \alpha\boldsymbol{0} + \beta\boldsymbol{0} = \boldsymbol{0}$ だから $\alpha\boldsymbol{a} + \beta\boldsymbol{b} \in \operatorname{Ker} f$ である． ■

$\operatorname{Im} f$ と $\operatorname{Ker} f$ の次元の間には次の関係が成り立つ（問 4.29 参照）．

定 理 4.12（線形写像の次元定理）
線形写像 $f : \boldsymbol{R}^n \to \boldsymbol{R}^m$ に対して，次の関係式が成り立つ．

$$\dim(\operatorname{Im} f) + \dim(\operatorname{Ker} f) = n \quad (= \dim \boldsymbol{R}^n)$$

4.4 章末問題*

♦ 線形空間の性質 ♦

V を線形空間とし，W_1, W_2, W を V の部分空間とする．

$$W_1 + W_2 = \{\boldsymbol{a} \in V \mid \boldsymbol{a} = \boldsymbol{a}_1 + \boldsymbol{a}_2 ,\ \boldsymbol{a}_1 \in W_1 ,\ \boldsymbol{a}_2 \in W_2\}$$

を W_1 を W_2 の**和空間**という．

問 4.19　$W_1 + W_2$ は V の部分空間であることを示せ．

問 4.20　次を示せ．

(1) $W_1 \subset W_1 + W_2$

(2) $W_1 \subset W$ かつ $W_2 \subset W \implies W_1 + W_2 \subset W$

(3) $(W_1 \cap W) + (W_2 \cap W) \subset (W_1 + W_2) \cap W$

V の任意のベクトル $\boldsymbol{a}$ が

$$\boldsymbol{a} = \boldsymbol{a}_1 + \boldsymbol{a}_2 \quad (\boldsymbol{a}_1 \in W_1 ,\ \boldsymbol{a}_2 \in W_2)$$

と一意的に書けるとき，V は W_1 と W_2 の**直和**であるといい，$V = W_1 \oplus W_2$ と表す．

問 4.21　$V = W_1 + W_2$ のとき，次の同値性を示せ．

$$V = W_1 \oplus W_2 \iff W_1 \cap W_2 = \{\boldsymbol{0}\}$$

問 4.22　$\boldsymbol{a}_1, \boldsymbol{a}_2, \cdots, \boldsymbol{a}_k, \boldsymbol{b} \in V$ に対して，次を示せ．

(i) $\boldsymbol{a}_1, \boldsymbol{a}_2, \cdots, \boldsymbol{a}_k$ は V で 1 次独立，かつ

(ii) $\boldsymbol{b} \notin \langle \boldsymbol{a}_1, \boldsymbol{a}_2, \cdots, \boldsymbol{a}_k \rangle$

$\implies \boldsymbol{a}_1, \boldsymbol{a}_2, \cdots, \boldsymbol{a}_k, \boldsymbol{b}$ は V で 1 次独立である

問 4.23　$\boldsymbol{a}_1, \boldsymbol{a}_2, \cdots, \boldsymbol{a}_k, \boldsymbol{b} \in V$ に対して，次を示せ．

(i) $\boldsymbol{a}_1, \boldsymbol{a}_2, \cdots, \boldsymbol{a}_k$ は V で 1 次独立，かつ

(ii) $\boldsymbol{a}_1, \boldsymbol{a}_2, \cdots, \boldsymbol{a}_k, \boldsymbol{b}$ は V で 1 次従属

$\implies \boldsymbol{b} \in \langle \boldsymbol{a}_1, \boldsymbol{a}_2, \cdots, \boldsymbol{a}_k \rangle$ で，$\boldsymbol{b}$ は $\boldsymbol{a}_1, \boldsymbol{a}_2, \cdots, \boldsymbol{a}_k$ の 1 次結合で一意的に書ける

問 4.24　次を示せ．

(1) $W_1 \subset W_2 \implies \dim W_1 \leqq \dim W_2$

(2) $W_1 \subset W_2$ かつ $\dim W_1 = \dim W_2 \implies W_1 = W_2$

問 4.25 次の同値性を示せ.

V のベクトルは $\boldsymbol{a}_1, \boldsymbol{a}_2, \cdots, \boldsymbol{a}_r$ の 1 次結合として一意的に表せる

$\Longleftrightarrow$ $\{\boldsymbol{a}_1, \boldsymbol{a}_2, \cdots, \boldsymbol{a}_r\}$ は V の基底である

問 4.26 （部分空間の次元定理）次を示せ.

(1) $\dim(W_1 + W_2) + \dim(W_1 \cap W_2) = \dim W_1 + \dim W_2$

(2) $V = W_1 \oplus W_2 \implies \dim V = \dim W_1 + \dim W_2$

♦ 線形写像の性質 ♦

問 4.27 線形写像 $f : \boldsymbol{R}^n \to \boldsymbol{R}^m$ に対して，次を示せ.

$$\operatorname{Im} f = \langle f(\boldsymbol{e}_1), f(\boldsymbol{e}_2), \cdots, f(\boldsymbol{e}_n) \rangle$$

ただし，$\{\boldsymbol{e}_1, \boldsymbol{e}_2, \cdots, \boldsymbol{e}_n\}$ は $\boldsymbol{R}^n$ の標準基底である.

問 4.28 $m \times n$ 行列 A の定める線形写像 $f_A : \boldsymbol{R}^n \to \boldsymbol{R}^m$ に対して，次を示せ.

$$\dim(\operatorname{Im} f_A) = \operatorname{rank} A$$

問 4.29 （線形写像の次元定理）線形写像 $f : \boldsymbol{R}^n \to \boldsymbol{R}^m$ に対して，次を示せ.

$$\dim(\operatorname{Im} f) + \dim(\operatorname{Ker} f) = n \quad (= \dim \boldsymbol{R}^n)$$

問 4.30 （解空間の次元定理）A を $m \times n$ 行列とする．$A\boldsymbol{x} = \boldsymbol{0}$ の解空間 $W = \{\boldsymbol{x} \in \boldsymbol{R}^n \mid A\boldsymbol{x} = \boldsymbol{0}\}$ に対して，次を示せ.

$$\dim W = n - \operatorname{rank} A$$

問 4.31 （基本解の 1 次独立性）A を $m \times n$ 行列とし，$r = \operatorname{rank} A$ とする. $r < n$ のとき，次を示せ.

同次連立 1 次方程式 $A\boldsymbol{x} = \boldsymbol{0}$ は，$n - r$ 個の非自明解 $\boldsymbol{x}_1, \boldsymbol{x}_2, \cdots, \boldsymbol{x}_{n-r}$（これを基本解という）を持ち，$A\boldsymbol{x} = \boldsymbol{0}$ の一般解 $\boldsymbol{x}$ は

$$\boldsymbol{x} = c_1\boldsymbol{x}_1 + c_2\boldsymbol{x}_2 + \cdots + c_{n-r}\boldsymbol{x}_{n-r}$$

（$c_1, c_2, \cdots, c_{n-r}$ は任意定数）と書ける.

また，$\{\boldsymbol{x}_1, \boldsymbol{x}_2, \cdots, \boldsymbol{x}_{n-r}\}$ は $W = \{\boldsymbol{x} \in \boldsymbol{R}^n \mid A\boldsymbol{x} = \boldsymbol{0}\}$ の基底となる．すなわち，$\boldsymbol{x}_1, \boldsymbol{x}_2, \cdots, \boldsymbol{x}_{n-r}$ は $\boldsymbol{R}^n$ で 1 次独立，かつ $W = \langle \boldsymbol{x}_1, \boldsymbol{x}_2, \cdots, \boldsymbol{x}_{n-r} \rangle$ となる.

問 4.32 1 次変換 $f : \boldsymbol{R}^n \to \boldsymbol{R}^n$ に対して，次の同値性を示せ.

$$f \text{ は全射} \iff f \text{ は単射} \quad (\iff f \text{ は全単射})$$

◆ 一般の線形写像 ◆

V, V' を線形空間とする．線形写像 $f : V \to V'$ に対して

$$\mathrm{Im}\, f = \{f(\boldsymbol{x}) \mid \boldsymbol{x} \in V\}$$
$$\mathrm{Ker}\, f = \{\boldsymbol{x} \in V \mid f(\boldsymbol{x}) = \boldsymbol{0}\}$$

とおき，$\mathrm{Im}\, f$ を f の**像**，$\mathrm{Ker}\, f$ を f の**核**という．

注意　線形写像 $f : V \to V'$ に対して

(1) $\mathrm{Im}\, f = V' \iff f$ は全射　　(2) $\mathrm{Ker}\, f = \{\boldsymbol{0}\} \iff f$ は単射

が成り立つ．実際，線形写像 $f : \boldsymbol{R}^n \to \boldsymbol{R}^m$ の場合と同じ方針で示せる．

注意　線形写像 $f : V \to V'$ に対して

$$\dim(\mathrm{Im}\, f) + \dim(\mathrm{Ker}\, f) = \dim V$$

が成り立つ．実際，問 4.29 と同じ方針で示せる．

注意　V, V' を有限次元線形空間とする．線形写像 $f : V \to V'$ に対して，$\dim V = \dim V'$ ならば

$$f \text{ は全射} \iff f \text{ は単射} \quad (\iff f \text{ は全単射})$$

が成り立つ．実際，問 4.32 と同じ方針で示せる．

線形写像 $f : V \to V'$ が全単射であるとき，f を V から V' への**同型写像**という．また，V から V' への同型写像が存在するとき，V と V' は**同型**であるといい，$V \cong V'$ と書く．

問 4.33　有限次元線形空間 V, V' に対して，次の同値性を示せ．

$$\dim V = \dim V' \iff V \cong V'$$

（補足）特に，次のことが分かる．

(i) 実線形空間 V に対して，$\dim V = n \iff V \cong \boldsymbol{R}^n$

(ii) 複素線形空間 V に対して，$\dim V = n \iff V \cong \boldsymbol{C}^n$

第5章

行列の固有値とその応用

5.1　固有値問題

♦ 固有値と固有ベクトル ♦

n 次正方行列 A に対して

$$A\boldsymbol{x} = \lambda\boldsymbol{x}, \quad \boldsymbol{x} \neq \boldsymbol{0}$$

を満たすスカラー λ を A の**固有値**，n 次列ベクトル $\boldsymbol{x}$ を固有値 λ に対する A の**固有ベクトル**という．

例 5.1　$A = \begin{pmatrix} -1 & 1 \\ 0 & 2 \end{pmatrix}$ に対して，$\boldsymbol{x} = \begin{pmatrix} 1 \\ 3 \end{pmatrix}$ とすると

$$A\boldsymbol{x} = 2\boldsymbol{x}, \quad \boldsymbol{x} \neq \boldsymbol{0}$$

を満たすので，$\boldsymbol{x}$ は固有値 2 に対する A の固有ベクトルである．

例 5.2　単位ベクトル E_n は $E_n\boldsymbol{x} = 1\boldsymbol{x}$ を満たすので，1 は E_n の固有値であり，$\boldsymbol{0}$ でないベクトル $\boldsymbol{x} \in \boldsymbol{R}^n$ は固有値 1 に対する E_n の固有ベクトルである．

例 5.3　正則行列 A の固有値は 0 以外の数である．

実際，0 を A の固有値とすると，$A\boldsymbol{x} = 0\boldsymbol{x}$ $(= \boldsymbol{0})$ を満たす $\boldsymbol{x} \neq \boldsymbol{0}$ が存在する．一方，A が正則のとき定理 3.15 より $A\boldsymbol{x} = \boldsymbol{0}$ は自明解 $\boldsymbol{x} = \boldsymbol{0}$ のみを持つ．これは矛盾である．

λ を A の固有値とすると

$$A\boldsymbol{x} = \lambda\boldsymbol{x}, \quad \boldsymbol{x} \neq \boldsymbol{0} \quad \Longleftrightarrow \quad (\lambda E - A)\boldsymbol{x} = \boldsymbol{0}, \quad \boldsymbol{x} \neq \boldsymbol{0}$$

だから同次連立 1 次方程式 $(\lambda E - A)\boldsymbol{x} = \boldsymbol{0}$ は非自明解 $\boldsymbol{x} \neq \boldsymbol{0}$ を持つ．よって，定理 3.15 より

$$\lambda \text{ が } A \text{ の固有値} \quad \Longleftrightarrow \quad |\lambda E - A| = 0$$

である．ここで，（λ を変数とみなして）行列 A に対する λ の n 次多項式

$$F_A(\lambda) = |\lambda E - A| = \begin{vmatrix} \lambda - a_{11} & -a_{12} & \cdots & -a_{1n} \\ -a_{21} & \lambda - a_{22} & \cdots & -a_{2n} \\ \vdots & \vdots & \ddots & \vdots \\ -a_{n1} & -a_{n2} & \cdots & \lambda - a_{nn} \end{vmatrix}$$

を A の**固有多項式**といい，λ に関する n 次方程式

$$F_A(\lambda) = 0 \quad \text{すなわち} \quad |\lambda E - A| = 0$$

を A の**固有方程式**という．従って，次のことが分かる．

定 理 5.1

(1) λ が A の固有値であるための必要十分条件は，λ が固有方程式 $F_A(\lambda) = 0$ の解となることである．

(2) A の 1 つの固有値 λ に対する固有ベクトル $\boldsymbol{x}$ は，同次連立 1 次方程式 $(\lambda E - A)\boldsymbol{x} = \boldsymbol{0}$ の非自明解である．

例 5.4　(1) $A = \begin{pmatrix} -1 & 1 \\ 0 & 2 \end{pmatrix}$ のとき，A の固有多項式 $F_A(\lambda)$ は

$$F_A(\lambda) = |\lambda E - A| = \begin{vmatrix} \lambda + 1 & -1 \\ 0 & \lambda - 2 \end{vmatrix} = (\lambda + 1)(\lambda - 2)$$

だから，固有方程式 $F_A(\lambda) = 0$ を解いて，A の固有値 $\lambda = -1$，2 を得る．

(2) $A = \begin{pmatrix} 3 & 0 & 0 \\ 1 & 3 & 0 \\ -1 & -1 & -2 \end{pmatrix}$ のとき，A の固有多項式 $F_A(\lambda)$ は

$$F_A(\lambda) = |\lambda E - A| = \begin{vmatrix} \lambda - 3 & 0 & 0 \\ -1 & \lambda - 3 & 0 \\ 1 & 1 & \lambda + 2 \end{vmatrix} = (\lambda - 3)^2(\lambda + 2)$$

だから，固有方程式 $F_A(\lambda) = 0$ を解いて，A の固有値 $\lambda = 3$（重複度 2），-2 を得る．

注意　固有値の重複度が 2 以上の場合にはその重複度を明記する．対角行列や 3 角行列の固有値は，行列の対角成分と一致する．

問 5.1　次の行列 A の固有値を求めよ．

(1) $\begin{pmatrix} 2 & -1 \\ -1 & 2 \end{pmatrix}$　(2) $\begin{pmatrix} 1 & 2 \\ 3 & 2 \end{pmatrix}$　(3) $\begin{pmatrix} 3 & 3 & 1 \\ 1 & 5 & 1 \\ 0 & 0 & 2 \end{pmatrix}$　(4) $\begin{pmatrix} 3 & -2 & -3 \\ 3 & -4 & -1 \\ -1 & -2 & 1 \end{pmatrix}$

例 5.5 $A = \begin{pmatrix} 0 & -1 \\ 1 & 0 \end{pmatrix}$ のとき，A の固有多項式 $F_A(\lambda)$ は

$$F_A(\lambda) = |\lambda E - A| = \begin{vmatrix} \lambda & 1 \\ -1 & \lambda \end{vmatrix} = \lambda^2 + 1$$

だから，固有方程式 $F_A(\lambda) = 0$ を解いて，A の固有値 $\lambda = \pm i$ を得る．

注意 A が実行列であっても，A の固有値は実数の範囲で存在するとは限らない．A の固有値を複素数まで拡げて取り扱う場合には，固有ベクトルを $\boldsymbol{C}^n$ から取ることになる．しかし，固有方程式の解が全て実数の場合には，実行列 A の固有値は全て実数であり，対応する固有ベクトルを $\boldsymbol{R}^n$ から取ることができる．従って，このような場合には，固有ベクトルを $\boldsymbol{R}^n$ から取ると約束しておく．

例題 5.6 次の行列 A の固有値とその固有ベクトルを求めよ．

(1) $\begin{pmatrix} 1 & -2 \\ 1 & 4 \end{pmatrix}$ (2) $\begin{pmatrix} 2 & -1 \\ 1 & 4 \end{pmatrix}$ (3) $\begin{pmatrix} 2 & -1 & 1 \\ -1 & 2 & 1 \\ 1 & -1 & 2 \end{pmatrix}$ (4) $\begin{pmatrix} 2 & 1 & 1 \\ 1 & 2 & 1 \\ 1 & 1 & 2 \end{pmatrix}$

解答 (1) $A = \begin{pmatrix} 1 & -2 \\ 1 & 4 \end{pmatrix}$ の固有値 λ は

$$|\lambda E - A| = \begin{vmatrix} \lambda - 1 & 2 \\ -1 & \lambda - 4 \end{vmatrix} = (\lambda - 2)(\lambda - 3)$$

より $\lambda = 2, 3$ である．

(i) $\lambda = 2$ のとき，$(2E - A)\boldsymbol{x} = \boldsymbol{0}$ を考える．

$$2E - A = \begin{pmatrix} 1 & 2 \\ -1 & -2 \end{pmatrix} \underset{②+①}{\longrightarrow} \begin{pmatrix} 1 & 2 \\ 0 & 0 \end{pmatrix}$$

だから $(2E - A)\boldsymbol{x} = \boldsymbol{0}$ は自由度 $2 - 1 = 1$ の解を持つ．また，$\lambda = 2$ に対する固有ベクトル $\boldsymbol{x}$ は $x + 2y = 0$ の非自明解だから

$$\boldsymbol{x} = c_1 \begin{pmatrix} -2 \\ 1 \end{pmatrix} \quad (c_1 \in \boldsymbol{R},\ c_1 \neq 0)$$

(ii) $\lambda = 3$ のとき，$(3E - A)\boldsymbol{x} = \boldsymbol{0}$ を考える．

$$3E - A = \begin{pmatrix} 2 & 2 \\ -1 & -1 \end{pmatrix} \underset{\substack{① \times (1/2) \\ ②+①}}{\longrightarrow} \begin{pmatrix} 1 & 1 \\ 0 & 0 \end{pmatrix}$$

だから $(3E-A)\boldsymbol{x}=\boldsymbol{0}$ は自由度 $2-1=1$ の解を持つ．また，$\lambda=3$ に対する固有ベクトル $\boldsymbol{x}$ は $x+y=0$ の非自明解だから

$$\boldsymbol{x}=c_2\begin{pmatrix}-1\\1\end{pmatrix}\quad(c_2\in\boldsymbol{R},\ c_2\neq 0)$$ ■

(2) $A=\begin{pmatrix}2&-1\\1&4\end{pmatrix}$ の固有値 λ は

$$|\lambda E-A|=\begin{vmatrix}\lambda-2&1\\-1&\lambda-4\end{vmatrix}=(\lambda-3)^2$$

より $\lambda=3$（重複度2）である．ここで

$$3E-A=\begin{pmatrix}1&1\\-1&-1\end{pmatrix}\underset{②+①}{\longrightarrow}\begin{pmatrix}1&1\\0&0\end{pmatrix}$$

だから $(3E-A)\boldsymbol{x}=\boldsymbol{0}$ は自由度 $2-1=1$ の解を持つ．また，$\lambda=3$ に対する固有ベクトル $\boldsymbol{x}$ は $x+y=0$ の非自明解だから

$$\boldsymbol{x}=c\begin{pmatrix}-1\\1\end{pmatrix}\quad(c\in\boldsymbol{R},\ c\neq 0)$$ ■

(3) $A=\begin{pmatrix}2&-1&1\\-1&2&1\\1&-1&2\end{pmatrix}$ の固有値 λ は

$$|\lambda E-A|=\begin{vmatrix}\lambda-2&1&-1\\1&\lambda-2&-1\\-1&1&\lambda-2\end{vmatrix}=(\lambda-1)(\lambda-2)(\lambda-3)$$

より $\lambda=1,2,3$ である．

(i) $\lambda=1$ のとき，$(E-A)\boldsymbol{x}=\boldsymbol{0}$ を考える．

$$E-A=\begin{pmatrix}-1&1&-1\\1&-1&-1\\-1&1&-1\end{pmatrix}\underset{\substack{①\times(-1)\\③+①}}{\overset{②+①}{\longrightarrow}}\begin{pmatrix}1&-1&1\\0&0&-2\\0&0&0\end{pmatrix}\underset{\substack{②\times(-1/2)\\①+②\times(-1)}}{\longrightarrow}\begin{pmatrix}1&-1&0\\0&0&1\\0&0&0\end{pmatrix}$$

だから $(E-A)\boldsymbol{x}=\boldsymbol{0}$ は自由度 $3-2=1$ の解を持つ．また，$\lambda=1$ に対する固有ベクトル $\boldsymbol{x}$ は $\begin{cases}x-y=0\\z=0\end{cases}$ の非自明解だから

$$\boldsymbol{x}=c_1\begin{pmatrix}1\\1\\0\end{pmatrix}\quad(c_1\in\boldsymbol{R},\ c_1\neq 0)$$

(ii) $\lambda=2$ のとき，$(2E-A)\boldsymbol{x}=\boldsymbol{0}$ を考える．

$$2E-A=\begin{pmatrix}0&1&-1\\1&0&-1\\-1&1&0\end{pmatrix}\underset{\substack{③+②\\①\leftrightarrow②}}{\longrightarrow}\begin{pmatrix}1&0&-1\\0&1&-1\\0&1&-1\end{pmatrix}\underset{③+②\times(-1)}{\longrightarrow}\begin{pmatrix}1&0&-1\\0&1&-1\\0&0&0\end{pmatrix}$$

だから $(2E-A)\boldsymbol{x}=\boldsymbol{0}$ は自由度 $3-2=1$ の解を持つ．また，$\lambda=2$ に対する固有ベクトル $\boldsymbol{x}$ は $\begin{cases}x-z=0\\y-z=0\end{cases}$ の非自明解だから

$$\boldsymbol{x}=c_2\begin{pmatrix}1\\1\\1\end{pmatrix}\quad(c_2\in\boldsymbol{R},\ c_2\neq0)$$

(iii) $\lambda=3$ のとき，$(3E-A)\boldsymbol{x}=\boldsymbol{0}$ を考える．

$$3E-A=\begin{pmatrix}1&1&-1\\1&1&-1\\-1&1&1\end{pmatrix}\overset{②+①\times(-1)}{\underset{\substack{③+①\\②\leftrightarrow③}}{\longrightarrow}}\begin{pmatrix}1&1&-1\\0&2&0\\0&0&0\end{pmatrix}\underset{\substack{②\times(1/2)\\①+②\times(-1)}}{\longrightarrow}\begin{pmatrix}1&0&-1\\0&1&0\\0&0&0\end{pmatrix}$$

だから $(3E-A)\boldsymbol{x}=\boldsymbol{0}$ は自由度 $3-2=1$ の解を持つ．また，$\lambda=3$ に対する固有ベクトル $\boldsymbol{x}$ は $\begin{cases}x-z=0\\y=0\end{cases}$ の非自明解だから

$$\boldsymbol{x}=c_3\begin{pmatrix}1\\0\\1\end{pmatrix}\quad(c_3\in\boldsymbol{R},\ c_3\neq0)$$ ■

(4) $A=\begin{pmatrix}2&1&1\\1&2&1\\1&1&2\end{pmatrix}$ の固有値 λ は

$$|\lambda E-A|=\begin{vmatrix}\lambda-2&-1&-1\\-1&\lambda-2&-1\\-1&-1&\lambda-2\end{vmatrix}=(\lambda-1)^2(\lambda-4)$$

より $\lambda=1$（重複度 2），4 である．

(i) $\lambda=1$ のとき，$(E-A)\boldsymbol{x}=\boldsymbol{0}$ を考える．

$$E-A=\begin{pmatrix}-1&-1&-1\\-1&-1&-1\\-1&-1&-1\end{pmatrix}\overset{①\times(-1)}{\underset{\substack{②+①\\③+①}}{\longrightarrow}}\begin{pmatrix}1&1&1\\0&0&0\\0&0&0\end{pmatrix}$$

だから $(E-A)\boldsymbol{x}=\boldsymbol{0}$ は自由度 $3-1=2$ の解を持つ．また，$\lambda=1$ に対する

固有ベクトル $\boldsymbol{x}$ は $x+y+z=0$ の非自明解だから

$$\boldsymbol{x}=c_1\begin{pmatrix}-1\\1\\0\end{pmatrix}+c_2\begin{pmatrix}-1\\0\\1\end{pmatrix}\quad(c_1,c_2\in\boldsymbol{R},\ c_1^2+c_2^2\neq0)$$

(ii) $\lambda=4$ のとき，$(4E-A)\boldsymbol{x}=\boldsymbol{0}$ を考える．

$$4E-A=\begin{pmatrix}2&-1&-1\\-1&2&-1\\-1&-1&2\end{pmatrix}\underset{\substack{①+②\\②+③\times(-1)}}{\longrightarrow}\begin{pmatrix}1&1&-2\\0&3&-3\\-1&-1&2\end{pmatrix}\underset{\substack{②\times(1/3)\\①+②\times(-1)}}{\overset{③+①}{\longrightarrow}}\begin{pmatrix}1&0&-1\\0&1&-1\\0&0&0\end{pmatrix}$$

だから $(4E-A)\boldsymbol{x}=\boldsymbol{0}$ は自由度 $3-2=1$ の解を持つ．また，$\lambda=4$ に対する固有ベクトル $\boldsymbol{x}$ は $\begin{cases}x-z=0\\y-z=0\end{cases}$ の非自明解だから

$$\boldsymbol{x}=c_3\begin{pmatrix}1\\1\\1\end{pmatrix}\quad(c_3\in\boldsymbol{R},\ c_3\neq0)$$ ■

問 5.2　次の行列 A の固有値とその固有ベクトルを求めよ．

(1) $\begin{pmatrix}3&-2\\1&0\end{pmatrix}$ (2) $\begin{pmatrix}6&-3\\4&-1\end{pmatrix}$ (3) $\begin{pmatrix}3&0&0\\-1&2&1\\-1&-1&4\end{pmatrix}$ (4) $\begin{pmatrix}2&1&-1\\0&1&0\\-1&-2&2\end{pmatrix}$

(5) $\begin{pmatrix}3&1\\-1&1\end{pmatrix}$ (6) $\begin{pmatrix}3&-1\\-1&3\end{pmatrix}$ (7) $\begin{pmatrix}3&2&2\\2&3&2\\2&2&3\end{pmatrix}$ (8) $\begin{pmatrix}1&-2&2\\-1&1&1\\-1&-2&4\end{pmatrix}$

◆ 固有値と固有ベクトルの性質 ◆

定理 5.2

正方行列 A, P に対して，P が正則ならば

$$F_A(\lambda)=F_{P^{-1}AP}(\lambda)\quad(\Longleftrightarrow|\lambda E-A|=|\lambda E-P^{-1}AP|)$$

が成り立つ．すなわち，A と $P^{-1}AP$ の固有値は一致する．

証明　$\lambda E-P^{-1}AP=P^{-1}(\lambda E)P-P^{-1}AP=P^{-1}(\lambda E-A)P$

だから定理 3.10 と定理 3.12 より

$$|\lambda E-P^{-1}AP|=|P^{-1}||\lambda E-A||P|=|P|^{-1}|\lambda E-A||P|=|\lambda E-A|$$ ■

問 5.3　n 次正方行列 A の固有値を $\lambda_1,\lambda_2,\cdots,\lambda_n$ とするとき，次の行列の固有値を求めよ．ただし，(5) の行列 A は正則とする．

(1) $2A$　　(2) ${}^tA$　　(3) $E-A$　　(4) $E+2A$　　(5) A^{-1}

定 理 5.3
行列 A の相異なる固有値に対する固有ベクトルは 1 次独立である.

証明　$\lambda_1, \lambda_2, \cdots, \lambda_k$ を A の相異なる固有値とし，対応する固有ベクトルを $\boldsymbol{x}_1, \boldsymbol{x}_2, \cdots, \boldsymbol{x}_k$ とする．k に関する帰納法で示す.

$k=1$ のとき，$\boldsymbol{x}_1 \neq \boldsymbol{0}$ より $\boldsymbol{x}_1$ は 1 次独立である.

$k \geqq 2$ のとき，$\boldsymbol{x}_1, \boldsymbol{x}_2, \cdots, \boldsymbol{x}_{k-1}$ は 1 次独立であると仮定する.

$$(*) \qquad c_1\boldsymbol{x}_1 + \cdots + c_{k-1}\boldsymbol{x}_{k-1} + c_k\boldsymbol{x}_k = \boldsymbol{0}$$

とし，$(*)$ の両辺に左から A を掛けると

$$(**) \qquad c_1\lambda_1\boldsymbol{x}_1 + \cdots + c_{k-1}\lambda_{k-1}\boldsymbol{x}_{k-1} + c_k\lambda_k\boldsymbol{x}_k = \boldsymbol{0}$$

一方，$(*)$ の両辺に λ_k を掛けて $(**)$ との差を取ると

$$c_1(\lambda_1 - \lambda_k)\boldsymbol{x}_1 + \cdots + c_{k-1}(\lambda_{k-1} - \lambda_k)\boldsymbol{x}_{k-1} = \boldsymbol{0}$$

従って，$\boldsymbol{x}_1, \boldsymbol{x}_2, \cdots, \boldsymbol{x}_{k-1}$ の 1 次独立性より $c_j(\lambda_j - \lambda_k) = 0$ $(1 \leqq j \leqq k-1)$ である．また，$\lambda_j \neq \lambda_k$ $(j \neq k)$ だから $c_j = 0$ $(1 \leqq j \leqq k-1)$ となる．さらに $(*)$ より $c_k\boldsymbol{x}_k = \boldsymbol{0}$ となり $c_k = 0$ も分かる．よって，$c_1 = c_2 = \cdots = c_k = 0$ だから $\boldsymbol{x}_1, \boldsymbol{x}_2, \cdots, \boldsymbol{x}_k$ は 1 次独立である.　■

例 5.7　定理 5.3 の性質を例題 5.6 (1) と (4) の行列で確かめてみよう.

(1) $A = \begin{pmatrix} 1 & -2 \\ 1 & 4 \end{pmatrix}$ の固有値 λ は，$\lambda = 2, 3$ である．また，

(i) $\lambda = 2$ に対する固有ベクトルとして $\boldsymbol{p} = \begin{pmatrix} -2 \\ 1 \end{pmatrix}$ が取れる.

(ii) $\lambda = 3$ に対する固有ベクトルとして $\boldsymbol{q} = \begin{pmatrix} -1 \\ 1 \end{pmatrix}$ が取れる．ここで

$$(\boldsymbol{p} \ \ \boldsymbol{q}) = \begin{pmatrix} -2 & -1 \\ 1 & 1 \end{pmatrix} \xrightarrow[\text{②}+\text{①}\times(1/2)]{} \begin{pmatrix} -2 & -1 \\ 0 & 1/2 \end{pmatrix}$$

だから $\mathrm{rank}\,(\boldsymbol{p} \ \ \boldsymbol{q}) = 2$ となり，定理 4.9 より $\boldsymbol{p}, \boldsymbol{q}$ は 1 次独立である.
（従って，$c_1 \neq 0, c_2 \neq 0$ のとき，$c_1\boldsymbol{p}, c_2\boldsymbol{q}$ も 1 次独立である.）

(2) $A = \begin{pmatrix} 2 & 1 & 1 \\ 1 & 2 & 1 \\ 1 & 1 & 2 \end{pmatrix}$ の固有値 λ は，$\lambda = 1$（重複度 2), 4 である．また，

(i) $\lambda = 1$ に対する固有ベクトルとして $\boldsymbol{p} = \begin{pmatrix} -1 \\ 1 \\ 0 \end{pmatrix}$ と $\boldsymbol{q} = \begin{pmatrix} -1 \\ 0 \\ 1 \end{pmatrix}$ が取れる．

(ii) $\lambda = 4$ に対する固有ベクトルとして $\boldsymbol{r} = \begin{pmatrix} 1 \\ 1 \\ 1 \end{pmatrix}$ が取れる．ここで

$$\begin{pmatrix} \boldsymbol{p} & \boldsymbol{q} & \boldsymbol{r} \end{pmatrix} = \begin{pmatrix} -1 & -1 & 1 \\ 1 & 0 & 1 \\ 0 & 1 & 1 \end{pmatrix} \underset{\substack{②+① \\ ③+②}}{\longrightarrow} \begin{pmatrix} -1 & -1 & 1 \\ 0 & -1 & 2 \\ 0 & 0 & 3 \end{pmatrix}$$

だから $\mathrm{rank}\begin{pmatrix} \boldsymbol{p} & \boldsymbol{q} & \boldsymbol{r} \end{pmatrix} = 3$ となり，定理 4.9 より $\boldsymbol{p}, \boldsymbol{q}, \boldsymbol{r}$ は1次独立である．(従って，$c_1^2 + c_2^2 \neq 0$, $c_3 \neq 0$ のとき，$c_1\boldsymbol{p} + c_2\boldsymbol{q}$, $c_3\boldsymbol{r}$ も1次独立である．)

5.2 行列の対角化

♦ 行列の対角化 ♦

n 次正方行列 A に対して，n 次正則行列 P が存在して

$$(*) \qquad P^{-1}AP = \begin{pmatrix} \lambda_1 & & & O \\ & \lambda_2 & & \\ & & \ddots & \\ O & & & \lambda_n \end{pmatrix} \qquad (対角行列)$$

とできるとき，A は**対角化可能**であるといい，P を**変換行列**という．また，A は変換行列 P で**対角化される**という．$P^{-1}AP$ の固有値は $\lambda_1, \lambda_2, \cdots, \lambda_n$ だから，定理 5.2 より A の固有値も $\lambda_1, \lambda_2, \cdots, \lambda_n$ である．

$(*)$ の両辺の左から正則行列 $P = \begin{pmatrix} \boldsymbol{p}_1 & \boldsymbol{p}_2 & \cdots & \boldsymbol{p}_n \end{pmatrix}$ を掛けると

$$AP = P\begin{pmatrix} \lambda_1 & & O \\ & \ddots & \\ O & & \lambda_n \end{pmatrix} \qquad \left(= \begin{pmatrix} \boldsymbol{p}_1 & \cdots & \boldsymbol{p}_n \end{pmatrix}\begin{pmatrix} \lambda_1 & & O \\ & \ddots & \\ O & & \lambda_n \end{pmatrix}\right)$$

すなわち

$$\begin{pmatrix} A\boldsymbol{p}_1 & A\boldsymbol{p}_2 & \cdots & A\boldsymbol{p}_n \end{pmatrix} = \begin{pmatrix} \lambda_1\boldsymbol{p}_1 & \lambda_2\boldsymbol{p}_2 & \cdots & \lambda_n\boldsymbol{p}_n \end{pmatrix}$$

だから

$$A\boldsymbol{p}_1 = \lambda_1 \boldsymbol{p}_1,\ A\boldsymbol{p}_2 = \lambda_2 \boldsymbol{p}_2,\ \cdots,\ A\boldsymbol{p}_n = \lambda_n \boldsymbol{p}_n$$

が成り立つ．よって，$\boldsymbol{p}_1, \boldsymbol{p}_2, \cdots, \boldsymbol{p}_n$ はそれぞれ固有値 $\lambda_1, \lambda_2, \cdots, \lambda_n$ に対する固有ベクトルとなる．また，P は正則だから定理 4.4 より $\boldsymbol{p}_1, \boldsymbol{p}_2, \cdots, \boldsymbol{p}_n$ は 1 次独立である．

行列の対角化について，次のことが分かる．

定理 5.4（行列の対角化）

n 次正方行列 A に対して，次は同値である．

(a) A は対角化可能である

(b) n 個の 1 次独立な A の固有ベクトルが存在する

証明 (a) ⇒ (b)：すでに示した．

(b) ⇒ (a)：n 個の 1 次独立な A の固有ベクトルを $\boldsymbol{p}_1, \boldsymbol{p}_2, \cdots, \boldsymbol{p}_n$ とし，$A\boldsymbol{p}_j = \mu_j \boldsymbol{p}_j$ を満たすとする．$P = \begin{pmatrix} \boldsymbol{p}_1 & \boldsymbol{p}_2 & \cdots & \boldsymbol{p}_n \end{pmatrix}$ とすると，P は正則で

$$\begin{aligned} AP &= \begin{pmatrix} A\boldsymbol{p}_1 & A\boldsymbol{p}_2 & \cdots & A\boldsymbol{p}_n \end{pmatrix} = \begin{pmatrix} \mu_1\boldsymbol{p}_1 & \mu_2\boldsymbol{p}_2 & \cdots & \mu_n\boldsymbol{p}_n \end{pmatrix} \\ &= \begin{pmatrix} \boldsymbol{p}_1 & \boldsymbol{p}_2 & \cdots & \boldsymbol{p}_n \end{pmatrix} \begin{pmatrix} \mu_1 & & O \\ & \ddots & \\ O & & \mu_n \end{pmatrix} = P \begin{pmatrix} \mu_1 & & O \\ & \ddots & \\ O & & \mu_n \end{pmatrix} \end{aligned}$$

よって，両辺の左から P^{-1} を掛けると，$P^{-1}AP$ は対角行列となる． ■

定理 5.3 と定理 5.4 から直ちに次のことが分かる．

定理 5.5

正方行列 A の固有値がすべて相異なるならば，A は対角化可能である．

例題 5.8 次の行列 A が対角化可能ならば，変換行列 P を求め A を対角化せよ．

(1) $\begin{pmatrix} 1 & -2 \\ 1 & 4 \end{pmatrix}$ (2) $\begin{pmatrix} 2 & -1 \\ 1 & 4 \end{pmatrix}$ (3) $\begin{pmatrix} 2 & -1 & 1 \\ -1 & 2 & 1 \\ 1 & 1 & 2 \end{pmatrix}$ (4) $\begin{pmatrix} 3 & 1 & 1 \\ 1 & 3 & 1 \\ 1 & 1 & 3 \end{pmatrix}$

解答 (1) $A = \begin{pmatrix} 1 & -2 \\ 1 & 4 \end{pmatrix}$ の固有値 λ は，例題 5.6 (1) より $\lambda = 2, 3$ だから，定理 5.5 より A は対角化可能である．また，例題 5.6 (1) より

(i) $\lambda = 2$ に対する固有ベクトルとして $\boldsymbol{p} = \begin{pmatrix} -2 \\ 1 \end{pmatrix}$ が取れる．

(ii) $\lambda = 3$ に対する固有ベクトルとして $\boldsymbol{q} = \begin{pmatrix} -1 \\ 1 \end{pmatrix}$ が取れる．

従って，$P = \begin{pmatrix} -2 & -1 \\ 1 & 1 \end{pmatrix}$ とおくと，P は正則で $P^{-1}AP = \begin{pmatrix} 2 & 0 \\ 0 & 3 \end{pmatrix}$ となる．

（補足）　$P = \begin{pmatrix} -1 & -2 \\ 1 & 1 \end{pmatrix}$ とおくと，P は正則で $P^{-1}AP = \begin{pmatrix} 3 & 0 \\ 0 & 2 \end{pmatrix}$ となる．■

(2) $A = \begin{pmatrix} 2 & -1 \\ 1 & 4 \end{pmatrix}$ は対角化できない．

実際，変換行列 P が取れて $P^{-1}AP$ が対角行列になるとすると，例題 5.6 (2) より A の固有値 λ は $\lambda = 3$（重複度 2）のみだから，$P^{-1}AP = 3E_2$ となる．このとき，$A = P(3E_2)P^{-1} = 3E_2$ となり矛盾する．よって，A は対角化できない．

（別証）　$\operatorname{rank}(3E_2 - A) = 1$ だから問 4.30 より $\lambda = 3$ に対する 1 次独立な固有ベクトルを 2 個選ぶことができない．よって，定理 5.4 より A は対角化できない．■

(3) $A = \begin{pmatrix} 2 & -1 & 1 \\ -1 & 2 & 1 \\ 1 & -1 & 2 \end{pmatrix}$ の固有値 λ は，例題 5.6 (3) より $\lambda = 1, 2, 3$ だから，定理 5.5 より A は対角化可能である．また，例題 5.6 (3) より

(i) $\lambda = 1$ に対する固有ベクトルとして $\boldsymbol{p}$ が取れる．

(ii) $\lambda = 2$ に対する固有ベクトルとして $\boldsymbol{q}$ が取れる．

(iii) $\lambda = 3$ に対する固有ベクトルとして $\boldsymbol{r}$ が取れる．ただし

$$\boldsymbol{p} = \begin{pmatrix} 1 \\ 1 \\ 0 \end{pmatrix}, \quad \boldsymbol{q} = \begin{pmatrix} 1 \\ 1 \\ 1 \end{pmatrix}, \quad \boldsymbol{r} = \begin{pmatrix} 1 \\ 0 \\ 1 \end{pmatrix}$$

従って，$P = \begin{pmatrix} 1 & 1 & 1 \\ 1 & 1 & 0 \\ 0 & 1 & 1 \end{pmatrix}$ とおくと，P は正則で $P^{-1}AP = \begin{pmatrix} 1 & 0 & 0 \\ 0 & 2 & 0 \\ 0 & 0 & 3 \end{pmatrix}$ となる．

（補足）　$P = \begin{pmatrix} 1 & 1 & 1 \\ 1 & 0 & 1 \\ 1 & 1 & 0 \end{pmatrix}$ とおくと，P は正則で $P^{-1}AP = \begin{pmatrix} 2 & 0 & 0 \\ 0 & 3 & 0 \\ 0 & 0 & 1 \end{pmatrix}$

となる. ■

(4) $A=\begin{pmatrix}3&1&1\\1&3&1\\1&1&3\end{pmatrix}$ の固有値 λ は, $|\lambda E-A|=(\lambda-2)^2(\lambda-5)$ より $\lambda=2$（重複度 2), 5 である.

(i) $\lambda=2$ のとき, $(2E-A)\boldsymbol{x}=\boldsymbol{0}$ を考える.

$$2E-A=\begin{pmatrix}-1&-1&-1\\-1&-1&-1\\-1&-1&-1\end{pmatrix}\underset{\substack{②+①\\③+①}}{\overset{①\times(-1)}{\longrightarrow}}\begin{pmatrix}1&1&1\\0&0&0\\0&0&0\end{pmatrix}$$

だから $(2E-A)\boldsymbol{x}=\boldsymbol{0}$ は自由度 $3-1=2$ の解を持つ. また, $\lambda=2$ に対する固有ベクトル $\boldsymbol{x}$ は $x+y+z=0$ の非自明解だから

$$\boldsymbol{x}=c_1\boldsymbol{p}+c_2\boldsymbol{q},\quad \boldsymbol{p}=\begin{pmatrix}-1\\1\\0\end{pmatrix}, \boldsymbol{q}=\begin{pmatrix}-1\\0\\1\end{pmatrix}\ (c_1,c_2\in\boldsymbol{R},\ c_1^2+c_2^2\neq 0)$$

(ii) $\lambda=5$ のとき, $(5E-A)\boldsymbol{x}=\boldsymbol{0}$ を考える.

$$5E-A=\begin{pmatrix}2&-1&-1\\-1&2&-1\\-1&-1&2\end{pmatrix}\underset{\substack{①+②\\②+③\times(-1)}}{\longrightarrow}\begin{pmatrix}1&1&-2\\0&3&-3\\-1&-1&2\end{pmatrix}\underset{\substack{②\times(1/3)\\①+②\times(-1)}}{\overset{③+①}{\longrightarrow}}\begin{pmatrix}1&0&-1\\0&1&-1\\0&0&0\end{pmatrix}$$

だから $(5E-A)\boldsymbol{x}=\boldsymbol{0}$ は自由度 $3-2=1$ の解を持つ. また, $\lambda=5$ に対する固有ベクトル $\boldsymbol{x}$ は $\begin{cases}x-z=0\\y-z=0\end{cases}$ の非自明解だから

$$\boldsymbol{x}=c_3\boldsymbol{r},\quad \boldsymbol{r}=\begin{pmatrix}1\\1\\1\end{pmatrix}\ (c_3\in\boldsymbol{R},\ c_3\neq 0)$$

例 5.7 (2) より $\boldsymbol{p},\boldsymbol{q},\boldsymbol{r}$ は 1 次独立だから, 定理 5.4 より A は対角化可能である.

従って, $P=\begin{pmatrix}-1&-1&1\\1&0&1\\0&1&1\end{pmatrix}$ とおくと, P は正則で $P^{-1}AP=\begin{pmatrix}2&0&0\\0&2&0\\0&0&5\end{pmatrix}$ となる.

（補足） $P=\begin{pmatrix}1&-1&-1\\1&1&0\\1&0&1\end{pmatrix}$ とおくと, P は正則で $P^{-1}AP=\begin{pmatrix}5&0&0\\0&2&0\\0&0&2\end{pmatrix}$ となる. ■

注意　(1) 行列を対角化する変換行列 P は，固有ベクトルの取り方によって変わるが，対角線上に並ぶ固有値 $\lambda_1, \lambda_2, \cdots, \lambda_n$ の順番は，対応する固有ベクトル $\boldsymbol{p}_1, \boldsymbol{p}_2, \cdots, \boldsymbol{p}_n$ の順番と一致する．
(2) 検算では，変換行列 P の逆行列 P^{-1} を求め，$P^{-1}AP$ の積を計算して確かめる．

実は，例題 5.8 (4) の固有ベクトル $\boldsymbol{p}, \boldsymbol{q}$ は $(2E-A)\boldsymbol{x} = \boldsymbol{0}$ の 1 組の基本解だから，問 4.31 からも $\boldsymbol{p}, \boldsymbol{q}$ の 1 次独立性が分かる．

一般に，n 次正方行列 A の 1 つの固有値 λ_j に対して $\mathrm{rank}\,(\lambda_j E - A) = r$ とすると，同次方程式 $(\lambda_j E - A)\boldsymbol{x} = \boldsymbol{0}$ の 1 組の基本解 $\boldsymbol{x}_1, \boldsymbol{x}_2, \cdots, \boldsymbol{x}_{n-r}$ が取れて，任意の解 $\boldsymbol{x}$ は $\boldsymbol{x} = c_1\boldsymbol{x}_1 + c_2\boldsymbol{x}_2 + \cdots + c_{n-r}\boldsymbol{x}_{n-r}$（$c_1, c_2, \cdots, c_{n-r}$ は任意定数）と書ける．また，問 4.31 から $\boldsymbol{x}_1, \boldsymbol{x}_2, \cdots, \boldsymbol{x}_{n-r}$ は 1 次独立となる．すなわち，これらは A の固有値 λ_j に対する 1 次独立な $n-r$ 個の固有ベクトルとなる．

従って，n 次正方行列 A の各固有値 λ_j に対する同次方程式 $(\lambda_j E - A)\boldsymbol{x} = \boldsymbol{0}$ の 1 組の基本解を全て集めたとき，その個数が n であれば行列 A は対角化可能となる（問 5.12 参照）．

注意　行列 A に対する同次方程式 $(\lambda_j E - A)\boldsymbol{x} = \boldsymbol{0}$ の解空間 $\{\boldsymbol{x} \mid (\lambda_j E - A)\boldsymbol{x} = \boldsymbol{0}\}$ を A の固有値 λ_j に対する**固有空間**といい，$V(\lambda_j)$ と書く．特に，その 1 組の基本解が $\boldsymbol{x}_1, \boldsymbol{x}_2, \cdots, \boldsymbol{x}_{n-r}$ のときは

$$V(\lambda_j) = \langle \boldsymbol{x}_1, \boldsymbol{x}_2, \cdots, \boldsymbol{x}_{n-r} \rangle \quad \text{かつ} \quad \dim V(\lambda_j) = n - r$$

$(r = \mathrm{rank}\,(\lambda_j E - A))$ である（問 4.31 参照）．

問 5.4　次の行列 A が対角化可能ならば，変換行列 P を求め A を対角化せよ．

(1) $\begin{pmatrix} 2 & -1 \\ -1 & 2 \end{pmatrix}$　(2) $\begin{pmatrix} 1 & 2 \\ 3 & 2 \end{pmatrix}$　(3) $\begin{pmatrix} 3 & 3 & 1 \\ 1 & 5 & 1 \\ 0 & 0 & 2 \end{pmatrix}$　(4) $\begin{pmatrix} 3 & 1 & -2 \\ 0 & 2 & 0 \\ 1 & 1 & 0 \end{pmatrix}$

◆ 対角化可能な行列の m 乗 ◆

対角化可能な行列の m 乗を求めるときには，変換行列の正則性を利用する．

定理 5.6

正方行列 A, P に対して，P が正則ならば

$$(P^{-1}AP)^m = P^{-1}A^m P \qquad (m = 1, 2, \cdots)$$

証明　m に関する帰納法で示す．$m = 1$ のときは明らかに成り立つ．

$m \geqq 2$ のとき，$(P^{-1}AP)^{m-1} = P^{-1}A^{m-1}P$ を仮定すると

$$\begin{aligned}(P^{-1}AP)^m &= (P^{-1}AP)^{m-1}(P^{-1}AP) = (P^{-1}A^{m-1}P)(P^{-1}AP)\\ &= P^{-1}A^{m-1}AP = P^{-1}A^mP\end{aligned}$$

が成り立つ. ■

例題 5.9 次の行列 A の m 乗 $(m \geqq 2)$ を求めよ.

(1) $\begin{pmatrix} 1 & -2 \\ 1 & 4 \end{pmatrix}$ (2) $\begin{pmatrix} 2 & -1 & 1 \\ -1 & 2 & 1 \\ 1 & -1 & 2 \end{pmatrix}$ (3) $\begin{pmatrix} 3 & 1 & 1 \\ 1 & 3 & 1 \\ 1 & 1 & 3 \end{pmatrix}$

解答 例題 5.8 (1) より $P = \begin{pmatrix} -2 & -1 \\ 1 & 1 \end{pmatrix}$ とおくと，P は正則で

$$P^{-1} = \begin{pmatrix} -1 & -1 \\ 1 & 2 \end{pmatrix} \quad \text{かつ} \quad P^{-1}AP = \begin{pmatrix} 2 & 0 \\ 0 & 3 \end{pmatrix}$$

が成り立つ. 従って，$P^{-1}A^mP = (P^{-1}AP)^m$ より

$$\begin{aligned}A^m = P(P^{-1}AP)^mP^{-1} &= \begin{pmatrix} -2 & -1 \\ 1 & 1 \end{pmatrix}\begin{pmatrix} 2^m & 0 \\ 0 & 3^m \end{pmatrix}\begin{pmatrix} -1 & -1 \\ 1 & 2 \end{pmatrix}\\ &= \begin{pmatrix} 2^{m+1} - 3^m & 2^{m+1} - 2{\cdot}3^m \\ -2^m + 3^m & -2^m + 2{\cdot}3^m \end{pmatrix}\end{aligned}$$

■

(2) 問 2.5 (4) と例題 5.8 (3) より $P = \begin{pmatrix} 1 & 1 & 1 \\ 1 & 1 & 0 \\ 0 & 1 & 1 \end{pmatrix}$ とおくと，P は正則で

$$P^{-1} = \begin{pmatrix} 1 & 0 & -1 \\ -1 & 1 & 1 \\ 1 & -1 & 0 \end{pmatrix} \quad \text{かつ} \quad P^{-1}AP = \begin{pmatrix} 1 & 0 & 0 \\ 0 & 2 & 0 \\ 0 & 0 & 3 \end{pmatrix}$$

が成り立つ. 従って，$P^{-1}A^mP = (P^{-1}AP)^m$ より $A^m = P(P^{-1}AP)^mP^{-1}$ だから

$$\begin{aligned}A^m &= \begin{pmatrix} 1 & 1 & 1 \\ 1 & 1 & 0 \\ 0 & 1 & 1 \end{pmatrix}\begin{pmatrix} 1 & 0 & 0 \\ 0 & 2^m & 0 \\ 0 & 0 & 3^m \end{pmatrix}\begin{pmatrix} 1 & 0 & -1 \\ -1 & 1 & 1 \\ 1 & -1 & 0 \end{pmatrix}\\ &= \begin{pmatrix} 1 - 2^m + 3^m & 2^m - 3^m & -1 + 2^m \\ 1 - 2^m & 2^m & -1 + 2^m \\ -2^m + 3^m & 2^m - 3^m & 2^m \end{pmatrix}\end{aligned}$$

■

(3) 例題 2.5 (3) と例題 5.8 (4) より $P = \begin{pmatrix} -1 & -1 & 1 \\ 1 & 0 & 1 \\ 0 & 1 & 1 \end{pmatrix}$ とおくと，P は正則で

$$P^{-1} = \frac{1}{3}\begin{pmatrix} -1 & 2 & -1 \\ -1 & -1 & 2 \\ 1 & 1 & 1 \end{pmatrix} \quad \text{かつ} \quad P^{-1}AP = \begin{pmatrix} 2 & 0 & 0 \\ 0 & 2 & 0 \\ 0 & 0 & 5 \end{pmatrix}$$

が成り立つ．従って，$P^{-1}A^mP = (P^{-1}AP)^m$ より $A^m = P(P^{-1}AP)^mP^{-1}$ だから

$$\begin{aligned} A^m &= \frac{1}{3}\begin{pmatrix} -1 & -1 & 1 \\ 1 & 0 & 1 \\ 0 & 1 & 1 \end{pmatrix}\begin{pmatrix} 2^m & 0 & 0 \\ 0 & 2^m & 0 \\ 0 & 0 & 5^m \end{pmatrix}\begin{pmatrix} -1 & 2 & -1 \\ -1 & -1 & 2 \\ 1 & 1 & 1 \end{pmatrix} \\ &= \frac{1}{3}\begin{pmatrix} 2^{m+1}+5^m & -2^m+5^m & -2^m+5^m \\ -2^m+5^m & 2^{m+1}+5^m & -2^m+5^m \\ -2^m+5^m & -2^m+5^m & 2^{m+1}+5^m \end{pmatrix} \end{aligned}$$ ■

問 5.5　次の行列 A の m 乗 $(m \geqq 2)$ を求めよ．

(1) $\begin{pmatrix} 3 & -2 \\ 1 & 0 \end{pmatrix}$ (2) $\begin{pmatrix} 6 & -3 \\ 4 & -1 \end{pmatrix}$ (3) $\begin{pmatrix} 2 & 1 & 1 \\ 1 & 2 & 1 \\ 1 & 1 & 2 \end{pmatrix}$ (4) $\begin{pmatrix} 1 & -2 & 2 \\ -1 & 1 & 1 \\ -1 & -2 & 4 \end{pmatrix}$

5.3　行列の 3 角化

♦ 行列の 3 角化 ♦

任意の正方行列は必ずしも対角化可能とは限らないが，適当な正則行列を用いれば，3 角行列に変形することができる．

定 理 5.7 (行列の 3 角化)

n 次正方行列 A に対して，n 次正則行列 P が存在して

$$P^{-1}AP = \begin{pmatrix} \lambda_1 & & & * \\ & \lambda_2 & & \\ & & \ddots & \\ O & & & \lambda_n \end{pmatrix} \qquad \text{(3 角行列)}$$

とできる．ただし，$\lambda_1, \lambda_2, \cdots, \lambda_n$ は A の固有値である．

このとき，行列 A は **3 角化可能**であるといい，P を**変換行列**という．$P^{-1}AP$ の固有値は $\lambda_1, \lambda_2, \cdots, \lambda_n$ だから，定理 5.2 より A の固有値も $\lambda_1, \lambda_2, \cdots, \lambda_n$ である．

証明　n に関する帰納法で示す．1 次行列 $A = (a_{11})$ は 3 角行列である．$n-1$ 次行列は 3 角化可能であるとし，n 次行列 A について考える．λ_1 を A の固有値とし，対応する固有ベクトルを $\boldsymbol{p}_1$ とする．$\boldsymbol{p}_1 \neq \boldsymbol{0}$ だから基底の延長定理より $\boldsymbol{p}_1$ を含む $\boldsymbol{C}^n$（または $\boldsymbol{R}^n$）の基底 $\{\boldsymbol{p}_1, \boldsymbol{p}_2, \cdots, \boldsymbol{p}_n\}$ が取れる．$Q = \begin{pmatrix} \boldsymbol{p}_1 & \boldsymbol{p}_2 & \cdots & \boldsymbol{p}_n \end{pmatrix}$ とおくと Q は正則で

$$\begin{aligned} AQ &= \begin{pmatrix} A\boldsymbol{p}_1 & A\boldsymbol{p}_2 & \cdots & A\boldsymbol{p}_n \end{pmatrix} = \begin{pmatrix} \lambda_1\boldsymbol{p}_1 & A\boldsymbol{p}_2 & \cdots & A\boldsymbol{p}_n \end{pmatrix} \\ &= \begin{pmatrix} \boldsymbol{p}_1 & \boldsymbol{p}_2 & \cdots & \boldsymbol{p}_n \end{pmatrix} \left(\begin{array}{c|c} \lambda_1 & * \\ \hline O & B \end{array}\right) = Q \left(\begin{array}{c|c} \lambda_1 & * \\ \hline O & B \end{array}\right) \end{aligned}$$

と表せる．ただし，B は $n-1$ 次行列である．Q は正則だから

$$Q^{-1}AQ = \left(\begin{array}{c|c} \lambda_1 & * \\ \hline O & B \end{array}\right)$$

一方，B は $n-1$ 次行列だから，帰納法の仮定より 3 角化可能であり，正則行列 R が取れて

$$R^{-1}BR = \begin{pmatrix} \lambda_2 & & * \\ & \ddots & \\ O & & \lambda_n \end{pmatrix}$$

と変形できる．ここで，$P = Q \left(\begin{array}{c|c} 1 & O \\ \hline O & R \end{array}\right)$ とおけば

$$\begin{aligned} P^{-1}AP &= \left(\begin{array}{c|c} 1 & O \\ \hline O & R \end{array}\right)^{-1} Q^{-1}AQ \left(\begin{array}{c|c} 1 & O \\ \hline O & R \end{array}\right) \\ &= \left(\begin{array}{c|c} 1 & O \\ \hline O & R^{-1} \end{array}\right)\left(\begin{array}{c|c} \lambda_1 & * \\ \hline O & B \end{array}\right)\left(\begin{array}{c|c} 1 & O \\ \hline O & R \end{array}\right) = \left(\begin{array}{c|c} \lambda_1 & * \\ \hline O & R^{-1}BR \end{array}\right) \\ &= \left(\begin{array}{c|ccc} \lambda_1 & & * & \\ \hline & \lambda_2 & & * \\ O & & \ddots & \\ & O & & \lambda_n \end{array}\right) \end{aligned}$$

が成り立つ．■

例 5.10 (1) $A = \begin{pmatrix} 1 & 1 \\ -1 & 3 \end{pmatrix}$ に対して，$P = \begin{pmatrix} 1 & 0 \\ 1 & 1 \end{pmatrix}$ とおくと，P は正則で

$$P^{-1} = \begin{pmatrix} 1 & 0 \\ -1 & 1 \end{pmatrix} \quad \text{かつ} \quad P^{-1}AP = \begin{pmatrix} 2 & 1 \\ 0 & 2 \end{pmatrix}$$

となる（例題 5.13 (1) 参照）．

(2) $A = \begin{pmatrix} 1 & 0 & 1 \\ -3 & 3 & 2 \\ 1 & -1 & 2 \end{pmatrix}$ に対して，$P = \begin{pmatrix} 1 & 1 & 1 \\ 1 & 0 & -1 \\ 1 & 2 & 2 \end{pmatrix}$ とおくと，P は正則で

$$P^{-1} = \begin{pmatrix} 2 & 0 & -1 \\ -3 & 1 & 2 \\ 2 & -1 & -1 \end{pmatrix} \quad \text{かつ} \quad P^{-1}AP = \begin{pmatrix} 2 & 1 & 0 \\ 0 & 2 & 1 \\ 0 & 0 & 2 \end{pmatrix}$$

となる（例題 5.13 (2) 参照）．

♦ 行列多項式 ♦

行列の 3 角化の応用として，フロベニウスの定理とケーリー・ハミルトンの定理を導く．

λ に関する多項式

$$g(\lambda) = c_0\lambda^m + c_1\lambda^{m-1} + \cdots + c_{m-1}\lambda + c_m$$

（$c_0, c_1, \cdots, c_m$ はスカラー）に対して，λ を n 次正方行列 A で置き換えて得られる n 次正方行列を

$$g(A) = c_0A^m + c_1A^{m-1} + \cdots + c_{m-1}A + c_mE$$

と書き，A の**行列多項式**という．

定理 5.8（フロベニウス (**Frobenius**) の定理）

n 次正方行列 A の固有値を $\lambda_1, \lambda_2, \cdots, \lambda_n$ とするとき，行列多項式 $g(A)$ の固有値は $g(\lambda_1), g(\lambda_2), \cdots, g(\lambda_n)$ である．

証明　A の 3 角化を $P^{-1}AP = \begin{pmatrix} \lambda_1 & & * \\ & \ddots & \\ O & & \lambda_n \end{pmatrix}$ とすると，定理 5.6 より

$P^{-1}A^kP = (P^{-1}AP)^k = \begin{pmatrix} \lambda_1^k & & * \\ & \ddots & \\ O & & \lambda_n^k \end{pmatrix}$ だから

$$\begin{aligned} P^{-1}g(A)P &= P^{-1}(c_0A^m + c_1A^{m-1} + \cdots + c_mE)P \\ &= c_0(P^{-1}A^mP) + c_1(P^{-1}A^{m-1}P) + \cdots + c_m(P^{-1}EP) \\ &= c_0(P^{-1}AP)^m + c_1(P^{-1}AP)^{m-1} + \cdots + c_mE \\ &= \begin{pmatrix} g(\lambda_1) & & & * \\ & g(\lambda_2) & & \\ & & \ddots & \\ O & & & g(\lambda_n) \end{pmatrix} \end{aligned}$$

が成り立つ．定理 5.2 より $g(A)$ の固有値は $P^{-1}g(A)P$ の固有値と一致するので，$g(A)$ の固有値は $g(\lambda_1), g(\lambda_2), \cdots, g(\lambda_n)$ である．■

問 5.6　(1) $A = \begin{pmatrix} 1 & -2 \\ 1 & 4 \end{pmatrix}$ のとき，$A^2 - 4A$ の固有値を求めよ．

(2) $A = \begin{pmatrix} 2 & -1 \\ 1 & 4 \end{pmatrix}$ のとき，$2A^3 - 7A^2 + 6A$ の固有値を求めよ．

(3) $A = \begin{pmatrix} 2 & 1 & 1 \\ 1 & 2 & 1 \\ 1 & 1 & 2 \end{pmatrix}$ のとき，$2A^3 - 5A^2$ の固有値を求めよ．

定 理 5.9（ケーリー・ハミルトン (**Cayley-Hamilton**) の定理）

正方行列 A の固有多項式 $F_A(\lambda)$ に対して，$F_A(A) = O$ が成り立つ．

証明　A の 3 角化を $P^{-1}AP = \begin{pmatrix} \lambda_1 & & * \\ & \ddots & \\ O & & \lambda_n \end{pmatrix}$ とすると，定理 5.2 より

$$F_A(\lambda) = F_{P^{-1}AP}(\lambda) = (\lambda - \lambda_1)(\lambda - \lambda_2)\cdots(\lambda - \lambda_n)$$

従って

$$\begin{aligned} F_A(P^{-1}AP) &= (P^{-1}AP - \lambda_1E)(P^{-1}AP - \lambda_2E)\cdots(P^{-1}AP - \lambda_nE) \\ &= \begin{pmatrix} 0 & & & * \\ & \lambda_2 - \lambda_1 & & \\ & & \ddots & \\ O & & & \lambda_n - \lambda_1 \end{pmatrix} \begin{pmatrix} \lambda_1 - \lambda_2 & & & * \\ & 0 & & \\ & & \ddots & \\ O & & & \lambda_n - \lambda_2 \end{pmatrix} \\ &\quad \cdots \begin{pmatrix} \lambda_1 - \lambda_n & & & * \\ & \lambda_2 - \lambda_n & & \\ & & \ddots & \\ O & & & 0 \end{pmatrix} \end{aligned}$$

$$
= \begin{pmatrix} 0 & 0 & * & & \text{\huge *} \\ & 0 & * & & \\ & & * & & \\ & & & \ddots & \\ O & & & & * \end{pmatrix} \begin{pmatrix} \lambda_1 - \lambda_3 & & & & \text{\huge *} \\ & \lambda_2 - \lambda_3 & & & \\ & & 0 & & \\ & & & \ddots & \\ & O & & & \lambda_n - \lambda_3 \end{pmatrix}
$$

$$
\cdots \begin{pmatrix} \lambda_1 - \lambda_n & & & \text{\huge *} \\ & \lambda_2 - \lambda_n & & \\ & & \ddots & \\ O & & & 0 \end{pmatrix}
$$

$$
= \cdots = O
$$

すなわち，左から順に行列の積を実行すると，第1列，第2列，$\cdots$，第 n 列の順に行列の列ベクトルが $\mathbf{0}$ になることが分かる．よって，$P^{-1}F_A(A)P = F_A(P^{-1}AP) = O$ より $F_A(A) = POP^{-1} = O$ を得る． ■

例 5.11 $A = \begin{pmatrix} a & b \\ c & d \end{pmatrix}$ のとき

$$
F_A(\lambda) = \begin{vmatrix} \lambda - a & -b \\ -c & \lambda - d \end{vmatrix} = \lambda^2 - (a+d)\lambda + (ad - bc)
$$

より $A^2 - (a+d)A + (ad-bc)E = O$ が成り立つ（定理 1.6 参照）．

例題 5.12 $A = \begin{pmatrix} 1 & 1 & 0 \\ 1 & 1 & 1 \\ 0 & 1 & 1 \end{pmatrix}$ のとき，$A^4 - 4A^3 + 4A^2 + A$ を求めよ．

解答 $F_A(\lambda) = \begin{vmatrix} \lambda - 1 & -1 & 0 \\ -1 & \lambda - 1 & -1 \\ 0 & -1 & \lambda - 1 \end{vmatrix} = \lambda^3 - 3\lambda^2 + \lambda + 1$ だから

$$
\lambda^4 - 4\lambda^3 + 4\lambda^2 + \lambda = (\lambda - 1)F_A(\lambda) + \lambda + 1
$$

である．従って，ケーリー・ハミルトンの定理より $F_A(A) = O$ だから

$$
\begin{aligned}
A^4 - 4A^3 + 4A^2 + A &= (A - E)F_A(A) + A + E \\
&= O + A + E = \begin{pmatrix} 2 & 1 & 0 \\ 1 & 2 & 1 \\ 0 & 1 & 2 \end{pmatrix}
\end{aligned}
$$

■

問 5.7 (1) $A = \begin{pmatrix} 1 & -1 & 0 \\ 1 & 0 & -1 \\ 0 & -1 & 1 \end{pmatrix}$ のとき，$A^4 - 3A^3 + 3A^2 - E$ を求めよ．

(2) $A = \begin{pmatrix} 1 & -1 & 1 \\ 2 & -2 & 1 \\ 2 & -1 & 0 \end{pmatrix}$ のとき，$A^4 - A^3 - 3A^2 + 3A$ を求めよ．

♦ 発展: ジョルダン標準形* ♦

$$J_1(\lambda) = (\lambda),\ J_2(\lambda) = \begin{pmatrix} \lambda & 1 \\ 0 & \lambda \end{pmatrix},\ J_3(\lambda) = \begin{pmatrix} \lambda & 1 & 0 \\ 0 & \lambda & 1 \\ 0 & 0 & \lambda \end{pmatrix}, \cdots$$

$$J_k(\lambda) = \begin{pmatrix} \lambda & 1 & & O \\ & \lambda & \ddots & \\ & & \ddots & 1 \\ O & & & \lambda \end{pmatrix} : k \times k \text{ 型}$$

を k 次の**ジョルダン細胞**または**ジョルダン・ブロック**といい，ジョルダン細胞を対角線上に沿って並べて得られる正方行列

$$J = \begin{pmatrix} J_{k_1}(\lambda_1) & & & O \\ & J_{k_2}(\lambda_2) & & \\ & & \ddots & \\ O & & & J_{k_r}(\lambda_r) \end{pmatrix}$$

を**ジョルダン行列**という．なお，ジョルダン細胞もジョルダン行列と考える．

注意 ジョルダン行列は上 3 角行列である．また，対角行列はジョルダン行列の特別な場合と考えることができる．

任意の正方行列は必ずしも対角化可能とは限らないが，定理 5.7 から分かるように 3 角化は可能である．実は，任意の正方行列は，適当な正則行列を用いれば，対角行列に近い単純な構造を持つジョルダン行列に変形することができる．

定 理 5.10（行列のジョルダン (Jordan) 標準化）

n 次正方行列 A に対して，n 次正則行列 P が存在して

$$P^{-1}AP = \begin{pmatrix} J_{k_1}(\lambda_1) & & & O \\ & J_{k_2}(\lambda_2) & & \\ & & \ddots & \\ O & & & J_{k_r}(\lambda_r) \end{pmatrix}$$

とできる．ただし，$\lambda_1, \lambda_2, \cdots, \lambda_r$ は A の固有値，$k_1 + k_2 + \cdots + k_r = n$ である．（ジョルダン行列 $P^{-1}AP$ を A の**ジョルダン標準形**という．）

このとき，行列 A は**ジョルダン標準化可能**であるといい，P を**変換行列**という．また，A は変換行列 P で**標準化される**という．（2 次と 3 次の変換行列 P の求め方は問 5.14 ～ 問 5.17 で扱う．なお，n 次の場合の証明は適当な専門書を参照せよ．）

例題 5.13　次の行列 A を標準化せよ．

(1) $\begin{pmatrix} 1 & 1 \\ -1 & 3 \end{pmatrix}$　　(2) $\begin{pmatrix} 1 & 0 & 1 \\ -3 & 3 & 2 \\ 1 & -1 & 2 \end{pmatrix}$

解答　(1) $A = \begin{pmatrix} 1 & 1 \\ -1 & 3 \end{pmatrix}$ の固有値 λ は，$|\lambda E - A| = (\lambda - 2)^2$ より $\lambda = 2$（重複度 2）である．

(i) $(2E - A)\boldsymbol{x} = \boldsymbol{0}$ を考える．

$$2E - A = \begin{pmatrix} 1 & -1 \\ 1 & -1 \end{pmatrix} \underset{②+①\times(-1)}{\longrightarrow} \begin{pmatrix} 1 & -1 \\ 0 & 0 \end{pmatrix}$$

だから $(2E - A)\boldsymbol{x} = \boldsymbol{0}$ は自由度 $2 - 1 = 1$ の解を持つ．また，$\lambda = 2$ に対する固有ベクトル $\boldsymbol{x}$ は $x - y = 0$ の非自明解だから

$$\boldsymbol{x} = c\boldsymbol{p}, \quad \boldsymbol{p} = \begin{pmatrix} 1 \\ 1 \end{pmatrix} \quad (c \in \boldsymbol{R},\ c \neq 0)$$

(ii) 次に，$(2E - A)\boldsymbol{x} = -\boldsymbol{p}$ を考える．

$$\begin{pmatrix} 2E - A & -\boldsymbol{p} \end{pmatrix} = \left(\begin{array}{cc|c} 1 & -1 & -1 \\ 1 & -1 & -1 \end{array}\right) \underset{②+①\times(-1)}{\longrightarrow} \left(\begin{array}{cc|c} 1 & -1 & -1 \\ 0 & 0 & 0 \end{array}\right)$$

だから $(2E - A)\boldsymbol{x} = -\boldsymbol{p}$ すなわち $x - y = -1$ の解として $\boldsymbol{p}' = \begin{pmatrix} 0 \\ 1 \end{pmatrix}$ が取れる．（なお，一般解 $\boldsymbol{x}$ は $\boldsymbol{x} = c\boldsymbol{p} + \boldsymbol{p}'$ である．）

ここで，$P = \begin{pmatrix} \boldsymbol{p} & \boldsymbol{p}' \end{pmatrix} = \begin{pmatrix} 1 & 0 \\ 1 & 1 \end{pmatrix}$ とおくと，P は正則で

$$P^{-1}AP = J_2(2) = \begin{pmatrix} 2 & 1 \\ 0 & 2 \end{pmatrix}$$

となる（問 5.14 参照）. ■

(2) $A = \begin{pmatrix} 1 & 0 & 1 \\ -3 & 3 & 2 \\ 1 & -1 & 2 \end{pmatrix}$ の固有値 λ は，$|\lambda E - A| = (\lambda - 2)^3$ より $\lambda = 2$（重複度 3）である.

(i) $(2E - A)\boldsymbol{x} = \boldsymbol{0}$ を考える.

$$2E - A = \begin{pmatrix} 1 & 0 & -1 \\ 3 & -1 & -2 \\ -1 & 1 & 0 \end{pmatrix} \underset{\substack{③+① \\ ②+①\times(-3)}}{\longrightarrow} \begin{pmatrix} 1 & 0 & -1 \\ 0 & -1 & 1 \\ 0 & 1 & -1 \end{pmatrix} \underset{\substack{③+② \\ ②\times(-1)}}{\longrightarrow} \begin{pmatrix} 1 & 0 & -1 \\ 0 & 1 & -1 \\ 0 & 0 & 0 \end{pmatrix}$$

だから $(2E - A)\boldsymbol{x} = \boldsymbol{0}$ は自由度 $3 - 2 = 1$ の解を持つ．また，$\lambda = 2$ に対する固有ベクトル $\boldsymbol{x}$ は $\begin{cases} x - z = 0 \\ y - z = 0 \end{cases}$ の非自明解だから

$$\boldsymbol{x} = c\boldsymbol{p}, \quad \boldsymbol{p} = \begin{pmatrix} 1 \\ 1 \\ 1 \end{pmatrix} \quad (c \in \boldsymbol{R},\ c \neq 0)$$

(ii) 次に，$(2E - A)\boldsymbol{x} = -\boldsymbol{p}$ を考える.

$$\begin{pmatrix} 2E - A & -\boldsymbol{p} \end{pmatrix} = \left(\begin{array}{ccc|c} 1 & 0 & -1 & -1 \\ 3 & -1 & -2 & -1 \\ -1 & 1 & 0 & -1 \end{array}\right) \longrightarrow \left(\begin{array}{ccc|c} 1 & 0 & -1 & -1 \\ 0 & 1 & -1 & -2 \\ 0 & 0 & 0 & 0 \end{array}\right)$$

だから $(2E - A)\boldsymbol{x} = -\boldsymbol{p}$ すなわち $\begin{cases} x - z = -1 \\ y - z = -2 \end{cases}$ の解として $\boldsymbol{p}' = \begin{pmatrix} 1 \\ 0 \\ 2 \end{pmatrix}$ が取れる．（なお，一般解 $\boldsymbol{x}$ は $\boldsymbol{x} = c\boldsymbol{p} + \boldsymbol{p}'$ である.）

(iii) 次に，$(2E - A)\boldsymbol{x} = -\boldsymbol{p}'$ を考える.

$$\begin{pmatrix} 2E - A & -\boldsymbol{p}' \end{pmatrix} = \left(\begin{array}{ccc|c} 1 & 0 & -1 & -1 \\ 3 & -1 & -2 & 0 \\ -1 & 1 & 0 & -2 \end{array}\right) \longrightarrow \left(\begin{array}{ccc|c} 1 & 0 & -1 & -1 \\ 0 & 1 & -1 & -3 \\ 0 & 0 & 0 & 0 \end{array}\right)$$

だから $(2E-A)\boldsymbol{x}=-\boldsymbol{p}'$ すなわち $\begin{cases} x-z=-1 \\ y-z=-3 \end{cases}$ の解として $\boldsymbol{p}''=\begin{pmatrix} 1 \\ -1 \\ 2 \end{pmatrix}$ が取れる．（なお，一般解 $\boldsymbol{x}$ は $\boldsymbol{x}=c\boldsymbol{p}+\boldsymbol{p}''$ である．）

ここで，$P=\begin{pmatrix}\boldsymbol{p} & \boldsymbol{p}' & \boldsymbol{p}''\end{pmatrix}=\begin{pmatrix} 1 & 1 & 1 \\ 1 & 0 & -1 \\ 1 & 2 & 2 \end{pmatrix}$ とおくと，P は正則で

$$P^{-1}AP=J_3(2)=\begin{pmatrix} 2 & 1 & 0 \\ 0 & 2 & 1 \\ 0 & 0 & 2 \end{pmatrix}$$

となる（問 5.15 参照）． ■

5.4 章末問題*

♦ 固有値の性質 ♦

n 次正方行列 $A=(a_{ij})$ の対角成分の和を A の**トレース** (trace) といい，$\mathrm{tr}\,A$ と表す．すなわち，$\mathrm{tr}\,A=a_{11}+a_{22}+\cdots+a_{nn}$ である．

問 5.8　行列 $A=\begin{pmatrix} a & b \\ c & d \end{pmatrix}$ の固有値 λ は，$\lambda=\dfrac{1}{2}\,\mathrm{tr}\,A\pm\dfrac{1}{2}\sqrt{(\mathrm{tr}\,A)^2-4|A|}$ で与えられることを示せ．

問 5.9　n 次正方行列 A の固有値 $\lambda_1,\lambda_2,\cdots,\lambda_n$ に対して，次を示せ．

(1) $\mathrm{tr}\,A=\lambda_1+\lambda_2+\cdots+\lambda_n$　　(2) $|A|=\lambda_1\lambda_2\cdots\lambda_n$

♦ 行列の対角化 ♦

n 次正方行列 A の固有値 λ に対する固有ベクトル全体の集合に，零ベクトル $\mathbf{0}$ を付け加えて得られる集合 $V(\lambda)=\{\boldsymbol{x}\in\boldsymbol{C}^n \mid (\lambda E-A)\boldsymbol{x}=\mathbf{0}\}$ を行列 A の固有値 λ に対する**固有空間**という．また，解空間の次元定理（問 4.30）から $\dim V(\lambda)=n-\mathrm{rank}\,(\lambda E-A)$ が成り立つ．

特に，A が実行列で固有値 λ も全て実数の場合には，固有空間 $V(\lambda)$ を $\boldsymbol{R}^n$ の部分空間として扱うことができる．すなわち，$V(\lambda)=\{\boldsymbol{x}\in\boldsymbol{R}^n \mid (\lambda E-A)\boldsymbol{x}=\mathbf{0}\}$ である．また，$\mathrm{rank}\,(\lambda E-A)=r$ のとき，同次方程式 $(\lambda E-A)\boldsymbol{x}=\mathbf{0}$ の 1 組の基本解が $\boldsymbol{x}_1,\boldsymbol{x}_2,\cdots,\boldsymbol{x}_{n-r}$ であれば，$V(\lambda)=\langle\boldsymbol{x}_1,\boldsymbol{x}_2,\cdots,\boldsymbol{x}_{n-r}\rangle$ である．

問 5.10　次の行列 A の固有値 λ に対する固有空間 $V(\lambda)$ とその次元 $\dim V(\lambda)$ を求めよ．

(1) $\begin{pmatrix} 2 & -1 \\ -1 & 2 \end{pmatrix}$　(2) $\begin{pmatrix} 1 & 2 \\ 3 & 2 \end{pmatrix}$　(3) $\begin{pmatrix} 3 & 3 & 1 \\ 1 & 5 & 1 \\ 0 & 0 & 2 \end{pmatrix}$　(4) $\begin{pmatrix} 3 & 1 & -2 \\ 0 & 2 & 0 \\ 1 & 1 & 0 \end{pmatrix}$

問 5.11 n 次正方行列 A の固有値 α の重複度が ℓ ならば「$1 \leqq \dim V(\alpha) \leqq \ell$」が成り立つことを示せ.

問 5.12 (行列の対角化) n 次正方行列 A に対して，次の同値性を示せ.

(a) A は対角化可能である

(b) n 個の 1 次独立な A の固有ベクトルが存在する

(c) $\dim V(\lambda_j) = n_j \quad (1 \leqq j \leqq r)$

ただし，$n_1, n_2, \cdots, n_r$ は，それぞれ A の相異なる固有値 $\lambda_1, \lambda_2, \cdots, \lambda_r$ の重複度であり，$n_1 + n_2 + \cdots + n_r = n$ を満たす.

問 5.13 A を 2 次の実行列とし，$\lambda = \alpha + i\beta$ $(\alpha, \beta \in \boldsymbol{R},\ \beta \neq 0)$ を A の 1 つの固有値，対応する固有ベクトルを $\boldsymbol{p}$ とする．このとき，次を示せ.

(1) $\overline{\lambda} = \alpha - i\beta$ も A の固有値であり，対応する固有ベクトルとして $\overline{\boldsymbol{p}}$ が取れる

(2) $P = \begin{pmatrix} \boldsymbol{p} & \overline{\boldsymbol{p}} \end{pmatrix}$ とおくと，P は正則で $P^{-1}AP = \begin{pmatrix} \alpha + i\beta & 0 \\ 0 & \alpha - i\beta \end{pmatrix}$

(3) $Q = P\begin{pmatrix} -i & 1 \\ 1 & -i \end{pmatrix}$ とおくと，Q は正則で $Q^{-1}AQ = \begin{pmatrix} \alpha & -\beta \\ \beta & \alpha \end{pmatrix}$

◆ 行列の標準化 ◆

問 5.14 2 次正方行列 A の固有値 λ は $\lambda = \alpha$ (重複度 2) であり

・$\dim V(\alpha) = 1$ かつ $V(\alpha) = \langle \boldsymbol{p} \rangle$

・$(\alpha E - A)\boldsymbol{x} = -\boldsymbol{p}$ の 1 つの解として $\boldsymbol{x} = \boldsymbol{p}'$ $(\neq \boldsymbol{0})$ が取れる

とする．このとき，次を示せ.

(1) $(\alpha E - A)^2 \boldsymbol{p}' = \boldsymbol{0}$ であり，$\boldsymbol{p}, \boldsymbol{p}'$ は 1 次独立である

(2) $P = \begin{pmatrix} \boldsymbol{p} & \boldsymbol{p}' \end{pmatrix}$ とすると，P は正則で

$$P^{-1}AP = J_2(\alpha) = \begin{pmatrix} \alpha & 1 \\ 0 & \alpha \end{pmatrix}$$

問 5.15 3 次正方行列 A の固有値 λ は $\lambda = \alpha$ (重複度 3) であり

・$\dim V(\alpha) = 1$ かつ $V(\alpha) = \langle \boldsymbol{p} \rangle$

・$(\alpha E - A)\boldsymbol{x} = -\boldsymbol{p}$ の 1 つの解として $\boldsymbol{x} = \boldsymbol{p}'$ $(\neq \boldsymbol{0})$ が取れる

・$(\alpha E - A)\boldsymbol{x} = -\boldsymbol{p}'$ の 1 つの解として $\boldsymbol{x} = \boldsymbol{p}''$ $(\neq \boldsymbol{0})$ が取れる

とする．このとき，次を示せ.

(1) $(\alpha E - A)^2 \boldsymbol{p}' = \boldsymbol{0}$, $(\alpha E - A)^3 \boldsymbol{p}'' = \boldsymbol{0}$ であり，$\boldsymbol{p}, \boldsymbol{p}', \boldsymbol{p}''$ は 1 次独立である

(2) $P = \begin{pmatrix} \boldsymbol{p} & \boldsymbol{p}' & \boldsymbol{p}'' \end{pmatrix}$ とすると，P は正則で

$$P^{-1}AP = J_3(\alpha) = \begin{pmatrix} \alpha & 1 & 0 \\ 0 & \alpha & 1 \\ 0 & 0 & \alpha \end{pmatrix}$$

問 5.16　3 次正方行列 A の固有値 λ は $\lambda = \alpha$（重複度 3）であり

・$\dim V(\alpha) = 2$ かつ $V(\alpha) = \langle \boldsymbol{p}, \boldsymbol{q} \rangle$

・$(\alpha E - A)\boldsymbol{x} = -\boldsymbol{p}$ の 1 つの解として $\boldsymbol{x} = \boldsymbol{p}'$ $(\neq \boldsymbol{0})$ が取れる

とする．このとき，次を示せ．

(1) $(\alpha E - A)^2 \boldsymbol{p}' = \boldsymbol{0}$ であり，$\boldsymbol{p}, \boldsymbol{p}', \boldsymbol{q}$ は 1 次独立である

(2) $P = \begin{pmatrix} \boldsymbol{p} & \boldsymbol{p}' & \boldsymbol{q} \end{pmatrix}$ とすると，P は正則で

$$P^{-1}AP = \begin{pmatrix} J_2(\alpha) & O \\ O & J_1(\alpha) \end{pmatrix} = \begin{pmatrix} \alpha & 1 & 0 \\ 0 & \alpha & 0 \\ 0 & 0 & \alpha \end{pmatrix}$$

（補足）問 5.16 の仮定で $(\alpha E - A)\boldsymbol{x} = -\boldsymbol{p}$ が解を持たない場合は，$(\alpha E - A)\boldsymbol{x} = -(a\boldsymbol{p} + b\boldsymbol{q})$（$a, b$ は定数）が解を持つように a と b $(\neq 0)$ を選び，$\boldsymbol{u} = a\boldsymbol{p} + b\boldsymbol{q}$, $\boldsymbol{v} = \boldsymbol{p}$ とおく．このとき，$V(\alpha) = \langle \boldsymbol{u}, \boldsymbol{v} \rangle$ だからこの $\boldsymbol{u}, \boldsymbol{v}$ を改めて $\boldsymbol{p}, \boldsymbol{q}$ と考えればよい．

問 5.17　3 次正方行列 A の固有値 λ は $\lambda = \alpha$（重複度 2），β であり

・$\dim V(\alpha) = 1$ かつ $V(\alpha) = \langle \boldsymbol{p} \rangle$

・$(\alpha E - A)\boldsymbol{x} = -\boldsymbol{p}$ の 1 つの解として $\boldsymbol{x} = \boldsymbol{p}'$ $(\neq \boldsymbol{0})$ が取れる

・$\dim V(\beta) = 1$ かつ $V(\beta) = \langle \boldsymbol{q} \rangle$

とする．このとき，次を示せ．

(1) $(\alpha E - A)^2 \boldsymbol{p}' = \boldsymbol{0}$ であり，$\boldsymbol{p}, \boldsymbol{p}', \boldsymbol{q}$ は 1 次独立である

(2) $P = \begin{pmatrix} \boldsymbol{p} & \boldsymbol{p}' & \boldsymbol{q} \end{pmatrix}$ とすると，P は正則で

$$P^{-1}AP = \begin{pmatrix} J_2(\alpha) & O \\ O & J_1(\beta) \end{pmatrix} = \begin{pmatrix} \alpha & 1 & 0 \\ 0 & \alpha & 0 \\ 0 & 0 & \beta \end{pmatrix}$$

問 5.18　次の行列 A を標準化せよ．

(1) $\begin{pmatrix} 2 & -1 \\ 1 & 4 \end{pmatrix}$　(2) $\begin{pmatrix} 1 & 4 & 1 \\ 0 & 2 & 0 \\ -1 & 4 & 3 \end{pmatrix}$　(3) $\begin{pmatrix} 3 & 0 & 0 \\ -1 & 2 & 1 \\ -1 & -1 & 4 \end{pmatrix}$　(4) $\begin{pmatrix} 3 & -2 & 1 \\ 0 & 3 & 0 \\ -1 & 2 & 1 \end{pmatrix}$

（補足）行列の分割についての定理 1.5 よりジョルダン行列の m 乗は対角線上に沿って並んでいるジョルダン細胞の m 乗となることが分かる．なお，ジョルダン細胞の m 乗については問 1.43 を参照せよ．

問 5.19　次の行列 A の m 乗 $(m \geqq 2)$ を求めよ．

(1) $\begin{pmatrix} 1 & 1 \\ -1 & 3 \end{pmatrix}$　(2) $\begin{pmatrix} 1 & 0 & 1 \\ -3 & 3 & 2 \\ 1 & -1 & 2 \end{pmatrix}$　(3) $\begin{pmatrix} 2 & -1 \\ 1 & 4 \end{pmatrix}$　(4) $\begin{pmatrix} 1 & 4 & 1 \\ 0 & 2 & 0 \\ -1 & 4 & 3 \end{pmatrix}$

第6章

内積空間

6.1 内　積

◆ 空間ベクトルの内積 ◆

空間の $\mathbf{0}$ でない 2 つのベクトル $\boldsymbol{a}, \boldsymbol{b}$ に対して，原点 O を始点として，$\boldsymbol{a} = \overrightarrow{\mathrm{OA}}$, $\boldsymbol{b} = \overrightarrow{\mathrm{OB}}$ となる点 A, B を取る．このとき，$\angle \mathrm{AOB} = \theta$ $(0 \leqq \theta \leqq \pi)$ を $\boldsymbol{a}$ と $\boldsymbol{b}$ の**なす角**という．また，ベクトル $\boldsymbol{a}$ の大きさ（すなわち線分 OA の長さ）を $\|\boldsymbol{a}\|$ と表す．

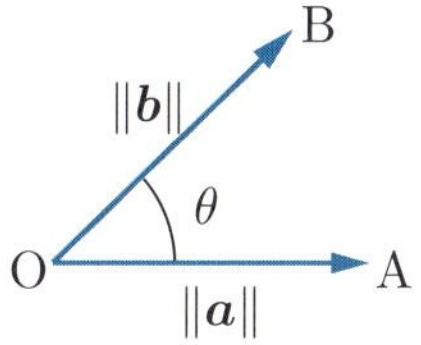

$\|\boldsymbol{a}\|\|\boldsymbol{b}\|\cos\theta$ を $\boldsymbol{a}$ と $\boldsymbol{b}$ の**内積**といい，$(\boldsymbol{a}\,,\,\boldsymbol{b})$ と書く．すなわち

$$(\boldsymbol{a}\,,\,\boldsymbol{b}) = \|\boldsymbol{a}\|\|\boldsymbol{b}\|\cos\theta$$

ただし，$\boldsymbol{a} = \mathbf{0}$ または $\boldsymbol{b} = \mathbf{0}$ のときは，$(\boldsymbol{a}\,,\,\boldsymbol{b}) = 0$ と定める．

例 6.1　$\|\boldsymbol{a}\| = 1, \|\boldsymbol{b}\| = 2$ とする．

(1) $\theta = \dfrac{\pi}{6}$ のとき，$(\boldsymbol{a}\,,\,\boldsymbol{b}) = 1 \cdot 2 \cdot \cos\dfrac{\pi}{6} = \sqrt{3}$

(2) $\theta = \dfrac{\pi}{2}$ のとき，$(\boldsymbol{a}\,,\,\boldsymbol{b}) = 1 \cdot 2 \cdot \cos\dfrac{\pi}{2} = 0$

(3) $\theta = \dfrac{2\pi}{3}$ のとき，$(\boldsymbol{a}\,,\,\boldsymbol{b}) = 1 \cdot 2 \cdot \cos\dfrac{2\pi}{3} = -1$

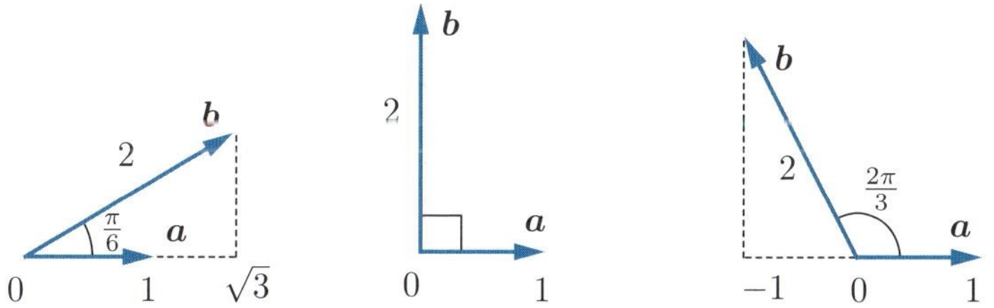

(1)　　(2)　　(3)

一般に，$\mathbf{0}$ でない 2 つのベクトル $\boldsymbol{a}, \boldsymbol{b}$ に対して

(i) $0 \leqq \theta < \pi/2$ のとき，$(\boldsymbol{a}\,, \boldsymbol{b}) > 0$

(ii) $\theta = \pi/2$ のとき，$(\boldsymbol{a}\,, \boldsymbol{b}) = 0$

(iii) $\pi/2 < \theta \leqq \pi$ のとき，$(\boldsymbol{a}\,, \boldsymbol{b}) < 0$

特に，$\theta = \pi/2$ のとき，$\boldsymbol{a}$ と $\boldsymbol{b}$ は**直交する**といい，$\boldsymbol{a} \perp \boldsymbol{b}$ と表す．

$\boldsymbol{a}$ と $\boldsymbol{a}$ のなす角は 0 だから

$$(\boldsymbol{a}\,, \boldsymbol{a}) = \|\boldsymbol{a}\|^2 \cos 0 = \|a\|^2$$

また，$\boldsymbol{a}$ と $\boldsymbol{b}$ のなす角を θ とすると，$-1 \leqq \cos\theta \leqq 1$ より

$$|(\boldsymbol{a}\,, \boldsymbol{b})| = \|\boldsymbol{a}\|\|\boldsymbol{b}\||\cos\theta| \leqq \|\boldsymbol{a}\|\|\boldsymbol{b}\|$$

が成り立つ．すなわち

$$\|\boldsymbol{a}\| = \sqrt{(\boldsymbol{a}\,, \boldsymbol{a})}, \qquad |(\boldsymbol{a}\,, \boldsymbol{b})| \leqq \|\boldsymbol{a}\|\|\boldsymbol{b}\|$$

♦ 内積の成分表示 ♦

$\boldsymbol{a} = \overrightarrow{\mathrm{OA}}, \boldsymbol{b} = \overrightarrow{\mathrm{OB}}, \angle\mathrm{AOB} = \theta$ として，$\triangle\mathrm{OAB}$ に余弦定理を用いると

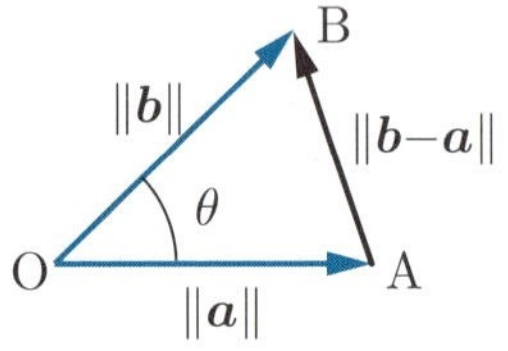

$$\mathrm{AB}^2 = \mathrm{OA}^2 + \mathrm{OB}^2 - 2\cdot\mathrm{OA}\cdot\mathrm{OB}\cdot\cos\theta$$

すなわち

$$\|\boldsymbol{b} - \boldsymbol{a}\|^2 = \|\boldsymbol{a}\|^2 + \|\boldsymbol{b}\|^2 - 2\|\boldsymbol{a}\|\|\boldsymbol{b}\|\cos\theta$$

ここで，$\boldsymbol{a} = {}^t\begin{pmatrix} a_1 & a_2 & a_3 \end{pmatrix}, \boldsymbol{b} = {}^t\begin{pmatrix} b_1 & b_2 & b_3 \end{pmatrix}$ とすると

$$\begin{aligned}(\boldsymbol{a}\,, \boldsymbol{b}) &= \|\boldsymbol{a}\|\|\boldsymbol{b}\|\cos\theta = \frac{1}{2}(\|\boldsymbol{a}\|^2 + \|\boldsymbol{b}\|^2 - \|\boldsymbol{b} - \boldsymbol{a}\|^2) \\ &= \frac{1}{2}\big((a_1^2 + a_2^2 + a_3^2) + (b_1^2 + b_2^2 + b_3^2) \\ &\qquad - ((b_1 - a_1)^2 + (b_2 - a_2)^2 + (b_3 - a_3)^2)\big) \\ &= a_1b_1 + a_2b_2 + a_3b_3\end{aligned}$$

よって

$$(\boldsymbol{a}\,, \boldsymbol{b}) = a_1b_1 + a_2b_2 + a_3b_3$$

問 6.1 $\boldsymbol{a} = {}^t\begin{pmatrix} -3 & 1 & -2 \end{pmatrix}, \boldsymbol{b} = {}^t\begin{pmatrix} 4 & -3 & 1 \end{pmatrix}$ に対して，次の内積の値を求めよ．

(1) $(\boldsymbol{a}\,, \boldsymbol{a})$ (2) $(\boldsymbol{b}\,, \boldsymbol{b})$ (3) $(2\boldsymbol{a}\,, -3\boldsymbol{b})$ (4) $(\boldsymbol{a}+\boldsymbol{b}\,, \boldsymbol{a}-\boldsymbol{b})$

問 6.2 (1) $\boldsymbol{a} = {}^t\begin{pmatrix} 1 & 2 & 1 \end{pmatrix}, \boldsymbol{b} = {}^t\begin{pmatrix} -2 & 2 & 4 \end{pmatrix}$ のなす角 θ $(0 \leqq \theta \leqq \pi)$ を求めよ．

(2) $\boldsymbol{a} = {}^t\begin{pmatrix} -3 & x & 2 \end{pmatrix}, \boldsymbol{b} = {}^t\begin{pmatrix} 2 & 6 & -3 \end{pmatrix}$ が直交するための条件を求めよ．

(3) $\boldsymbol{a} = {}^t\begin{pmatrix} 1 & 2 & 6 \end{pmatrix}, \boldsymbol{b} = {}^t\begin{pmatrix} -1 & 1 & 0 \end{pmatrix}$ の両方と直交し，大きさが 3 であるベクトル $\boldsymbol{c}$ を求めよ．

ベクトル $\boldsymbol{a}, \boldsymbol{b}, \boldsymbol{c}$ と実数 α に対して，次の性質が成り立つ．

定理 6.1

(1) $(\boldsymbol{a}+\boldsymbol{b}, \boldsymbol{c}) = (\boldsymbol{a}, \boldsymbol{c}) + (\boldsymbol{b}, \boldsymbol{c})$

(2) $(\boldsymbol{a}, \boldsymbol{b}) = (\boldsymbol{b}, \boldsymbol{a})$

(3) $(\alpha\boldsymbol{a}, \boldsymbol{b}) = \alpha(\boldsymbol{a}, \boldsymbol{b})$

(4) $(\boldsymbol{a}, \boldsymbol{a}) \geqq 0$,　等号は $\boldsymbol{a} = \boldsymbol{0}$ のときに限る

証明　(1) $\boldsymbol{a} = {}^t\begin{pmatrix} a_1 & a_2 & a_3 \end{pmatrix}$, $\boldsymbol{b} = {}^t\begin{pmatrix} b_1 & b_2 & b_3 \end{pmatrix}$, $\boldsymbol{c} = {}^t\begin{pmatrix} c_1 & c_2 & c_3 \end{pmatrix}$ とすると

$$\begin{aligned}(\boldsymbol{a}+\boldsymbol{b}, \boldsymbol{c}) &= (a_1+b_1)c_1 + (a_2+b_2)c_2 + (a_3+b_3)c_3 \\ &= (a_1c_1 + a_2c_2 + a_3c_3) + (b_1c_1 + b_2c_2 + b_3c_3) \\ &= (\boldsymbol{a}, \boldsymbol{c}) + (\boldsymbol{b}, \boldsymbol{c})\end{aligned}$$

(2) 〜 (4) についても同様に示せる．■

問 6.3　定理 6.1 (2) (3) (4) の性質を示せ．

同様にして，平面ベクトルにも内積が定義できる．定理 6.1 は幾何ベクトルの内積を特徴付ける性質である．

6.2 内積空間

幾何ベクトルの内積を特徴付ける性質（定理 6.1）を一般化して線形空間における内積を導入する．

♦ 内積の定義 ♦

V を実線形空間とする．ベクトル $\boldsymbol{a}, \boldsymbol{b} \in V$ に対して，実数 $(\boldsymbol{a}, \boldsymbol{b})$ が定まり，次の条件を満たすとき，実数 $(\boldsymbol{a}, \boldsymbol{b})$ を $\boldsymbol{a}$ と $\boldsymbol{b}$ の**実内積**という．

(1)　$(\boldsymbol{a}+\boldsymbol{b}, \boldsymbol{c}) = (\boldsymbol{a}, \boldsymbol{c}) + (\boldsymbol{b}, \boldsymbol{c})$

(2)　$(\boldsymbol{a}, \boldsymbol{b}) = (\boldsymbol{b}, \boldsymbol{a})$

(3)　$(\alpha\boldsymbol{a}, \boldsymbol{b}) = \alpha(\boldsymbol{a}, \boldsymbol{b})$　$(\alpha \in \boldsymbol{R})$

(4)　$(\boldsymbol{a}, \boldsymbol{a}) \geqq 0$,　等号は $\boldsymbol{a} = \boldsymbol{0}$ のときに限る

条件 (1) 〜 (4) を**実内積の公理**という．

注意　複素線形空間に対する**複素内積**（**エルミート内積**ともいう）も定義できる．その際は，条件 (2) を $(\boldsymbol{a}, \boldsymbol{b}) = \overline{(\boldsymbol{b}, \boldsymbol{a})}$ に変更し，条件 (3) を $\alpha \in \boldsymbol{C}$ に対して考えれば**複素内積の公理**が得られる（章末問題参照）．

実内積と複素内積を総称して**内積**といい，内積が定義された線形空間を**内積空間**または**計量線形空間**という．

V を実内積を持つ内積空間とする．内積の定義から $\boldsymbol{a}, \boldsymbol{b}, \boldsymbol{c} \in V$ に対して，次の性質が分かる．

$$(\boldsymbol{a}\,,\boldsymbol{0}) = (\boldsymbol{0}\,,\boldsymbol{a}) = 0, \qquad (\boldsymbol{a}\,,\boldsymbol{b}+\boldsymbol{c}) = (\boldsymbol{a}\,,\boldsymbol{b}) + (\boldsymbol{a}\,,\boldsymbol{c})$$
$$(\boldsymbol{a}\,,\alpha\boldsymbol{b}) = \alpha(\boldsymbol{a}\,,\boldsymbol{b}) \quad (\alpha \in \boldsymbol{R})$$

問 6.4　上記の性質を示せ．

問 6.5　$\boldsymbol{a}, \boldsymbol{b}, \boldsymbol{c} \in V$ に対して，次の内積を $(\boldsymbol{a}\,,\boldsymbol{b}), (\boldsymbol{b}\,,\boldsymbol{c}), (\boldsymbol{c}\,,\boldsymbol{a})$ を用いて表せ．　(1) $(\boldsymbol{a}+2\boldsymbol{b}\,,3\boldsymbol{c})$　(2) $(4\boldsymbol{b}\,,3\boldsymbol{c}-\boldsymbol{a})$　(3) $(3\boldsymbol{a}-\boldsymbol{b}\,,3\boldsymbol{c}+\boldsymbol{a})+(\boldsymbol{a}\,,\boldsymbol{b}-3\boldsymbol{a})$

例 6.2　$\boldsymbol{R}^n$ のベクトル $\boldsymbol{a} = {}^t(a_1\ \cdots\ a_n)$, $\boldsymbol{b} = {}^t(b_1\ \cdots\ b_n)$ に対して

$$(\boldsymbol{a}\,,\boldsymbol{b}) = {}^t\boldsymbol{a}\boldsymbol{b} = a_1b_1 + a_2b_2 + \cdots + a_nb_n$$

と定めれば，$(\boldsymbol{a}\,,\boldsymbol{b})$ は $\boldsymbol{R}^n$ の内積となる．この内積を内積空間 $\boldsymbol{R}^n$ の**標準内積**という．

注意　内積の定め方は一意的ではない．例えば，$\boldsymbol{a}, \boldsymbol{b} \in \boldsymbol{R}^3$ に対して，$(\boldsymbol{a}\,,\boldsymbol{b}) = a_1b_1 + 2a_2b_2 + 3a_3b_3$ と定めても，この $(\boldsymbol{a}\,,\boldsymbol{b})$ は $\boldsymbol{R}^3$ の内積となる．すなわち，内積の公理を満たす．しかし，特に断らない限り $\boldsymbol{R}^n$ における内積は標準内積を取ることにする．

例 6.3　n 次正方行列全体の作る線形空間 $M_{n\times n}(\boldsymbol{R})$ において

$$(A\,,B) = \mathrm{tr}\,({}^tA\,B) \quad (A,\ B \in M_{n\times n}(\boldsymbol{R}))$$

と定めれば，$(A\,,B)$ は $M_{n\times n}(\boldsymbol{R})$ の内積となる．ただし，$\mathrm{tr}\,A$ は行列 A の対角成分の和 $a_{11} + a_{22} + \cdots + a_{nn}$ である．

例 6.4　$I = [a,b]$ で連続な関数全体の作る線形空間 $C^0(I)$ において

$$(f\,,g) = \int_a^b f(x)g(x)\,dx \quad (f,\ g \in C^0(I))$$

と定めれば，$(f\,,g)$ は $C^0(I)$ の内積となる．

問 6.6　A を n 次正方行列とすれば，$\boldsymbol{a}, \boldsymbol{b} \in \boldsymbol{R}^n$ に対して $(A\boldsymbol{a}\,,\boldsymbol{b}) = (\boldsymbol{a}\,,{}^tA\boldsymbol{b})$ が成り立つことを示せ．

♦ ノルム (norm) ♦

内積空間 V のベクトル $\boldsymbol{a}$ に対して $\sqrt{(\boldsymbol{a}\,,\boldsymbol{a})}$ を $\boldsymbol{a}$ の**ノルム**または**大きさ**といい，$\|\boldsymbol{a}\|$ と表す．すなわち

$$\|\boldsymbol{a}\| = \sqrt{(\boldsymbol{a}\,,\boldsymbol{a})}$$

内積の公理 (4) より $\|\boldsymbol{a}\| \geqq 0$ (等号は $\boldsymbol{a} = \boldsymbol{0}$ のときに限る)，内積の公理 (2) と (3) より $\alpha \in \boldsymbol{R}$ に対して $\|\alpha\boldsymbol{a}\| = |\alpha|\|\boldsymbol{a}\|$ が成り立つ．

問 6.7 $\boldsymbol{a}, \boldsymbol{b} \in V$ に対して，次を示せ．

(1) $\|\boldsymbol{a}+\boldsymbol{b}\|^2 = \|\boldsymbol{a}\|^2 + \|\boldsymbol{b}\|^2 \iff (\boldsymbol{a}, \boldsymbol{b}) = 0$ （ピタゴラスの定理）

(2) $\|\boldsymbol{a}+\boldsymbol{b}\|^2 + \|\boldsymbol{a}-\boldsymbol{b}\|^2 = 2(\|\boldsymbol{a}\|^2 + \|\boldsymbol{b}\|^2)$ （中線定理）

(3) $\|\boldsymbol{a}\| = \|\boldsymbol{b}\| \iff (\boldsymbol{a}+\boldsymbol{b}, \boldsymbol{a}-\boldsymbol{b}) = 0$

特に，$V = \boldsymbol{R}^n$ のとき，$(\boldsymbol{a}, \boldsymbol{a}) = a_1^2 + a_2^2 + \cdots + a_n^2$ より

$$\|\boldsymbol{a}\| = \sqrt{a_1^2 + a_2^2 + \cdots + a_n^2} \qquad (\boldsymbol{a} \in \boldsymbol{R}^n)$$

問 6.8 $\boldsymbol{a} = {}^t\begin{pmatrix} 2 & -1 & -3 & 1 \end{pmatrix}, \boldsymbol{b} = {}^t\begin{pmatrix} -3 & 4 & -5 & 2 \end{pmatrix} \in \boldsymbol{R}^4$ に対して，次の値を求めよ．

(1) $\|\boldsymbol{a}\|$　(2) $\|\boldsymbol{b}\|$　(3) $\|\boldsymbol{a}+\boldsymbol{b}\|$　(4) $\|\boldsymbol{a}-\boldsymbol{b}\|$

定理 6.2

内積空間 V のベクトル $\boldsymbol{a}, \boldsymbol{b}$ に対して，次が成り立つ．

(1) $\|\boldsymbol{a}\| \geqq 0$,　等号は $\boldsymbol{a} = \boldsymbol{0}$ のときに限る

(2) $\|\alpha\boldsymbol{a}\| = |\alpha|\|\boldsymbol{a}\| \quad (\alpha \in \boldsymbol{R})$

(3) $|(\boldsymbol{a}, \boldsymbol{b})| \leqq \|\boldsymbol{a}\|\|\boldsymbol{b}\|$ （シュワルツ (Schwarz) の不等式）

(4) $\|\boldsymbol{a}+\boldsymbol{b}\| \leqq \|\boldsymbol{a}\| + \|\boldsymbol{b}\|$ （3 角不等式）

注意 定理 6.2 の (1) (2) (4) をノルムの公理という．

証明 (1) と (2) はすでに示した．

(3) $\boldsymbol{a} = \boldsymbol{0}$ のときは明らかだから $\boldsymbol{a} \neq \boldsymbol{0}$ とする．実数 x に対して

$$\begin{aligned}\|x\boldsymbol{a}+\boldsymbol{b}\|^2 &= (x\boldsymbol{a}+\boldsymbol{b}, x\boldsymbol{a}+\boldsymbol{b}) = (x\boldsymbol{a}, x\boldsymbol{a}) + (x\boldsymbol{a}, \boldsymbol{b}) + (\boldsymbol{b}, x\boldsymbol{a}) + (\boldsymbol{b}, \boldsymbol{b}) \\ &= \|\boldsymbol{a}\|^2x^2 + 2(\boldsymbol{a}, \boldsymbol{b})x + \|\boldsymbol{b}\|^2\end{aligned}$$

だから $\|\boldsymbol{a}\|^2x^2 + 2(\boldsymbol{a}, \boldsymbol{b})x + \|\boldsymbol{b}\|^2 \geqq 0$．このとき，$x$ に関する 2 次式の判別式 D は非正だから $D/4 = |(\boldsymbol{a}, \boldsymbol{b})|^2 - \|\boldsymbol{a}\|^2\|\boldsymbol{b}\|^2 \leqq 0$．よって，$|(\boldsymbol{a}, \boldsymbol{b})| \leqq \|\boldsymbol{a}\|\|\boldsymbol{b}\|$．

(4) シュワルツの不等式より

$$\begin{aligned}\|\boldsymbol{a}+\boldsymbol{b}\|^2 &= (\boldsymbol{a}, \boldsymbol{a}) + (\boldsymbol{a}, \boldsymbol{b}) + (\boldsymbol{b}, \boldsymbol{a}) + (\boldsymbol{b}, \boldsymbol{b}) \\ &= \|\boldsymbol{a}\|^2 + 2(\boldsymbol{a}, \boldsymbol{b}) + \|\boldsymbol{b}\|^2 \leqq \|\boldsymbol{a}\|^2 + 2|(\boldsymbol{a}, \boldsymbol{b})| + \|\boldsymbol{b}\|^2 \\ &\leqq \|\boldsymbol{a}\|^2 + 2\|\boldsymbol{a}\|\|\boldsymbol{b}\| + \|\boldsymbol{b}\|^2 = (\|\boldsymbol{a}\| + \|\boldsymbol{b}\|)^2\end{aligned}$$

よって，$\|\boldsymbol{a}+\boldsymbol{b}\| \leqq \|\boldsymbol{a}\| + \|\boldsymbol{b}\|$． ■

例題 6.5 $\boldsymbol{a}, \boldsymbol{b} \in V$ に対して，$\big|\|\boldsymbol{a}\| - \|\boldsymbol{b}\|\big| \leqq \|\boldsymbol{a} - \boldsymbol{b}\|$ を示せ．

解答 3角不等式より

$$\|\boldsymbol{a}\| = \|(\boldsymbol{a} - \boldsymbol{b}) + \boldsymbol{b}\| \leqq \|\boldsymbol{a} - \boldsymbol{b}\| + \|\boldsymbol{b}\|$$
$$\|\boldsymbol{b}\| = \|\boldsymbol{a} + (-1)(\boldsymbol{a} - \boldsymbol{b})\| \leqq \|\boldsymbol{a}\| + \|\boldsymbol{a} - \boldsymbol{b}\|$$

だから $-\|\boldsymbol{a} - \boldsymbol{b}\| \leqq \|\boldsymbol{a}\| - \|\boldsymbol{b}\| \leqq \|\boldsymbol{a} - \boldsymbol{b}\|$ すなわち $\big|\|\boldsymbol{a}\| - \|\boldsymbol{b}\|\big| \leqq \|\boldsymbol{a} - \boldsymbol{b}\|$. ■

問 6.9 $\boldsymbol{a}, \boldsymbol{b} \in V$ に対して，$\big|\|\boldsymbol{a}\| - \|\boldsymbol{b}\|\big| \leqq \|\boldsymbol{a} + \boldsymbol{b}\|$ を示せ．

問 6.10 （行列のノルム）$M_{n\times n}(\boldsymbol{R})$ を例 6.3 で定められた内積を持つ内積空間とする．このとき，$A = (a_{ij}) \in M_{n\times n}(\boldsymbol{R})$ のノルム $\|A\| = \sqrt{(A, A)}$ に対して，次の等式を示せ．

$$\|A\| = \left(\sum_{i=1}^{n}\sum_{j=1}^{n} a_{ij}^2\right)^{\frac{1}{2}}$$

6.3 正規直交化

◆ ベクトルの直交性 ◆

内積空間 V の $\boldsymbol{0}$ でないベクトル $\boldsymbol{a}, \boldsymbol{b}$ に対して，シュワルツの不等式より $-\|\boldsymbol{a}\|\|\boldsymbol{b}\| \leqq (\boldsymbol{a}, \boldsymbol{b}) \leqq \|\boldsymbol{a}\|\|\boldsymbol{b}\|$ だから

$$-1 \leqq \frac{(\boldsymbol{a}, \boldsymbol{b})}{\|\boldsymbol{a}\|\|\boldsymbol{b}\|} \leqq 1$$

従って

$$\cos\theta = \frac{(\boldsymbol{a}, \boldsymbol{b})}{\|\boldsymbol{a}\|\|\boldsymbol{b}\|}$$

を満たす θ $(0 \leqq \theta \leqq \pi)$ がただ1つ定まる．この θ を $\boldsymbol{a}$ と $\boldsymbol{b}$ の**なす角**という．特に，$\theta = \pi/2$ のとき $(\boldsymbol{a}, \boldsymbol{b}) = 0$ となる．

このことを拡張して，$(\boldsymbol{a}, \boldsymbol{b}) = 0$ であるとき，$\boldsymbol{a}$ と $\boldsymbol{b}$ は**直交する**といい，$\boldsymbol{a} \perp \boldsymbol{b}$ と表す．ただし，$\boldsymbol{0}$ はすべてのベクトルと直交するものと考える．

◆ 正規直交基底 ◆

$\|\boldsymbol{a}\| = 1$ であるベクトル $\boldsymbol{a}$ を**単位ベクトル**という．

ベクトル $\boldsymbol{b}$ $(\neq \boldsymbol{0})$ に対して，$\boldsymbol{c} = \dfrac{1}{\|\boldsymbol{b}\|}\boldsymbol{b}$ とおくと，$\boldsymbol{c}$ は単位ベクトルとなる．実際，$\|\boldsymbol{c}\| = \left\|\dfrac{\boldsymbol{b}}{\|\boldsymbol{b}\|}\right\| = \dfrac{1}{\|\boldsymbol{b}\|}\|\boldsymbol{b}\| = 1$ である．ベクトルから単位ベクトルを作る操作をベクトルの**正規化**という．

$\mathbf{0}$ でないベクトル $\boldsymbol{a}_1, \boldsymbol{a}_2, \cdots, \boldsymbol{a}_r$ のどの 2 つも互いに直交しているとき，すなわち

$$(\boldsymbol{a}_i\,,\,\boldsymbol{a}_j) = 0 \qquad (i \neq j)$$

が成り立つとき，$\{\boldsymbol{a}_1, \boldsymbol{a}_2, \cdots, \boldsymbol{a}_r\}$ は**直交系**であるという．

さらに，$\boldsymbol{a}_1, \boldsymbol{a}_2, \cdots, \boldsymbol{a}_r$ がすべて単位ベクトルであるとき，すなわち

$$(\boldsymbol{a}_i\,,\,\boldsymbol{a}_j) = \delta_{ij} = \begin{cases} 1 & (i = j) \\ 0 & (i \neq j) \end{cases}$$

が成り立つとき，$\{\boldsymbol{a}_1, \boldsymbol{a}_2, \cdots, \boldsymbol{a}_r\}$ は**正規直交系**であるという．

また，V の基底が正規直交系であるとき，この基底を V の**正規直交基底**という．

例 6.6　$\left\{ \begin{pmatrix} -1 \\ 1 \\ 0 \end{pmatrix}, \begin{pmatrix} -1 \\ -1 \\ 2 \end{pmatrix}, \begin{pmatrix} 1 \\ 1 \\ 1 \end{pmatrix} \right\}$ は $\boldsymbol{R}^3$ の直交系である．

例 6.7　$\boldsymbol{R}^n$ の標準基底 $\{\boldsymbol{e}_1, \boldsymbol{e}_2, \cdots, \boldsymbol{e}_n\}$ は $\boldsymbol{R}^n$ の正規直交基底である．

定理 6.3

$\{\boldsymbol{a}_1, \boldsymbol{a}_2, \cdots, \boldsymbol{a}_r\}$ が直交系ならば，$\boldsymbol{a}_1, \boldsymbol{a}_2, \cdots, \boldsymbol{a}_r$ は 1 次独立である．

証明　$\alpha_1\boldsymbol{a}_1 + \alpha_2\boldsymbol{a}_2 + \cdots + \alpha_r\boldsymbol{a}_r = \mathbf{0}$ とすると，$j = 1, 2, \cdots, r$ に対して

$$\begin{aligned} 0 &= (\mathbf{0}\,,\,\boldsymbol{a}_j) = (\alpha_1\boldsymbol{a}_1 + \alpha_2\boldsymbol{a}_2 + \cdots + \alpha_r\boldsymbol{a}_r\,,\,\boldsymbol{a}_j) \\ &= \alpha_1(\boldsymbol{a}_1\,,\,\boldsymbol{a}_j) + \cdots + \alpha_j(\boldsymbol{a}_j\,,\,\boldsymbol{a}_j) + \cdots + \alpha_r(\boldsymbol{a}_r\,,\,\boldsymbol{a}_j) \\ &= \alpha_j(\boldsymbol{a}_j\,,\,\boldsymbol{a}_j) = \alpha_j\|\boldsymbol{a}_j\|^2 \end{aligned}$$

だから，$\boldsymbol{a}_j \neq \mathbf{0}$ より $\alpha_j = 0$ となる．従って，j の任意性より $\alpha_1 = \cdots = \alpha_r = 0$ すなわち $\boldsymbol{a}_1, \boldsymbol{a}_2, \cdots, \boldsymbol{a}_r$ は 1 次独立である．■

問 6.11　$\{\boldsymbol{v}_1, \boldsymbol{v}_2, \cdots, \boldsymbol{v}_m\}$ を内積空間 V の正規直交基底とし，$\boldsymbol{a}, \boldsymbol{b} \in V$ を $\boldsymbol{a} = a_1\boldsymbol{v}_1 + \cdots + a_m\boldsymbol{v}_m$, $\boldsymbol{b} = b_1\boldsymbol{v}_1 + \cdots + b_m\boldsymbol{v}_m$ とするとき，次を示せ．

$$(\boldsymbol{a}\,,\,\boldsymbol{b}) = a_1b_1 + a_2b_2 + \cdots + a_mb_m$$

♦ グラム・シュミットの直交化法 ♦

1 次独立なベクトルの組は直交系とは限らないが，そのベクトルの組から新たに直交系を構成することができる．

例 6.8　1 次独立なベクトル $\boldsymbol{a}_1, \boldsymbol{a}_2$ に対して，$\boldsymbol{b}_1 \perp \boldsymbol{b}_2$ かつ $\langle \boldsymbol{b}_1, \boldsymbol{b}_2 \rangle = \langle \boldsymbol{a}_1, \boldsymbol{a}_2 \rangle$ を満たすベクトル $\boldsymbol{b}_1, \boldsymbol{b}_2$ が存在する．

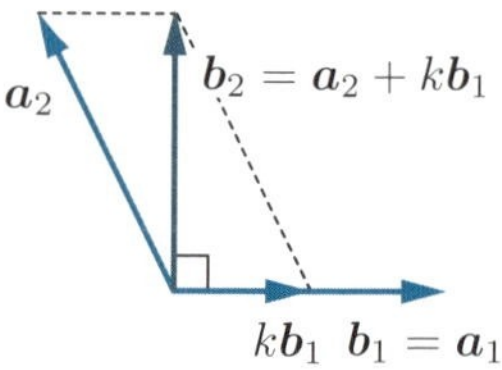

実際，$\boldsymbol{b}_1 = \boldsymbol{a}_1$, $\boldsymbol{b}_2 = \boldsymbol{a}_2 + k\boldsymbol{b}_1$ とおくと

$$(\boldsymbol{b}_2\,,\,\boldsymbol{b}_1) = (\boldsymbol{a}_2 + k\boldsymbol{b}_1\,,\,\boldsymbol{b}_1)$$
$$= (\boldsymbol{a}_2\,,\,\boldsymbol{b}_1) + k(\boldsymbol{b}_1, \boldsymbol{b}_1)$$

だから $k = -\dfrac{(\boldsymbol{a}_2\,,\,\boldsymbol{b}_1)}{(\boldsymbol{b}_1\,,\,\boldsymbol{b}_1)}$ のとき，$\boldsymbol{b}_1 \perp \boldsymbol{b}_2$ となる．

また，$\langle \boldsymbol{b}_1, \boldsymbol{b}_2 \rangle = \langle \boldsymbol{a}_1, \boldsymbol{a}_2 \rangle$ が成り立つ．

定 理 6.4（グラム・シュミット (Gram-Schmit) の直交化法）

V を内積空間とし，$\boldsymbol{a}_1, \boldsymbol{a}_2, \cdots, \boldsymbol{a}_r$ を V の 1 次独立なベクトルとする．このとき

$$\boldsymbol{b}_1 = \boldsymbol{a}_1$$
$$\boldsymbol{b}_2 = \boldsymbol{a}_2 - \frac{(\boldsymbol{a}_2\,,\,\boldsymbol{b}_1)}{(\boldsymbol{b}_1\,,\,\boldsymbol{b}_1)}\boldsymbol{b}_1$$
$$\boldsymbol{b}_3 = \boldsymbol{a}_3 - \frac{(\boldsymbol{a}_3\,,\,\boldsymbol{b}_1)}{(\boldsymbol{b}_1\,,\,\boldsymbol{b}_1)}\boldsymbol{b}_1 - \frac{(\boldsymbol{a}_3\,,\,\boldsymbol{b}_2)}{(\boldsymbol{b}_2\,,\,\boldsymbol{b}_2)}\boldsymbol{b}_2$$
$$\cdots\cdots$$
$$\boldsymbol{b}_r = \boldsymbol{a}_r - \frac{(\boldsymbol{a}_r\,,\,\boldsymbol{b}_1)}{(\boldsymbol{b}_1\,,\,\boldsymbol{b}_1)}\boldsymbol{b}_1 - \frac{(\boldsymbol{a}_r\,,\,\boldsymbol{b}_2)}{(\boldsymbol{b}_2\,,\,\boldsymbol{b}_2)}\boldsymbol{b}_2 - \cdots - \frac{(\boldsymbol{a}_r\,,\,\boldsymbol{b}_{r-1})}{(\boldsymbol{b}_{r-1}\,,\,\boldsymbol{b}_{r-1})}\boldsymbol{b}_{r-1}$$

とおくと，$\{\boldsymbol{b}_1, \boldsymbol{b}_2, \cdots, \boldsymbol{b}_r\}$ は V の直交系となる．

さらに，これらを正規化して

$$\boldsymbol{c}_j = \frac{1}{\|\boldsymbol{b}_j\|}\boldsymbol{b}_j \qquad (j = 1, 2, \cdots, r)$$

とおくと，$\{\boldsymbol{c}_1, \boldsymbol{c}_2, \cdots, \boldsymbol{c}_r\}$ は V の正規直交系となる．

証明　$$(\boldsymbol{b}_2\,,\,\boldsymbol{b}_1) = (\boldsymbol{a}_2\,,\,\boldsymbol{b}_1) - \frac{(\boldsymbol{a}_2\,,\,\boldsymbol{b}_1)}{(\boldsymbol{b}_1\,,\,\boldsymbol{b}_1)}(\boldsymbol{b}_1\,,\,\boldsymbol{b}_1) = 0$$

$$(\boldsymbol{b}_3\,,\,\boldsymbol{b}_1) = (\boldsymbol{a}_3\,,\,\boldsymbol{b}_1) - \frac{(\boldsymbol{a}_3\,,\,\boldsymbol{b}_1)}{(\boldsymbol{b}_1\,,\,\boldsymbol{b}_1)}(\boldsymbol{b}_1\,,\,\boldsymbol{b}_1) - \frac{(\boldsymbol{a}_3\,,\,\boldsymbol{b}_2)}{(\boldsymbol{b}_2\,,\,\boldsymbol{b}_2)}(\boldsymbol{b}_2\,,\,\boldsymbol{b}_1) = 0$$

$$(\boldsymbol{b}_3\,,\,\boldsymbol{b}_2) = (\boldsymbol{a}_3\,,\,\boldsymbol{b}_2) - \frac{(\boldsymbol{a}_3\,,\,\boldsymbol{b}_1)}{(\boldsymbol{b}_1\,,\,\boldsymbol{b}_1)}(\boldsymbol{b}_1\,,\,\boldsymbol{b}_2) - \frac{(\boldsymbol{a}_3\,,\,\boldsymbol{b}_2)}{(\boldsymbol{b}_2\,,\,\boldsymbol{b}_2)}(\boldsymbol{b}_2\,,\,\boldsymbol{b}_2) = 0$$

同様にして，$(\boldsymbol{b}_i\,,\,\boldsymbol{b}_j) = 0\ (i \neq j)$ が示せるので $\{\boldsymbol{b}_1, \boldsymbol{b}_2, \cdots, \boldsymbol{b}_r\}$ が V の直交系となる．

また，$\|\boldsymbol{c}_j\| = \dfrac{1}{\|\boldsymbol{b}_j\|}\|\boldsymbol{b}_j\| = 1$ より $\{\boldsymbol{c}_1, \boldsymbol{c}_2, \cdots, \boldsymbol{c}_r\}$ は V の正規直交系となる．■

例 6.9　$\boldsymbol{a}_1 = \begin{pmatrix} -1 \\ 1 \\ 0 \end{pmatrix}, \boldsymbol{a}_2 = \begin{pmatrix} -1 \\ 0 \\ 1 \end{pmatrix}, \boldsymbol{a}_3 = \begin{pmatrix} 1 \\ 1 \\ 1 \end{pmatrix} \in \boldsymbol{R}^3$ に対して

$$\boldsymbol{b}_1 = \boldsymbol{a}_1 = \begin{pmatrix} -1 \\ 1 \\ 0 \end{pmatrix}, \quad \boldsymbol{b}_2 = \boldsymbol{a}_2 - \frac{(\boldsymbol{a}_2\,,\,\boldsymbol{b}_1)}{(\boldsymbol{b}_1\,,\,\boldsymbol{b}_1)}\boldsymbol{b}_1 = \frac{1}{2}\begin{pmatrix} -1 \\ -1 \\ 2 \end{pmatrix}$$

$$\boldsymbol{b}_3 = \boldsymbol{a}_3 - \frac{(\boldsymbol{a}_3\,,\,\boldsymbol{b}_1)}{(\boldsymbol{b}_1\,,\,\boldsymbol{b}_1)}\boldsymbol{b}_1 - \frac{(\boldsymbol{a}_3\,,\,\boldsymbol{b}_2)}{(\boldsymbol{b}_2\,,\,\boldsymbol{b}_2)}\boldsymbol{b}_2 = \boldsymbol{a}_3 = \begin{pmatrix} 1 \\ 1 \\ 1 \end{pmatrix}$$

とおくと，$\{\boldsymbol{b}_1, \boldsymbol{b}_2, \boldsymbol{b}_3\}$ は $\boldsymbol{R}^3$ の直交系となる．さらに

$$\boldsymbol{c}_1 = \frac{1}{\|\boldsymbol{b}_1\|}\boldsymbol{b}_1 = \frac{1}{\sqrt{2}}\begin{pmatrix} -1 \\ 1 \\ 0 \end{pmatrix}, \quad \boldsymbol{c}_2 = \frac{1}{\|\boldsymbol{b}_2\|}\boldsymbol{b}_2 = \frac{1}{\sqrt{6}}\begin{pmatrix} -1 \\ -1 \\ 2 \end{pmatrix}$$

$$\boldsymbol{c}_3 = \frac{1}{\|\boldsymbol{b}_3\|}\boldsymbol{b}_3 = \frac{1}{\sqrt{3}}\begin{pmatrix} 1 \\ 1 \\ 1 \end{pmatrix}$$

とおくと，$\{\boldsymbol{c}_1, \boldsymbol{c}_2, \boldsymbol{c}_3\}$ は $\boldsymbol{R}^3$ の正規直交系となる．また，$\dim \boldsymbol{R}^3 = 3$ よりこのベクトルの組は $\boldsymbol{R}^3$ の正規直交基底となる．

問 6.12　(1) $\boldsymbol{R}^2$ の基底 $\left\{\begin{pmatrix} 1 \\ 1 \end{pmatrix}, \begin{pmatrix} -1 \\ 0 \end{pmatrix}\right\}$ から正規直交基底を作れ．

(2) $\boldsymbol{R}^3$ の基底 $\left\{\begin{pmatrix} 1 \\ 0 \\ -1 \end{pmatrix}, \begin{pmatrix} 0 \\ 1 \\ -1 \end{pmatrix}, \begin{pmatrix} 1 \\ 1 \\ 1 \end{pmatrix}\right\}$ から正規直交基底を作れ．

(3) $\boldsymbol{R}^3$ の基底 $\left\{\begin{pmatrix} 1 \\ 2 \\ -1 \end{pmatrix}, \begin{pmatrix} -1 \\ 3 \\ 1 \end{pmatrix}, \begin{pmatrix} 4 \\ 0 \\ -1 \end{pmatrix}\right\}$ から正規直交基底を作れ．

◆ 直交行列 * ◆

$A\,{}^tA = {}^tA\,A = E$ を満たす実正方行列 A を**直交行列**という．

例 6.10　$\begin{pmatrix} \cos\theta & -\sin\theta \\ \sin\theta & \cos\theta \end{pmatrix}$ は直交行列である．

A が直交行列のとき，定義より A は正則で $A^{-1} = {}^tA$ である．従って，定理 3.13（または問 2.10）より $A\,{}^tA = E$ または ${}^tA\,A = E$ を満たす実正方行列 A は直交行列である．

定理 6.5

n 次実正方行列 $A = (a_{ij}) = \begin{pmatrix} \boldsymbol{a}_1 & \boldsymbol{a}_2 & \cdots & \boldsymbol{a}_n \end{pmatrix}$ に対して，次は同値である.

(a) A は直交行列である

(b) $\{\boldsymbol{a}_1, \boldsymbol{a}_2, \cdots, \boldsymbol{a}_n\}$ は $\boldsymbol{R}^n$ の正規直交基底である

証明 ${}^tA\,A$ の (i,j) 成分 $= a_{1i}a_{1j} + a_{2i}a_{2j} + \cdots + a_{ni}a_{nj} = (\boldsymbol{a}_i\,,\,\boldsymbol{a}_j)$ だから

$$\begin{aligned} A\text{ は直交行列} &\iff {}^tA\,A = E \\ &\iff {}^tA\,A\text{ の }(i,j)\text{ 成分は }(\boldsymbol{a}_i\,,\,\boldsymbol{a}_j) = \delta_{ij} \\ &\iff \{\boldsymbol{a}_1, \boldsymbol{a}_2, \cdots, \boldsymbol{a}_n\}\text{ は }\boldsymbol{R}^n\text{ の正規直交基底} \end{aligned}$$

が成り立つ. ■

例 6.11 (1) $\theta = \dfrac{\pi}{4}$ のとき，$\begin{pmatrix} \cos\theta & -\sin\theta \\ \sin\theta & \cos\theta \end{pmatrix} = \dfrac{1}{\sqrt{2}}\begin{pmatrix} 1 & -1 \\ 1 & 1 \end{pmatrix}$ は直交行列だから，$\left\{\dfrac{1}{\sqrt{2}}\begin{pmatrix} 1 \\ 1 \end{pmatrix}, \dfrac{1}{\sqrt{2}}\begin{pmatrix} -1 \\ 1 \end{pmatrix}\right\}$ は $\boldsymbol{R}^2$ の正規直交基底である.

(2) 例 6.9 より $\left\{\dfrac{1}{\sqrt{2}}\begin{pmatrix} -1 \\ 1 \\ 0 \end{pmatrix}, \dfrac{1}{\sqrt{6}}\begin{pmatrix} -1 \\ -1 \\ 2 \end{pmatrix}, \dfrac{1}{\sqrt{3}}\begin{pmatrix} 1 \\ 1 \\ 1 \end{pmatrix}\right\}$ は $\boldsymbol{R}^3$ の正規直交基底だから $\dfrac{1}{\sqrt{6}}\begin{pmatrix} -\sqrt{3} & -1 & \sqrt{2} \\ \sqrt{3} & -1 & \sqrt{2} \\ 0 & 2 & \sqrt{2} \end{pmatrix}$ は直交行列である.

6.4 章末問題*

◆ 直交補空間 ◆

内積空間 V の部分空間 W に対して，W のすべてのベクトルと直交する V のベクトルの全体を，W の**直交補空間**といい，$W^\perp$ と書く．すなわち

$$W^\perp = \{\boldsymbol{a} \in V \mid (\boldsymbol{a}, \boldsymbol{w}) = 0 \quad (\boldsymbol{w} \in W)\}$$

問 6.13 内積空間 V の部分空間 W に対して，次を示せ．

(1) $W^\perp$ は V の部分空間である　(2) $W \cap W^\perp = \{\boldsymbol{0}\}$

問 6.14 次の $\boldsymbol{R}^3$ の部分空間 W の直交補空間 $W^\perp$ とその次元 $\dim W^\perp$ を求めよ．

(1) $W = \left\langle \begin{pmatrix} 1 \\ -1 \\ 2 \end{pmatrix}, \begin{pmatrix} -1 \\ -1 \\ 0 \end{pmatrix} \right\rangle$　(2) $W = \left\langle \begin{pmatrix} -2 \\ -1 \\ 1 \end{pmatrix}, \begin{pmatrix} 0 \\ 1 \\ 1 \end{pmatrix} \right\rangle$

問 6.15 有限次元内積空間 V の部分空間 W, W_1, W_2 に対して，次を示せ．

(1) $V = W \oplus W^\perp$　かつ　$\dim V = \dim W + \dim W^\perp$

(2) $(W^\perp)^\perp = W$　(3) $W_1 \subset W_2 \Longrightarrow W_1^\perp \supset W_2^\perp$

(4) $(W_1 + W_2)^\perp = W_1^\perp \cap W_2^\perp$　(5) $(W_1 \cap W_2)^\perp = W_1^\perp + W_2^\perp$

◆ 複素内積 ◆

V を複素線形空間とする．ベクトル $\boldsymbol{a}, \boldsymbol{b} \in V$ に対して，複素数 $(\boldsymbol{a}, \boldsymbol{b})$ が定まり，次の条件を満たすとき，複素数 $(\boldsymbol{a}, \boldsymbol{b})$ を $\boldsymbol{a}$ と $\boldsymbol{b}$ の**複素内積**または**エルミート内積**という．

(1) $(\boldsymbol{a} + \boldsymbol{b}, \boldsymbol{c}) = (\boldsymbol{a}, \boldsymbol{c}) + (\boldsymbol{b}, \boldsymbol{c})$

(2) $(\boldsymbol{a}, \boldsymbol{b}) = \overline{(\boldsymbol{b}, \boldsymbol{a})}$

(3) $(\alpha\boldsymbol{a}, \boldsymbol{b}) = \alpha(\boldsymbol{a}, \boldsymbol{b}) \quad (\alpha \in \boldsymbol{C})$

(4) $(\boldsymbol{a}, \boldsymbol{a}) \geqq 0$,　等号は $\boldsymbol{a} = \boldsymbol{0}$ のときに限る

条件 (1) ～ (4) を**複素内積の公理**という．複素内積を持つ複素線形空間 V を**複素内積空間**または**ユニタリ空間**という．

問 6.16 複素内積空間 V のベクトル $\boldsymbol{a}, \boldsymbol{b}, \boldsymbol{c}$ に対して，次の性質を示せ．

(1) $(\boldsymbol{a}, \boldsymbol{0}) = (\boldsymbol{0}, \boldsymbol{a}) = 0$　(2) $(\boldsymbol{a}, \boldsymbol{b} + \boldsymbol{c}) = (\boldsymbol{a}, \boldsymbol{b}) + (\boldsymbol{a}, \boldsymbol{c})$

(3) $(\boldsymbol{a}, \alpha\boldsymbol{b}) = \overline{\alpha}(\boldsymbol{a}, \boldsymbol{b}) \quad (\alpha \in \boldsymbol{C})$

問 6.17 $\boldsymbol{C}^n$ のベクトル $\boldsymbol{a} = {}^t\!\begin{pmatrix} a_1 & \cdots & a_n \end{pmatrix}$, $\boldsymbol{b} = {}^t\!\begin{pmatrix} b_1 & \cdots & b_n \end{pmatrix}$ に対して，$(\boldsymbol{a}, \boldsymbol{b}) = {}^t\boldsymbol{a}\,\overline{\boldsymbol{b}} = a_1\overline{b_1} + a_2\overline{b_2} + \cdots + a_n\overline{b_n}$ と定めれば，$(\boldsymbol{a}, \boldsymbol{b})$ は $\boldsymbol{C}^n$ の複素内積となることを示せ．

この内積を $\boldsymbol{C}^n$ の**標準内積**という．特に断らない限り $\boldsymbol{C}^n$ における内積は標

準内積を取ることにする．また $(\boldsymbol{a},\boldsymbol{b})=0$ であるとき，$\boldsymbol{a}$ と $\boldsymbol{b}$ は直交するという．

問 6.18 複素内積空間 V のベクトル $\boldsymbol{a}$ に対して，$\sqrt{(\boldsymbol{a}\,,\,\boldsymbol{a})}$ を $\boldsymbol{a}$ のノルムといい，$\|\boldsymbol{a}\|$ と書く．すなわち，$\|\boldsymbol{a}\|=\sqrt{(\boldsymbol{a}\,,\,\boldsymbol{a})}$．このとき，次の性質を示せ．

(1) $\|\boldsymbol{a}\| \geqq 0$, 等号は $\boldsymbol{a}=\boldsymbol{0}$ のときに限る

(2) $\|\alpha\boldsymbol{a}\|=|\alpha|\|\boldsymbol{a}\|$ $(\alpha\in\boldsymbol{C})$

(3) $|(\boldsymbol{a}\,,\,\boldsymbol{b})| \leqq \|\boldsymbol{a}\|\|\boldsymbol{b}\|$ (シュワルツ (**Schwarz**) の不等式)

(4) $\|\boldsymbol{a}+\boldsymbol{b}\| \leqq \|\boldsymbol{a}\|+\|\boldsymbol{b}\|$ (**3** 角不等式)

♦ 実対称行列の対角化 ♦

問 6.19 実対称行列 A に対して，次を示せ．

(1) $(A\boldsymbol{a}\,,\,\boldsymbol{b})=(\boldsymbol{a}\,,\,A\boldsymbol{b})$ $(\boldsymbol{a},\,\boldsymbol{b}\in\boldsymbol{C}^n)$

(2) A の固有値はすべて実数であり，対応する固有ベクトルは $\boldsymbol{R}^n$ から取れる

(3) A の相異なる固有値に対する固有ベクトルは互いに直交する

問 6.20 （実対称行列の対角化）次を示せ．

実対称行列 A は対角化可能である．また，変換行列として直交行列 T が取れて

$$T^{-1}AT={}^tTAT=\begin{pmatrix}\lambda_1 & & O\\ & \ddots & \\ O & & \lambda_n\end{pmatrix}$$

と対角化できる．ただし，$\lambda_1,\cdots,\lambda_n$ は A の固有値である．

問 6.21 実対称行列 $A=\begin{pmatrix}3&1&1\\1&3&1\\1&1&3\end{pmatrix}$ を直交行列 T で対角化せよ．

♦ R^n の内積 ♦

問 6.22 $\boldsymbol{R}^n$ のベクトル $\boldsymbol{a}_1,\boldsymbol{a}_2,\cdots,\boldsymbol{a}_n$ に対して，$W=\langle\boldsymbol{a}_1,\boldsymbol{a}_2,\cdots,\boldsymbol{a}_n\rangle$, $A=\begin{pmatrix}\boldsymbol{a}_1\,\boldsymbol{a}_2\,\cdots\,\boldsymbol{a}_n\end{pmatrix}$ とする．このとき，$W^{\perp}=\{\boldsymbol{x}\in\boldsymbol{R}^n \mid {}^tA\boldsymbol{x}=\boldsymbol{0}\}$ を示せ．

問 6.23 $\boldsymbol{a},\boldsymbol{b}\in\boldsymbol{R}^n$ $(\boldsymbol{a}\neq\boldsymbol{0})$ に対して，$\|x\boldsymbol{a}+\boldsymbol{b}\|$ が最小になるような x の値を m とする．このとき，次を示せ．

(1) $\boldsymbol{a}$ と $m\boldsymbol{a}+\boldsymbol{b}$ は直交する

(2) $\|x\boldsymbol{a}+\boldsymbol{b}\|$ の最小値が 0 ならば，$\boldsymbol{a}\,,\boldsymbol{b}$ は 1 次従属である

問 6.24 $\boldsymbol{a}\in\boldsymbol{R}^n$ $(\boldsymbol{a}\neq\boldsymbol{0})$, $\gamma\in\boldsymbol{R}$ とし，$H=\{\boldsymbol{x}\in\boldsymbol{R}^n \mid (\boldsymbol{x}\,,\boldsymbol{a})=\gamma\}$ とする．このとき，$\boldsymbol{R}^n$ のベクトル $\boldsymbol{x}$ は

$$\boldsymbol{x}=\boldsymbol{h}+k\boldsymbol{a} \qquad (\boldsymbol{h}\in H,\ k\in\boldsymbol{R})$$

と書けることを示せ．

略解とヒント

第 1 章

問 **1.1** 1, -2

問 **1.2** (1) $\begin{pmatrix} 1 & -1 & -3 \\ 4 & 2 & 0 \end{pmatrix}$ (2) $\begin{pmatrix} -2 & 0 & -2 \\ 0 & 2 & 0 \end{pmatrix}$ (3) $\begin{pmatrix} 0 & 1 & -2 \\ -1 & 0 & 1 \end{pmatrix}$

問 **1.3** (1) $\begin{pmatrix} 2 & 0 & 0 \\ 0 & 4 & 0 \\ 0 & 0 & 6 \end{pmatrix}$ (2) $\begin{pmatrix} 0 & -1 & 1 \\ -1 & 0 & -1 \\ 1 & -1 & 0 \end{pmatrix}$ (3) $\begin{pmatrix} 1 & 2 & 4 \\ 0 & 1 & 2 \\ 0 & 0 & 1 \end{pmatrix}$

問 **1.4** (1) $(x, y, u, v) = (3, 0, 2, -1)$ (2) $(x, y, u, v) = \left(\frac{3}{2}, -\frac{1}{2}, \frac{7}{2}, -\frac{1}{2}\right)$

問 **1.5** (1) $\begin{pmatrix} 6 & 0 \\ 4 & 0 \end{pmatrix}$ (2) $\begin{pmatrix} 5 & 0 & -6 \\ 10 & 6 & 0 \end{pmatrix}$

問 **1.6** (1) $\begin{pmatrix} 2 & 1 \\ 1 & -4 \end{pmatrix}$ (2) $\begin{pmatrix} -2 & 2 & 1 \\ -1 & 0 & 0 \\ 3 & -6 & -1 \end{pmatrix}$

問 **1.7** $x = -\frac{1}{2}, y = \pm\frac{\sqrt{3}}{2}$ [$x^2 - y^2 + x + 1 = 0$, $(2x+1)y = 0$]

問 **1.8** 順に, $\begin{pmatrix} 6 & -12 \\ 0 & 18 \end{pmatrix}$, $\begin{pmatrix} 1 & -2 \\ 0 & 3 \end{pmatrix}$, $\begin{pmatrix} -3 & 6 \\ 0 & -9 \end{pmatrix}$, $\begin{pmatrix} -2 & 4 \\ 0 & -6 \end{pmatrix}$

問 **1.9** (1) $\begin{pmatrix} -1 & -4 & -4 \\ 7 & 0 & -1 \end{pmatrix}$ (2) $\begin{pmatrix} -7 & 10 & 0 \\ 3 & -10 & 11 \end{pmatrix}$

問 **1.10** $X = \frac{1}{7}\begin{pmatrix} 1 & -1 \\ 1 & 4 \end{pmatrix}$, $Y = \frac{1}{7}\begin{pmatrix} 10 & -3 \\ 3 & 5 \end{pmatrix}$

[$X + 2Y = A$, $Y - 3X = B$ から $X = \frac{1}{7}(A - 2B)$, $Y = \frac{1}{7}(3A + B)$]

問 **1.11** (1) 11 (2) 11 (3) 0 (4) -2

問 **1.12** (1) $\begin{pmatrix} -1 & -2 \\ 1 & -8 \end{pmatrix}$ (2) $\begin{pmatrix} -9 & -10 \\ 1 & 0 \end{pmatrix}$ (3) $\begin{pmatrix} -2 & -4 \\ 8 & -34 \end{pmatrix}$ (4) $\begin{pmatrix} 12 & -50 \\ 2 & 0 \end{pmatrix}$

問 **1.13** (1) $\begin{pmatrix} 4 & 7 \\ 13 & 16 \end{pmatrix}$ (2) $\begin{pmatrix} 6 & 9 & 12 \\ 1 & 2 & 3 \\ 8 & 10 & 12 \end{pmatrix}$ (3) $\begin{pmatrix} -5 & -5 \\ 7 & 3 \\ 0 & -1 \end{pmatrix}$

問 1.14 略

問 1.15 (1) $(x, y) = (-3, -1)$ (2) $(x, y) = (2, 4)$

問 1.16 A^3, A^4 の順に並べる.

(1) $-A$, E (2) E, A (3) $4A$, $-8A$ (4) $-A$, E

問 1.17 $(x, y, z, w) = (1, 3, 4, 3)$

問 1.18 (1) $\begin{pmatrix} 2 & -1 \\ -3 & 1 \end{pmatrix}$ $[A^2 - 3A - E = O,\ x^3 - x^2 - 8x + 1 = (x+2)(x^2 - 3x - 1) - x + 3]$

(2) $\begin{pmatrix} -4 & -3 \\ 7 & 5 \end{pmatrix}$ $[A^2 + A + E = O,\ x^5 + 1 = (x^3 - x^2 + 1)(x^2 + x + 1) - x]$

問 1.19 略

問 1.20 (1) $B = EB = A^{-1}AB = A^{-1}AC = EC = C$

(2) $X = {}^t(A^{-1})$ とおくと，${}^tAX = {}^tA\,{}^t(A^{-1}) = {}^t(A^{-1}A) = {}^tE = E$ かつ $X\,{}^tA = E$

(3) 略

問 1.21 (1) $X = -\beta^{-1}(A + \alpha E)$ とおくと，$AX = XA = E$

(2) $X = A(BA)^{-1}$ とおくと，$BX = E,\ XB = A(BA)^{-1}BAA^{-1} = E$

(3) 略

問 1.22 (1) 正則, $\begin{pmatrix} -2 & 1 \\ 3/2 & -1/2 \end{pmatrix}$ (2) 正則でない (3) 正則, $\begin{pmatrix} 1/2 & 0 \\ 0 & 1/3 \end{pmatrix}$

(4) 正則, $\begin{pmatrix} \cos\theta & \sin\theta \\ -\sin\theta & \cos\theta \end{pmatrix}$

問 1.23 (1) -2, 5 (2) 1, 2 (3) -2, 0, 7

問 1.24 $X = \begin{pmatrix} -4 & 3 \\ -7 & 4 \end{pmatrix}$, $Y = \begin{pmatrix} -7 & 9 \\ -6 & 7 \end{pmatrix}$

$[A^{-1} = \dfrac{1}{2}\begin{pmatrix} -2 & 3 \\ -4 & 5 \end{pmatrix},\ X = A^{-1}B,\ Y = BA^{-1}]$

問 1.25 (1) $P^{-1}AP = \begin{pmatrix} 1 & 0 \\ 0 & 2 \end{pmatrix}$ $[P^{-1} = \begin{pmatrix} -1 & 2 \\ 1 & -1 \end{pmatrix}]$

$$A^m = \begin{pmatrix} -1 + 2^{m+1} & 2 - 2^{m+1} \\ -1 + 2^m & 2 - 2^m \end{pmatrix}$$

(2) $P^{-1}AP = \begin{pmatrix} 2 & 0 \\ 0 & 3 \end{pmatrix}$ $[P^{-1} = \begin{pmatrix} -1 & 1 \\ 4 & -3 \end{pmatrix}]$

$$A^m = \begin{pmatrix} -3\cdot 2^m + 4\cdot 3^m & 3\cdot 2^m - 3^{m+1} \\ -2^{m+2} + 4\cdot 3^m & 2^{m+2} - 3^{m+1} \end{pmatrix}$$

問 1.26 (1) $\begin{pmatrix} 2 \\ -4 \end{pmatrix}$ (2) $\begin{pmatrix} 3 \\ 1 \end{pmatrix}$ (3) $\begin{pmatrix} 1 \\ -9 \end{pmatrix}$ (4) $\begin{pmatrix} -7 \\ -21 \end{pmatrix}$

問 1.27 $\begin{pmatrix} -13 & 8 \\ -21 & 13 \end{pmatrix}$

問 1.28 $\dfrac{1}{5}\begin{pmatrix} -4 & -3 \\ -3 & 4 \end{pmatrix}$

問 1.29 点 $(-19, 11)$, 点 $(-54, 46)$ $\left[BA = \begin{pmatrix} -23 & -9 \\ 13 & 5 \end{pmatrix},\ AB = \begin{pmatrix} -6 & 14 \\ 5 & -12 \end{pmatrix}\right]$

問 1.30 $A^{-1} = \begin{pmatrix} 3 & -5 \\ -1 & 2 \end{pmatrix}$, 点 $(17, -6)$

問 1.31 点 $(\sqrt{3} - 3, 3\sqrt{3} + 1)$

問 1.32 $\dfrac{1}{2}\begin{pmatrix} \sqrt{3} & 1 \\ -1 & \sqrt{3} \end{pmatrix}$

問 1.33 $A^2 = \begin{pmatrix} 0 & -1 \\ 1 & 0 \end{pmatrix}$, $A^4 = \begin{pmatrix} -1 & 0 \\ 0 & -1 \end{pmatrix}$, $A^6 = \begin{pmatrix} 0 & 1 \\ -1 & 0 \end{pmatrix}$, $A^8 = \begin{pmatrix} 1 & 0 \\ 0 & 1 \end{pmatrix}$,

$A^{-2} = \begin{pmatrix} 0 & 1 \\ -1 & 0 \end{pmatrix}$

問 1.34 $y = -3x - \sqrt{2}$ [点 $(t,\ 2t + 1)$ を回転移動させる.]

問 1.35 (1) $\begin{pmatrix} 6 & 0 & 0 \\ 2 & 7 & -2 \\ 6 & 3 & 0 \end{pmatrix}$ (2) $\begin{pmatrix} 6 & 2 & 6 \\ 0 & 7 & 3 \\ 0 & -2 & 0 \end{pmatrix}$ (3) O (4) $\begin{pmatrix} 2 & 1 & -2 \\ 0 & 0 & 0 \\ 2 & 1 & -2 \end{pmatrix}$

問 1.36 $\begin{pmatrix} 1 & 2 \\ 2 & 1 \end{pmatrix}$, $\begin{pmatrix} 2 & 1 \\ 1 & 2 \end{pmatrix}$, $\begin{pmatrix} -1 & -2 \\ -2 & -1 \end{pmatrix}$, $\begin{pmatrix} -2 & -1 \\ -1 & -2 \end{pmatrix}$

問 1.37 $(a + d, ad - bc) = (1, -2), (-2, 1), (4, 4)$
[$A^2 - (a + d)A + (ad - bc)E = O$ と与式から $(a + d - 1)A - (ad - bc + 2)E = O$ である. (i) $a + d - 1 = 0$ のとき, $ad - bc + 2 = 0$, (ii) $a + d - 1 \neq 0$ のとき, $A = kE$ とおく.]

問 1.38 $(x, y) = (4, 3), (3, 4), (4, 4)$
[$A^2 - (x + y)A + xyE = O$ と与式から $(x + y - 7)A - (xy - 12)E = O$ である. (i) $x + y - 7 = 0$ のとき, $xy - 12 = 0$, (ii) $x + y - 7 \neq 0$ のとき, $A = kE$ とおく.]

問 1.39 $-1 < a < 1$ [$|A| = x^2 + 2ax + 1,\ D/4 = a^2 - 1 < 0$]

問 1.40 (1) 略　(2) $X = \dfrac{1}{2}(E + A)$ とおく．(3) 略

問 1.41 (1) A が正則とすると，$A^m = O$ の両辺に A^{-1} を $(m-1)$ 回掛けて $A = O$ となり矛盾する．

(2) 左辺 $= E - A^m = E$

(3) $X = E + A + \cdots + A^{m-1}$ とおくと，$(E - A)X = X(E - A) = E$

問 1.42 略

問 1.43 (1) 帰納法で示せばよい．

（別解）$J_2(\alpha) = \begin{pmatrix} \alpha & 1 \\ 0 & \alpha \end{pmatrix} = \alpha E_2 + D_2$, $E_2 = \begin{pmatrix} 1 & 0 \\ 0 & 1 \end{pmatrix}$, $D_2 = \begin{pmatrix} 0 & 1 \\ 0 & 0 \end{pmatrix}$ とおくと，$D_2^2 = O$ だから，問 1.42 より $J_2(\alpha)^m = \alpha^m E_2 + m\alpha^{m-1} D_2$ となる．

(2) 帰納法で示せばよい．

（別解）$J_3(\alpha) = \begin{pmatrix} \alpha & 1 & 0 \\ 0 & \alpha & 1 \\ 0 & 0 & \alpha \end{pmatrix} = \alpha E_3 + D_3$, $E_3 = \begin{pmatrix} 1 & 0 & 0 \\ 0 & 1 & 0 \\ 0 & 0 & 1 \end{pmatrix}$, $D_3 = \begin{pmatrix} 0 & 1 & 0 \\ 0 & 0 & 1 \\ 0 & 0 & 0 \end{pmatrix}$ とおくと，$D_3^3 = O$ だから，問 1.42 より

$J_3(\alpha)^m = \alpha^m E_3 + m\alpha^{m-1} D_3 + \dfrac{m(m-1)}{2}\alpha^{m-2} D_3^2$ となる．

問 1.44 略

問 1.45 正方行列 A に対して，$B = (A + {}^tA)/2$, $C = (A - {}^tA)/2$ とおくと，B は対称行列かつ C は交代行列となり，$A = B + C$ となる．（一意性）対称行列 B, B' と交代行列 C, C' に対して，$A = B + C$ かつ $A = B' + C'$ とすると，$B - B' = C' - C$. 一方，$B - B'$ は対称行列かつ $C' - C$ は交代行列だから $B - B' = C' - C = O$ すなわち $B = B'$, $C = C'$ となる．

問 1.46 (1) $A = (a_{ij})$, $B = (b_{ij})$ に対して，$\displaystyle\sum_{k=1}^{n}(a_{kk} + b_{kk}) = \sum_{k=1}^{n} a_{kk} + \sum_{k=1}^{n} b_{kk}$

(2) $\displaystyle\sum_{k=1}^{n}\left(\sum_{\ell=1}^{n} a_{k\ell} b_{\ell k}\right) = \sum_{\ell=1}^{n}\left(\sum_{k=1}^{n} b_{\ell k} a_{k\ell}\right)$

(3) $B = P^{-1}A$ とおくと $PB = A$，また (2) より $\mathrm{tr}\,(BP) = \mathrm{tr}\,(PB)$

問 1.47 (1) $\sim$ (7) 略

(8) $(AB)^* = {}^t(\overline{AB}) = {}^t\overline{B}\,{}^t\overline{A} = B^* A^*$

問 1.48 $\dfrac{1}{1 + m^2}\begin{pmatrix} 1 - m^2 & 2m \\ 2m & m^2 - 1 \end{pmatrix}$

問 1.49 (1) $k = \dfrac{\sqrt{5}}{3}$, $\cos\theta = \dfrac{2}{\sqrt{5}}$, $\sin\theta = \dfrac{1}{\sqrt{5}}$

$[\,k\cos\theta = \dfrac{2}{3},\ k\sin\theta = \dfrac{1}{3},\ k^2 = \left(\dfrac{2}{3}\right)^2 + \left(\dfrac{1}{3}\right)^2\,]$

(2) $S = \dfrac{1}{27}$　$[S = \triangle\mathrm{POQ} + \triangle\mathrm{QOR} - \triangle\mathrm{POR}]$

第2章

問 2.1 (1) 3　(2) 2　(3) 3　(4) 2　(5) 4　(6) 3

問 2.2 (1) $x=1$ のとき 1, $x=-1$ のとき 2, $x \neq \pm 1$ のとき 3
(2) $x=1$ のとき 1, $x=-3$ のとき 3, $x \neq -3, 1$ のとき 4
(3) $x=1$ のとき 1, $x \neq 1$ のとき 4
(4) $x=1$ のとき 1, $x=0$ のとき 2, $x \neq 0, 1$ のとき 3
(5) $x=1$ のとき 1, $x=0$ のとき 3, $x \neq 0, 1$ のとき 4
(6) $x=1$ のとき 1, $x=-1/3$ のとき 3, $x \neq -1/3, 1$ のとき 4

問 2.3 (1) $P = P(2,3;-2)$, $Q = P(1,3)$
[②＋③$\times(-2)$ のとき $A \to B$ だから $P(2,3;-2)A = B$, ① $\leftrightarrow$ ③ のとき $B \to E$ だから $P(1,3)B = E$]

(2) $A = P(2,3;2)P(1,3)$
$[\,A = P^{-1}B,\ B = Q^{-1}$ より $A = P^{-1}Q^{-1}$, また $P^{-1} = P(2,3;2)$, $Q^{-1} = P(1,3)\,]$

問 2.4 (1) 正則　(2) 正則でない　(3) 正則

問 2.5 (1) $\dfrac{1}{2}\begin{pmatrix} -4 & 2 \\ 3 & -1 \end{pmatrix}$　(2) 正則でない　(3) $\dfrac{1}{4}\begin{pmatrix} 8 & 3 \\ 4 & 2 \end{pmatrix}$　(4) $\begin{pmatrix} 1 & 0 & -1 \\ -1 & 1 & 1 \\ 1 & -1 & 0 \end{pmatrix}$

(5) $\dfrac{1}{3}\begin{pmatrix} 1 & 1 & 1 \\ -1 & -1 & 2 \\ -1 & 2 & -1 \end{pmatrix}$ (6) $\dfrac{1}{2}\begin{pmatrix} -6 & 6 & 5 \\ -8 & 6 & 4 \\ 2 & -2 & -2 \end{pmatrix}$ (7) $\begin{pmatrix} 2 & -1 & 0 & 0 \\ -1 & 2 & -1 & 0 \\ 0 & -1 & 2 & -1 \\ 0 & 0 & -1 & 1 \end{pmatrix}$

問 2.6 (1) $a=-4$　(2) $a=-7$　(3) $a=2,\ b=-1$　(4) $a=1,\ b=4$

問 2.7 (1) $a+b+c=0$　(2) $a+b-c=0$

問 2.8 (1) $\begin{pmatrix} x \\ y \\ z \end{pmatrix} = \begin{pmatrix} 2 \\ 1 \\ -2 \end{pmatrix}$　(2) $\begin{pmatrix} x \\ y \\ z \end{pmatrix} = \begin{pmatrix} 1 \\ 2 \\ 3 \end{pmatrix}$

(3) $\begin{pmatrix} x \\ y \\ z \end{pmatrix} = c\begin{pmatrix} -2 \\ 1 \\ 0 \end{pmatrix} + \begin{pmatrix} 1 \\ 0 \\ 2 \end{pmatrix}$　(4) $\begin{pmatrix} x \\ y \\ z \\ w \end{pmatrix} = c\begin{pmatrix} 1 \\ -3 \\ 1 \\ 0 \end{pmatrix} + \begin{pmatrix} -6 \\ 16 \\ 0 \\ -4 \end{pmatrix}$

$$(5)\ \begin{pmatrix} x \\ y \\ z \\ w \end{pmatrix} = c_1 \begin{pmatrix} -1 \\ 0 \\ 1 \\ 0 \end{pmatrix} + c_2 \begin{pmatrix} -1 \\ 0 \\ 0 \\ 1 \end{pmatrix} + \begin{pmatrix} 1 \\ 1 \\ 0 \\ 0 \end{pmatrix}$$

$$(6)\ \begin{pmatrix} x \\ y \\ z \\ w \end{pmatrix} = c_1 \begin{pmatrix} -2 \\ 3 \\ 1 \\ 0 \end{pmatrix} + c_2 \begin{pmatrix} -1 \\ -2 \\ 0 \\ 1 \end{pmatrix} + \begin{pmatrix} -1 \\ 2 \\ 0 \\ 0 \end{pmatrix} \quad (c, c_1, c_2 \text{ は任意定数})$$

問 2.9 (1) $\begin{pmatrix} -1 \\ 2 \\ 0 \end{pmatrix}, \begin{pmatrix} 1 \\ 0 \\ 2 \end{pmatrix}$ (2) $\begin{pmatrix} -2 \\ 0 \\ 1 \end{pmatrix}$ (3) $\begin{pmatrix} -6 \\ 7 \\ 2 \\ 0 \end{pmatrix}, \begin{pmatrix} 1 \\ -2 \\ 0 \\ 1 \end{pmatrix}$ (4) $\begin{pmatrix} 1 \\ -2 \\ 1 \\ 0 \end{pmatrix}, \begin{pmatrix} 2 \\ -3 \\ 0 \\ 1 \end{pmatrix}$

問 2.10 (1) A が正則より $AX = E$ を満たす X が存在する．A の第 k 行の行ベクトルが $\mathbf{0}$ とすると，AX の第 k 行の行ベクトルも $\mathbf{0}$ となる．これは $E\ (= AX)$ のどの行ベクトルも $\mathbf{0}$ でないことに矛盾する．

(2) A の第 k 行の行ベクトルが $\mathbf{0}$ とすると，AB の第 k 行の行ベクトルも $\mathbf{0}$ となり矛盾する．

(3) $AB = E\ (\neq O)$ より $A \neq O$ だから $\operatorname{rank} A = r\ (> 0)$ とおくと，階数 r の階段行列 A' が存在して $A \to A'$ とできる．従って，定理 2.1 より正則行列 P が存在して $A' = PA$ とできる．このとき，$A'B = (PA)B = P(AB) = PE = P$ となり，P の正則性より $A'B$ も正則となる．(1) より $A'B$ のどの行ベクトルも $\mathbf{0}$ でない．また，(2) より A' のどの行ベクトルも $\mathbf{0}$ でない．従って，A' は階段行列だから $\operatorname{rank} A' = n$（すなわち $r = n$）となり，定理 2.2 より A は正則．よって，逆行列の一意性より $A^{-1} = B$ すなわち $BA = E$ である．

問 2.11 A を正則とすると，$A \to E$ と変形できるから，定理 2.1 より有限個の基本行列の積で表せる正則行列 P が存在して $E = PA$ とできる．また，基本行列の逆行列も基本行列だったから $A = P^{-1}$ も有限個の基本行列の積で表せる．

問 2.12 $\operatorname{rank} A = r$ とすると，階数 r の階段行列 $A_{(r)}$ が存在して $A \to A_{(r)}$ と変形できる．また，定理 2.1 より正則行列 P が存在して $PA = A_{(r)}$ とできる．一方，行列の積の定義より $A_{(r)}B$ は第 k 行 $(k = r+1, \ldots, n)$ の行ベクトルが $\mathbf{0}$ だから $\operatorname{rank}(A_{(r)}B) \leqq r$ となる．さらに，$PAB = A_{(r)}B$ だから定理 2.1 より $AB \to A_{(r)}B$ だから $\operatorname{rank}(AB) = \operatorname{rank}(A_{(r)}B)$ となる．よって，$\operatorname{rank}(AB) \leqq r$ を得る．

問 2.13 $\operatorname{rank} A = r$ とすると

$$A \to B = \begin{pmatrix} & 1 & & & * \\ & & 1 & & \\ & & & \ddots & \\ & & & & 1 \\ O & & & & \end{pmatrix} \leftarrow ⓡ$$

と変形できるから，定理 2.1 より有限個の基本行列の積で表せる正則行列 P が存在して $B=PA$ とできる．一方，基本行列を B の右から掛けると

・$BP(i,j)$ は B の第 i 列と第 j 列を入れ換えた行列

・$BP(i;\alpha)$ は B の第 i 列を α $(\neq 0)$ 倍した行列

・$BP(i,j;\beta)$ は B の第 j 列に第 i 列の β 倍を加えた行列

となることが分かる．従って，適当な有限個の基本行列を B の右から掛けることにより，その基本行列の積を Q とすれば，$BQ=\begin{pmatrix} E_r & O \\ O & O \end{pmatrix}$ とできる．このとき，Q は正則となり，$PAQ=BQ=\begin{pmatrix} E_r & O \\ O & O \end{pmatrix}$ を得る．

問 2.14 (1) P は基本行列の積だから $A\to PA$ である．$PA\to$ 階段行列 B とすると，$A\to PA\to B$ だから $\operatorname{rank}A=\operatorname{rank}(PA)=\operatorname{rank}B$ である．

(2) $\operatorname{rank}(AQ)=r$ とすると，問 2.13 より正則行列 P, R が存在して，$P(AQ)R=\begin{pmatrix} E_r & O \\ O & O \end{pmatrix}$ とできる．従って，$A=P^{-1}\begin{pmatrix} E_r & O \\ O & O \end{pmatrix}(QR)^{-1}$．このとき，$P^{-1}$ の正則性と問 2.12 より $\operatorname{rank}A=\operatorname{rank}\left(\begin{pmatrix} E_r & O \\ O & O \end{pmatrix}(QR)^{-1}\right)\leqq\operatorname{rank}\begin{pmatrix} E_r & O \\ O & O \end{pmatrix}$ だから $\operatorname{rank}A\leqq r$．一方，問 2.12 より $(r=)\operatorname{rank}(AQ)\leqq\operatorname{rank}A$ だから $\operatorname{rank}A=r$．

(3) は (1), (2) より明らか．

問 2.15 $\operatorname{rank}A=r$ とすると，問 2.13 より正則行列 P,Q が存在して $PAQ=\begin{pmatrix} E_r & O \\ O & O \end{pmatrix}$ とできる．このとき，${}^tQ\,{}^tA\,{}^tP={}^t(PAQ)={}^t\begin{pmatrix} E_r & O \\ O & O \end{pmatrix}=\begin{pmatrix} E_r & O \\ O & O \end{pmatrix}$ だから $\operatorname{rank}({}^tQ\,{}^tA\,{}^tP)=\operatorname{rank}E_r=r$ である．また，${}^tQ$, ${}^tP$ も正則だから問 2.14 (3) より $\operatorname{rank}{}^tA=\operatorname{rank}({}^tQ\,{}^tA\,{}^tP)=r$ を得る．

問 2.16 問 2.12 と問 2.15 より $\operatorname{rank}(AB)=\operatorname{rank}{}^t(AB)=\operatorname{rank}({}^tB\,{}^tA)\leqq\operatorname{rank}{}^tB=\operatorname{rank}B$ である．

問 2.17 r,s $(r\leqq s)$ を行列 A のランクとすると，問 2.13 より，正則行列 P_1,Q_1,P_2,Q_2 が存在して，$P_1AQ_1=\begin{pmatrix} E_r & O \\ O & O \end{pmatrix}$ かつ $P_2AQ_2=\begin{pmatrix} E_s & O \\ O & O \end{pmatrix}$ とできる．そこで，$P=P_2P_1^{-1}$, $Q=Q_1^{-1}Q_2$ とおくと, P,Q は正則で, $P\begin{pmatrix} E_r & O \\ O & O \end{pmatrix}Q=\begin{pmatrix} E_s & O \\ O & O \end{pmatrix}$ が成り立つ．さらに，P_{11},Q_{11} が r 次正方行列となるように，P,Q を分割して $P=\begin{pmatrix} P_{11} & P_{12} \\ P_{21} & P_{22} \end{pmatrix}$, $Q=\begin{pmatrix} Q_{11} & Q_{12} \\ Q_{21} & Q_{22} \end{pmatrix}$ とすると

$$\begin{pmatrix} P_{11}Q_{11} & P_{11}Q_{12} \\ P_{21}Q_{11} & P_{21}Q_{12} \end{pmatrix} = \begin{pmatrix} E_s & O \\ O & O \end{pmatrix} \cdots (*)$$

が成り立つ．従って，$r \leqq s$ より $P_{11}Q_{11} = E_r$ かつ $P_{11}Q_{12} = O$ となるから，P_{11} は正則で，$Q_{12} = O$ を得る．このとき，$P_{21}Q_{12} = O$ となるから，$(*)$ より $r = s$ が分かる．

問 2.18 (1) $A\boldsymbol{x} = \boldsymbol{0}$ の一般解を $\boldsymbol{u}$，$A\boldsymbol{x} = \boldsymbol{b}$ の 1 つの特解を $\boldsymbol{x}_*$ とすると，$A(\boldsymbol{u} + \boldsymbol{x}_*) = A\boldsymbol{u} + A\boldsymbol{x}_* = \boldsymbol{0} + \boldsymbol{b} = \boldsymbol{b}$ より $\boldsymbol{u} + \boldsymbol{x}_*$ は $A\boldsymbol{x} = \boldsymbol{b}$ の解となる．次に，$A\boldsymbol{x} = \boldsymbol{b}$ の一般解 $\boldsymbol{x}$ に対して，$\boldsymbol{x} - \boldsymbol{x}_* = \boldsymbol{u}$ とすると $A\boldsymbol{u} = A\boldsymbol{x} - A\boldsymbol{x}_* = \boldsymbol{b} - \boldsymbol{b} = \boldsymbol{0}$ すなわち $\boldsymbol{u}$ は $A\boldsymbol{x} = \boldsymbol{0}$ の解となる．よって，$A\boldsymbol{x} = \boldsymbol{b}$ の任意の解 $\boldsymbol{x}$ は $\boldsymbol{x} = \boldsymbol{u} + \boldsymbol{x}_*$ の形で表現できることが分かる．

(2) $A\boldsymbol{x} = \boldsymbol{0}$ の一般解 $\boldsymbol{u}$ は，$\boldsymbol{u} = c_1\boldsymbol{x}_1 + \cdots + c_{n-r}\boldsymbol{x}_{n-r}$ と書けるので，(1) より $\boldsymbol{x} = c_1\boldsymbol{x}_1 + \cdots + c_{n-r}\boldsymbol{x}_{n-r} + \boldsymbol{x}_*$ は $A\boldsymbol{x} = \boldsymbol{b}$ の一般解となる．

問 2.19 (1) $c_1 \begin{pmatrix} 1 \\ 0 \\ -1 \end{pmatrix} + c_2 \begin{pmatrix} 0 \\ 1 \\ -1 \end{pmatrix}$ (2) $c \begin{pmatrix} 1 \\ 1 \\ 1 \end{pmatrix}$ (c, c_1, c_2 は任意定数)

問 2.20 (1) 略 (2) $c \begin{pmatrix} 1 \\ 1 \\ 1 \end{pmatrix} + \begin{pmatrix} 1 \\ 0 \\ 2 \end{pmatrix}$ (3) $c_1 \begin{pmatrix} 1 \\ 0 \\ 2 \end{pmatrix} + c_2 \begin{pmatrix} 0 \\ 1 \\ -1 \end{pmatrix} + \begin{pmatrix} 0 \\ 0 \\ -1 \end{pmatrix}$

第3章

問 3.1 (1) 1 (2) −1 (3) −1 (4) 1

問 3.2 (1) −2 (2) −6 (3) 2 (4) −2

問 3.3 (1) $-|A|$ (2) $\alpha|A|$ (3) $|A|$ (4) $|A|$

問 3.4 (1) −18 (2) 0 (3) −18 (4) 12

問 3.5 (1) 2, 5 (2) −2, 1 (3) 0, 2 (4) −1, 1

問 3.6 略

問 3.7 (1) 72 (2) 0 (3) 48

問 3.8 (1) 24 (2) 69 (3) 50 (4) 44 (5) 72 (6) 288

問 3.9 $\widetilde{a}_{11} = -6, \widetilde{a}_{12} = -3, \widetilde{a}_{13} = 0, \widetilde{a}_{32} = -5$

問 3.10 $|A| = \begin{vmatrix} a_{11} & a_{12} & a_{13} + 0 + 0 \\ a_{21} & a_{22} & 0 + a_{23} + 0 \\ a_{31} & a_{32} & 0 + 0 + a_{33} \end{vmatrix}$

$$= \begin{vmatrix} a_{11} & a_{12} & a_{13} \\ a_{21} & a_{22} & 0 \\ a_{31} & a_{32} & 0 \end{vmatrix} + \begin{vmatrix} a_{11} & a_{12} & 0 \\ a_{21} & a_{22} & a_{23} \\ a_{31} & a_{32} & 0 \end{vmatrix} + \begin{vmatrix} a_{11} & a_{12} & 0 \\ a_{21} & a_{22} & 0 \\ a_{31} & a_{32} & a_{33} \end{vmatrix}$$

$$= (-1)^2 \begin{vmatrix} a_{13} & a_{11} & a_{12} \\ 0 & a_{21} & a_{22} \\ 0 & a_{31} & a_{32} \end{vmatrix} + (-1)^2 \begin{vmatrix} 0 & a_{11} & a_{12} \\ a_{23} & a_{21} & a_{22} \\ 0 & a_{31} & a_{32} \end{vmatrix} + (-1)^2 \begin{vmatrix} 0 & a_{11} & a_{12} \\ 0 & a_{21} & a_{22} \\ a_{33} & a_{31} & a_{32} \end{vmatrix}$$

$$= (-1)^2 \begin{vmatrix} a_{13} & a_{11} & a_{12} \\ 0 & a_{21} & a_{22} \\ 0 & a_{31} & a_{32} \end{vmatrix} + (-1)^3 \begin{vmatrix} a_{23} & a_{21} & a_{22} \\ 0 & a_{11} & a_{12} \\ 0 & a_{31} & a_{32} \end{vmatrix} + (-1)^4 \begin{vmatrix} a_{33} & a_{31} & a_{32} \\ 0 & a_{11} & a_{12} \\ 0 & a_{21} & a_{22} \end{vmatrix}$$

また，定理 3.7 より

$$|A| = (-1)^2 a_{13}|A_{13}| + (-1)^3 a_{23}|A_{23}| + (-1)^4 a_{33}|A_{33}|$$
$$= a_{13}(-1)^{1+3}|A_{13}| + a_{23}(-1)^{2+3}|A_{23}| + a_{33}(-1)^{3+3}|A_{33}|$$
$$= a_{13}\widetilde{a}_{13} + a_{23}\widetilde{a}_{23} + a_{33}\widetilde{a}_{33}$$

問 3.11 (1) 25　(2) 8　(3) 69　(4) -16　(5) 23　(6) 288

問 3.12 (1) $(a-b)(b-c)(c-a)(a+b+c)$
(2) $(a-b)(b-c)(c-a)(ab+bc+ca)$
(3) $(3a+b)b^2$
(4) $2(a+b+c)^3$
(5) $2(a+b)(b+c)(c+a)$
(6) $(a-b)(b-c)(c-d)d$
(7) $(a+b+c+d)(a-b)(a-c)(a-d)$
(8) $(a+b+c+d)(a+b-c-d)(a-b+c-d)(a-b-c+d)$

問 3.13 $A = (a_{ij})$, $B = (b_{ij})$, $c_{ij} = \displaystyle\sum_{r=1}^{n} a_{ir}b_{rj}$ とおくと

$$|AB| = \begin{vmatrix} c_{11} & c_{12} & \cdots & c_{1n} \\ c_{21} & c_{22} & \cdots & c_{2n} \\ & \cdots\cdots\cdots & & \\ c_{n1} & c_{n2} & \cdots & c_{nn} \end{vmatrix} = \begin{vmatrix} \sum a_{1r}b_{r1} & \sum a_{1r}b_{r2} & \cdots & \sum a_{1r}b_{rn} \\ c_{21} & c_{22} & \cdots & c_{2n} \\ & \cdots\cdots\cdots\cdots & & \\ c_{n1} & c_{n2} & \cdots & c_{nn} \end{vmatrix}$$

第 1 行の n 個の成分の和から n 個の行列式の和に変形し，各行列式の第 1 行から共通因数を括り出すと

$$= \sum_{r=1}^{n} a_{1r} \begin{vmatrix} b_{r1} & b_{r2} & \cdots & b_{rn} \\ c_{21} & c_{22} & \cdots & c_{2n} \\ & \cdots\cdots\cdots & & \\ c_{n1} & c_{n2} & \cdots & c_{nn} \end{vmatrix}$$

$$= \sum_{r=1}^{n} a_{1r} \begin{vmatrix} b_{r1} & b_{r2} & \cdots & b_{rn} \\ \sum a_{2s}b_{s1} & \sum a_{2s}b_{s2} & \cdots & \sum a_{2s}b_{sn} \\ & \cdots\cdots\cdots\cdots & & \\ c_{n1} & c_{n2} & \cdots & c_{nn} \end{vmatrix}$$

さらに，同様の操作を第 2 行，第 3 行，$\cdots$，第 n 行に繰り返し行えば

$$= \sum_{r=1}^{n}\sum_{s=1}^{n} a_{1r}a_{2s} \begin{vmatrix} b_{r1} & b_{r2} & \cdots & b_{rn} \\ b_{s1} & b_{s2} & \cdots & b_{sn} \\ & \cdots\cdots\cdots & & \\ c_{n1} & c_{n2} & \cdots & c_{nn} \end{vmatrix}$$

$$= \sum_{r=1}^{n}\sum_{s=1}^{n}\cdots\sum_{t=1}^{n} a_{1r}a_{2s}\cdots a_{nt} \begin{vmatrix} b_{r1} & b_{r2} & \cdots & b_{rn} \\ b_{s1} & b_{s2} & \cdots & b_{sn} \\ & \cdots\cdots\cdots & & \\ b_{t1} & b_{t2} & \cdots & b_{tn} \end{vmatrix}$$

この式は n^n 個の行列式の和であるが，$r, s, \cdots, t$ の中に等しいものがあればその行列式は 0 となるから，結局 $r, s, \cdots, t$ が相異なる場合のみとなり，$(r\ s\ \cdots\ t)$ が $n!$ 個の $\{1, 2, \cdots, n\}$ の順列の和のみが残る．また，$r, s, \cdots, t$ が相異なるとき

$$\begin{vmatrix} b_{r1} & b_{r2} & \cdots & b_{rn} \\ b_{s1} & b_{s2} & \cdots & b_{sn} \\ & \cdots\cdots\cdots & & \\ b_{t1} & b_{t2} & \cdots & b_{tn} \end{vmatrix} = \varepsilon(r\ s\ \cdots\ t)|B|$$

だから $|AB| = \sum \varepsilon(r\ s\ \cdots\ t)a_{1r}a_{2s}\cdots a_{nt}|B| = |A||B|$ を得る．

問 3.14 (1) 8　(2) -4　(3) 4　(4) -2

問 3.15 $(a+b+c)(a+b-c)(a-b+c)(a-b-c)$

$$\left[AB = \begin{pmatrix} a+b+c & a-b-c & -(a-b+c) & -(a+b-c) \\ a+b+c & a-b-c & a-b+c & a+b-c \\ a+b+c & -(a-b-c) & -(a-b+c) & a+b-c \\ a+b+c & -(a-b-c) & a-b+c & -(a+b-c) \end{pmatrix} \right.\text{ より}$$

$|AB| = (a+b+c)(a+b-c)(a-b+c)(a-b-c)|B|$. 一方，$|B| = -16 \neq 0.$]

問 3.16 (1) $x \neq -2, 1$　(2) $x+y+z \neq -1$　(3) $xyz \neq 0$

問 3.17 (1) $(x, y) = (3, 2)$　(2) $(x, y, z) = (3, 2, -1)$　(3) $(x, y, z) = (1, 2, 3)$

問 3.18 (1) -1, 4　(2) 2, 3　(3) 2, 5　(4) -2, -1, 0

問 3.19 $y = x + 1$

問 3.20 $x + y + z = 6$

問 3.21 (1) -1　(2) 3　(3) 1　(4) 2^{n+1}　(5) 1/2　(6) -2　(7) 6　(8) 2　(9) 1/4

問 3.22 (1) まず，第 $r+s$ 行で展開して

$$\begin{vmatrix} A & X \\ O & E_s \end{vmatrix} = 0 + \cdots + 0 + 1\cdot(-1)^{2(r+s)} \begin{vmatrix} A & X' \\ O & E_{s-1} \end{vmatrix} = \begin{vmatrix} A & X' \\ O & E_{s-1} \end{vmatrix}$$

ただし，X' は $r \times s$ 行列 X から第 s 列を取り除いた $r \times (s-1)$ 行列である．さらに，第 $r+s-1$ 行，第 $r+s-2$ 行，$\cdots$，第 $r+1$ 行の順に展開していけば $|A|$ と等しくなる．

(2) 略

(3) まず，第 1 行で展開し，さらに，第 2 行，$\cdots$，第 r 行の順に展開していく．

(4) 略

(5) 例 1.11 より $\begin{pmatrix} A & X \\ O & B \end{pmatrix} = \begin{pmatrix} E_r & X \\ O & B \end{pmatrix} \begin{pmatrix} A & O \\ O & E_s \end{pmatrix}$

(6) 略

問 3.23 (1) $\begin{pmatrix} A & B \\ C & E \end{pmatrix} = \begin{pmatrix} A-BC & B \\ O & E \end{pmatrix} \begin{pmatrix} E & O \\ C & E \end{pmatrix}$

(2) $\begin{pmatrix} A & B \\ C & D \end{pmatrix} = \begin{pmatrix} A & O \\ C & E \end{pmatrix} \begin{pmatrix} E & A^{-1}B \\ O & D-CA^{-1}B \end{pmatrix}$

(3) $\begin{pmatrix} A & B \\ C & D \end{pmatrix} = \begin{pmatrix} E & O \\ A^{-1}C & A^{-1} \end{pmatrix} \begin{pmatrix} A & B \\ O & AD-CB \end{pmatrix}$

（または，$D-CA^{-1}B = A^{-1}(AD-CB)$ を (2) に代入してもよい．）

(4) $\begin{vmatrix} A & B \\ B & A \end{vmatrix} = \begin{vmatrix} A-B & B-A \\ B & A \end{vmatrix} = \begin{vmatrix} A-B & O \\ B & A+B \end{vmatrix}$

(5) $\begin{vmatrix} A & -B \\ B & A \end{vmatrix} = \begin{vmatrix} A-iB & -B \\ B+iA & A \end{vmatrix} = \begin{vmatrix} A-iB & -B \\ O & A+iB \end{vmatrix}$

問 3.24 $\cos(x+y) = \cos(\pi - z) = -\cos z$ より

$$\begin{pmatrix} 1 & 0 & 0 \\ -\cos x & -\sin x & 0 \\ -\cos y & \sin y & 0 \end{pmatrix} \begin{pmatrix} -1 & \cos x & \cos y \\ 0 & \sin x & -\sin y \\ 0 & 0 & 0 \end{pmatrix} = \begin{pmatrix} -1 & \cos x & \cos y \\ \cos x & -1 & \cos z \\ \cos y & \cos z & -1 \end{pmatrix}$$

問 3.25 行列式の値は $(x+y+z)(x+y-z)(x-y+z)(x-y-z)$

[(a) 問 3.23 (4) を利用すると

$$\begin{vmatrix} 0 & x & y & z \\ x & 0 & z & y \\ y & z & 0 & x \\ z & y & x & 0 \end{vmatrix} = \left| \begin{pmatrix} 0 & x \\ x & 0 \end{pmatrix} + \begin{pmatrix} y & z \\ z & y \end{pmatrix} \right| \left| \begin{pmatrix} 0 & x \\ x & 0 \end{pmatrix} - \begin{pmatrix} y & z \\ z & y \end{pmatrix} \right|$$

$$= \left| \begin{pmatrix} y & x+z \\ x+z & y \end{pmatrix} \begin{pmatrix} -y & x-z \\ x-z & -y \end{pmatrix} \right| = \begin{vmatrix} x^2-y^2-z^2 & -2yz \\ -2yz & x^2-y^2-z^2 \end{vmatrix}$$

(b) 第 1 列 $\leftrightarrow$ 第 2 列，第 3 列 $\leftrightarrow$ 第 4 列，の変形を行って，問 3.23 (1) を利用すると

$$\begin{vmatrix} 0 & x^2 & y^2 & z^2 \\ x^2 & 0 & 1 & 1 \\ y^2 & 1 & 0 & 1 \\ z^2 & 1 & 1 & 0 \end{vmatrix} = \begin{vmatrix} x^2 & 0 & z^2 & y^2 \\ 0 & x^2 & 1 & 0 \\ 1 & y^2 & 1 & 0 \\ 1 & z^2 & 0 & 1 \end{vmatrix}$$

$$= \left| \begin{pmatrix} x^2 & 0 \\ 0 & x^2 \end{pmatrix} - \begin{pmatrix} z^2 & y^2 \\ 1 & 1 \end{pmatrix} \begin{pmatrix} 1 & y^2 \\ 1 & z^2 \end{pmatrix} \right| = \begin{vmatrix} x^2-y^2-z^2 & -2y^2z^2 \\ -2 & x^2-y^2-z^2 \end{vmatrix}$$

(c) 第 1 列 $\leftrightarrow$ 第 3 列, 第 2 列 $\leftrightarrow$ 第 4 列, 第 1 行 $\leftrightarrow$ 第 4 行, 第 2 行 $\leftrightarrow$ 第 3 行, の変形を行って, 問 3.23 (1) を利用すると

$$\begin{vmatrix} 0 & 1 & 1 & 1 \\ 1 & 0 & z^2 & y^2 \\ 1 & z^2 & 0 & x^2 \\ 1 & y^2 & x^2 & 0 \end{vmatrix} = \begin{vmatrix} x^2 & 0 & 1 & y^2 \\ 0 & x^2 & 1 & z^2 \\ z^2 & y^2 & 1 & 0 \\ 1 & 1 & 0 & 1 \end{vmatrix}$$

$$= \left| \begin{pmatrix} x^2 & 0 \\ 0 & x^2 \end{pmatrix} - \begin{pmatrix} 1 & y^2 \\ 1 & z^2 \end{pmatrix} \begin{pmatrix} z^2 & y^2 \\ 1 & 1 \end{pmatrix} \right| = \begin{vmatrix} x^2 - y^2 - z^2 & -2y^2 \\ -2z^2 & x^2 - y^2 - z^2 \end{vmatrix}]$$

第 4 章

問 4.1 略

問 4.2 (1) 1 次独立　(2) 1 次従属　(3) 1 次独立　(4) 1 次従属

問 4.3 略

問 4.4 (1) 略　(2) 略

問 4.5 (1) 部分空間　(2) 部分空間でない　(3) 部分空間　(4) 部分空間でない

問 4.6 ベクトルを順に $\boldsymbol{a}, \boldsymbol{b}, \boldsymbol{c}$ とする.

(1) $-\boldsymbol{a} - \boldsymbol{b} + 3\boldsymbol{c}$　(2) $6\boldsymbol{a} + 3\boldsymbol{b} + 5\boldsymbol{c}$　(3) $-\dfrac{1}{2}\boldsymbol{a} + \dfrac{1}{2}\boldsymbol{b}$

問 4.7 (1) 1 次独立　(2) 1 次従属　(3) 1 次独立　(4) 1 次従属

問 4.8 (1) 1 次従属　(2) 1 次独立　(3) 1 次従属　(4) 1 次独立

問 4.9 (1) $\left\{ \begin{pmatrix} 1 \\ -1 \\ 0 \\ 0 \end{pmatrix}, \begin{pmatrix} 1 \\ 0 \\ -1 \\ 0 \end{pmatrix}, \begin{pmatrix} 1 \\ 0 \\ 0 \\ -1 \end{pmatrix} \right\}, 3$　(2) $\left\{ \begin{pmatrix} -3 \\ 2 \\ 1 \\ 0 \end{pmatrix}, \begin{pmatrix} -2 \\ 1 \\ 0 \\ 1 \end{pmatrix} \right\}, 2$

(3) $\left\{ \begin{pmatrix} 1 \\ -4 \\ 3 \\ 0 \end{pmatrix}, \begin{pmatrix} -1 \\ -2 \\ 0 \\ 3 \end{pmatrix} \right\}, 2$　(4) $\left\{ \begin{pmatrix} 1 \\ 0 \\ 1 \\ -2 \end{pmatrix} \right\}, 1$

問 4.10 (1) $x \neq -12$　(2) $x \neq 2$　(3) $x \neq -3$　(4) $x \neq -6$

問 4.11 $y = f(\boldsymbol{x})$, $\boldsymbol{x} = f^{-1}(\boldsymbol{y})$ のとき

(i) $(f^{-1} \circ f)(\boldsymbol{x}) = f^{-1}(f(\boldsymbol{x})) = f^{-1}(\boldsymbol{y}) = \boldsymbol{x}$

(ii) $(f \circ f^{-1})(\boldsymbol{y}) = f(f^{-1}(\boldsymbol{y})) = f(\boldsymbol{x}) = \boldsymbol{y}$

問 4.12 略

問 4.13 (1) 線形　(2) 線形でない $[\,f(\mathbf{0}) \neq \mathbf{0}\,]$

(3) 線形でない $[\,\boldsymbol{a} = {}^t\begin{pmatrix}1 & 0\end{pmatrix}, \boldsymbol{b} = {}^t\begin{pmatrix}0 & 1\end{pmatrix}$ のとき，$f(\boldsymbol{a}+\boldsymbol{b}) \neq f(\boldsymbol{a}) + f(\boldsymbol{b})\,]$

(4) 線形でない $[\,\boldsymbol{a} = {}^t\begin{pmatrix}1 & 0\end{pmatrix}, \boldsymbol{b} = {}^t\begin{pmatrix}2 & 0\end{pmatrix}$ のとき，$f(\boldsymbol{a}+\boldsymbol{b}) \neq f(\boldsymbol{a}) + f(\boldsymbol{b})\,]$

問 4.14 f は全単射だから $\boldsymbol{p}, \boldsymbol{q} \in V'$ に対して，$f(\boldsymbol{a}) = \boldsymbol{p}, f(\boldsymbol{b}) = \boldsymbol{q}$ を満たす $\boldsymbol{a}, \boldsymbol{b} \in V$ がただ 1 つ存在する．このとき $\boldsymbol{a} = f^{-1}(\boldsymbol{p}), \boldsymbol{b} = f^{-1}(\boldsymbol{q})$ だから f の線形性より $\alpha, \beta \in \boldsymbol{R}$ に対して，$f^{-1}(\alpha\boldsymbol{p}+\beta\boldsymbol{q}) = f^{-1}(\alpha f(\boldsymbol{a})+\beta f(\boldsymbol{b})) = f^{-1}(f(\alpha\boldsymbol{a}+\beta\boldsymbol{b})) = (f^{-1}\circ f)(\alpha\boldsymbol{a}+\beta\boldsymbol{b}) = \alpha\boldsymbol{a}+\beta\boldsymbol{b} = \alpha f^{-1}(\boldsymbol{p}) + \beta f^{-1}(\boldsymbol{q})$ となる．

問 4.15 (1) $b = c = 0$　(2) $b = d = 0$

問 4.16 (1) $(g \circ f)(\boldsymbol{x}) = g(f(\boldsymbol{x})) = g(M(f)\boldsymbol{x}) = M(g)M(f)(\boldsymbol{x})$ より $M(g\circ f) = M(g)M(f)$ である．

(2) f が全単射より $f^{-1} : \boldsymbol{R}^n \to \boldsymbol{R}^n$ が存在して，$f^{-1}(\boldsymbol{y}) = M(f^{-1})\boldsymbol{y}$ である．$\boldsymbol{x} = f^{-1}(\boldsymbol{y})$ とすると，$\boldsymbol{x} = M(f^{-1})\boldsymbol{y}$．一方，$\boldsymbol{y} = f(\boldsymbol{x})$ より $\boldsymbol{y} = M(f)\boldsymbol{x}$ だから $M(f^{-1})M(f) = M(f)M(f^{-1}) = E$ すなわち $M(f)$ は正則で $M(f)^{-1} = M(f^{-1})$.

問 4.17 (1) $M(f) = \begin{pmatrix}1 & -1 & 2\\ 3 & 0 & -1\end{pmatrix}$　(2) $M(g\circ f) = \begin{pmatrix}5 & -2 & 3\\ -5 & -1 & 4\\ 3 & -3 & 6\end{pmatrix}$

(3) $M(h^{-1}) = \begin{pmatrix}0 & 1 & -1\\ 1 & -1 & 0\\ -1 & 1 & 1\end{pmatrix}$　(4) $M(f\circ h^{-1}) = \begin{pmatrix}-3 & 4 & 1\\ 1 & 2 & -4\end{pmatrix}$

問 4.18 $f(\boldsymbol{v}_1), \cdots, f(\boldsymbol{v}_n) \in \boldsymbol{R}^m = \langle \boldsymbol{w}_1, \cdots, \boldsymbol{w}_m\rangle$ を

$$f(\boldsymbol{v}_1) = a_{11}\boldsymbol{w}_1 + a_{21}\boldsymbol{w}_2 + \cdots + a_{m1}\boldsymbol{w}_m$$
$$f(\boldsymbol{v}_2) = a_{12}\boldsymbol{w}_1 + a_{22}\boldsymbol{w}_2 + \cdots + a_{m2}\boldsymbol{w}_m$$
$$\cdots\cdots\cdots$$
$$f(\boldsymbol{v}_n) = a_{1n}\boldsymbol{w}_1 + a_{2n}\boldsymbol{w}_2 + \cdots + a_{mn}\boldsymbol{w}_m$$

とおくと，$\begin{pmatrix}f(\boldsymbol{v}_1) & f(\boldsymbol{v}_2) & \cdots & f(\boldsymbol{v}_n)\end{pmatrix} = \begin{pmatrix}\boldsymbol{w}_1 & \boldsymbol{w}_2 & \cdots & \boldsymbol{w}_m\end{pmatrix}A$ が成り立つ．ただし

$$A = \begin{pmatrix}\boldsymbol{a}_1 & \boldsymbol{a}_2 & \cdots & \boldsymbol{a}_n\end{pmatrix} = \begin{pmatrix}a_{11} & a_{12} & \cdots & a_{1n}\\ a_{21} & a_{22} & \cdots & a_{2n}\\ & \cdots\cdots\cdots\cdots & & \\ a_{m1} & a_{m2} & \cdots & a_{mn}\end{pmatrix}.$$ 従って，f の線形性より

$$f(\boldsymbol{x}) = f(\xi_1\boldsymbol{v}_1 + \cdots + \xi_n\boldsymbol{v}_n) = \xi_1 f(\boldsymbol{v}_1) + \cdots + \xi_n f(\boldsymbol{v}_n)$$
$$= \begin{pmatrix}f(\boldsymbol{v}_1) & \cdots & f(\boldsymbol{v}_n)\end{pmatrix}{}^t\begin{pmatrix}\xi_1 & \cdots & \xi_n\end{pmatrix} = \begin{pmatrix}\boldsymbol{w}_1 & \cdots & \boldsymbol{w}_m\end{pmatrix}A\,{}^t\begin{pmatrix}\xi_1 & \cdots & \xi_n\end{pmatrix}$$

が成り立つ．一方，$f(\boldsymbol{x}) = \eta_1\boldsymbol{w}_1 + \cdots + \eta_m\boldsymbol{w}_m = \begin{pmatrix}\boldsymbol{w}_1 & \cdots & \boldsymbol{w}_m\end{pmatrix}{}^t\begin{pmatrix}\eta_1 & \cdots & \eta_n\end{pmatrix}$ だから $\begin{pmatrix}\boldsymbol{w}_1 & \cdots & \boldsymbol{x}_m\end{pmatrix}$ の正則性より ${}^t\begin{pmatrix}\eta_1 & \cdots & \eta_n\end{pmatrix} = A\,{}^t\begin{pmatrix}\xi_1 & \cdots & \xi_n\end{pmatrix}$ が成り立つ．（一意性について）$A = \begin{pmatrix}\boldsymbol{a}_1 & \cdots & \boldsymbol{a}_n\end{pmatrix}, B = \begin{pmatrix}\boldsymbol{b}_1 & \cdots & \boldsymbol{b}_n\end{pmatrix}$ に対して ${}^t\begin{pmatrix}\eta_1 & \cdots & \eta_m\end{pmatrix} = A\,{}^t\begin{pmatrix}\xi_1 & \cdots & \xi_n\end{pmatrix}$ かつ ${}^t\begin{pmatrix}\eta_1 & \cdots & \eta_m\end{pmatrix} = B\,{}^t\begin{pmatrix}\xi_1 & \cdots & \xi_n\end{pmatrix}$ とすると，$A\,{}^t\begin{pmatrix}\xi_1 & \cdots & \xi_n\end{pmatrix} = B\,{}^t\begin{pmatrix}\xi_1 & \cdots & \xi_n\end{pmatrix}$ である．ここで，$\boldsymbol{x} = \boldsymbol{v}_j$ を選ぶと $\xi_j = 1$,

$\xi_k = 0\ (k \neq j)$ すなわち ${}^t\!\begin{pmatrix}\xi_1 & \cdots & \xi_n\end{pmatrix} = \boldsymbol{e}_j\ (j = 1, \cdots, n)$ である．従って，$\boldsymbol{a}_j = A\boldsymbol{e}_j = B\boldsymbol{e}_j = \boldsymbol{b}_j\ (j = 1, \cdots, m)$ より $A = B$ となる．

問 4.19 $\boldsymbol{a}, \boldsymbol{b} \in W_1 + W_2$ とすると，$\boldsymbol{a} = \boldsymbol{a}_1 + \boldsymbol{a}_2, \boldsymbol{b} = \boldsymbol{b}_1 + \boldsymbol{b}_2$ となる $\boldsymbol{a}_1, \boldsymbol{b}_1 \in W_1$ と $\boldsymbol{a}_2, \boldsymbol{b}_2 \in W_2$ が取れる．このとき，$\alpha, \beta \in \boldsymbol{R}$ に対して，$\alpha\boldsymbol{a}_1 + \beta\boldsymbol{b}_1 \in W_1$，$\alpha\boldsymbol{a}_2 + \beta\boldsymbol{b}_2 \in W_2$ より $\alpha\boldsymbol{a} + \beta\boldsymbol{b} = (\alpha\boldsymbol{a}_1 + \beta\boldsymbol{b}_1) + (\alpha\boldsymbol{a}_2 + \beta\boldsymbol{b}_2) \in W_1 + W_2$.

問 4.20 (1) $\boldsymbol{a}_1 \in W_1$ とすると，$\boldsymbol{0} \in W_2$ より $\boldsymbol{a}_1 = \boldsymbol{a}_1 + \boldsymbol{0} \in W_1 + W_2$.

(2) $\boldsymbol{a} \in W_1 + W_2$ とすると，$\boldsymbol{a} = \boldsymbol{a}_1 + \boldsymbol{a}_2$ となる $\boldsymbol{a}_1 \in W_1$ と $\boldsymbol{a}_2 \in W_2$ が取れる．仮定より $\boldsymbol{a}_1 \in W_1 \subset W$ かつ $\boldsymbol{a}_2 \in W_2 \subset W$ だから $\boldsymbol{a}_1 + \boldsymbol{a}_2 \in W$.

(3) $\boldsymbol{a} \in (W_1 \cap W) + (W_2 \cap W)$ とすると，$\boldsymbol{a} = \boldsymbol{a}_1 + \boldsymbol{a}_2$ となる $\boldsymbol{a}_1 \in W_1 \cap W$ と $\boldsymbol{a}_2 \in W_2 \cap W$ が取れる．このとき，$\boldsymbol{a}_1 \in W_1$ かつ $\boldsymbol{a}_1 \in W$，$\boldsymbol{a}_2 \in W_2$ かつ $\boldsymbol{a}_2 \in W$ だから $\boldsymbol{a}_1 + \boldsymbol{a}_2 \in W_1 + W_2$ かつ $\boldsymbol{a}_1 + \boldsymbol{a}_2 \in W$ すなわち $\boldsymbol{a}_1 + \boldsymbol{a}_2 \in (W_1 + W_2) \cap W$.

問 4.21 $(\Rightarrow)$ $W_1 \cap W_2 \subset \{\boldsymbol{0}\}$ を示せばよい．$\boldsymbol{a} \in W_1 \cap W_2$ とすると，$W_1 \cap W_2 \subset W_1$，$W_1 \cap W_2 \subset W_2$ より $\boldsymbol{a} = \boldsymbol{a} + \boldsymbol{0} = \boldsymbol{0} + \boldsymbol{a} \in W_1 + W_2$ だから表示の一意性より $\boldsymbol{a} = \boldsymbol{0} \in \{\boldsymbol{0}\}$.

$(\Leftarrow)$ $V \subset W_1 \oplus W_2$ を示せばよい．$\boldsymbol{a} \in V = W_1 + W_2$ とし，$\boldsymbol{a} = \boldsymbol{a}_1 + \boldsymbol{a}_2 = \boldsymbol{b}_1 + \boldsymbol{b}_2$ $(\boldsymbol{a}_1, \boldsymbol{b}_1 \in W_1$ かつ $\boldsymbol{a}_2, \boldsymbol{b}_2 \in W_2)$ とすると，$\boldsymbol{a}_1 - \boldsymbol{b}_1 = \boldsymbol{b}_2 - \boldsymbol{a}_2$ で，$\boldsymbol{a}_1 - \boldsymbol{b}_1 \in W_1$ かつ $\boldsymbol{b}_2 - \boldsymbol{a}_2 \in W_2$ だから $\boldsymbol{a}_1 - \boldsymbol{b}_1 = \boldsymbol{b}_2 - \boldsymbol{a}_2 = \boldsymbol{0} \in W_1 \cap W_2 = \{\boldsymbol{0}\}$．よって，$\boldsymbol{a}_1 = \boldsymbol{b}_1$ かつ $\boldsymbol{a}_2 = \boldsymbol{b}_2$ より $\boldsymbol{a} \in W_1 \oplus W_2$.

問 4.22 $\alpha_1\boldsymbol{a}_1 + \cdots + \alpha_k\boldsymbol{a}_k + \beta\boldsymbol{b} = \boldsymbol{0}$ とする．もし $\beta \neq 0$ ならば $\boldsymbol{b} = (-\alpha_1/\beta)\boldsymbol{a}_1 + \cdots + (-\alpha_k/\beta)\boldsymbol{a}_k \in \langle \boldsymbol{a}_1, \cdots, \boldsymbol{a}_k \rangle$ となり仮定に反する．従って，$\beta = 0$ となり，$\alpha_1\boldsymbol{a}_1 + \cdots + \alpha_k\boldsymbol{a}_k = \boldsymbol{0}$ から $\alpha_1 = \cdots = \alpha_k = 0$ も分かる．

問 4.23 $\boldsymbol{a}_1, \cdots, \boldsymbol{a}_k, \boldsymbol{b}$ の 1 次従属性より $\alpha_1, \cdots, \alpha_k, \beta$ の中に 0 でないスカラーが少なくとも 1 つは取れて，$\alpha_1\boldsymbol{a}_1 + \cdots + \alpha_k\boldsymbol{a}_k + \beta\boldsymbol{b} = \boldsymbol{0}$ とできる．もし，$\beta = 0$ であれば，$\boldsymbol{a}_1, \cdots, \boldsymbol{a}_k$ の 1 次独立性より $\alpha_1 = \cdots = \alpha_k = 0$ となり仮定に反する．従って，$\beta \neq 0$ だから $\boldsymbol{b} = (-\alpha_1/\beta)\boldsymbol{a}_1 + \cdots + (-\alpha_k/\beta)\boldsymbol{a}_k \in \langle \boldsymbol{a}_1, \cdots, \boldsymbol{a}_k \rangle$ となる．（一意性について）$\boldsymbol{b} = \beta_1\boldsymbol{a}_1 + \cdots + \beta_k\boldsymbol{a}_k$ かつ $\boldsymbol{b} = \gamma_1\boldsymbol{a}_1 + \cdots + \gamma_k\boldsymbol{a}_k$ とすると，$(\beta_1 - \gamma_1)\boldsymbol{a}_1 + \cdots + (\beta_k - \gamma_k)\boldsymbol{a}_k = \boldsymbol{0}$ だから $\boldsymbol{a}_1, \cdots, \boldsymbol{a}_k$ の 1 次独立性より $\beta_1 - \gamma_1 = \cdots = \beta_k - \gamma_k = 0$ すなわち $\beta_1 = \gamma_1, \cdots, \beta_k = \gamma_k$ が分かる．

問 4.24 $\dim W_1 = r$ とし，$\{\boldsymbol{a}_1, \cdots, \boldsymbol{a}_r\}$ を W_1 の基底とする．

(1) $W_1 \subset W_2$ より $\{\boldsymbol{a}_1, \cdots, \boldsymbol{a}_r\}$ は W_2 の 1 次独立なベクトルの組となる．従って，基底の延長定理（定理 4.6）より $r \leqq \dim W_2$.

(2) $\{\boldsymbol{a}_1, \cdots, \boldsymbol{a}_r\}$ は W_2 の 1 次独立なベクトルの組で，$\dim W_2 = r$ だから W_2 の基底となる．よって，$W_1 = W_2$.

問 4.25 $(\Rightarrow)$ 表示が一意的だから $\alpha_1\boldsymbol{a}_1 + \cdots + \alpha_r\boldsymbol{a}_r = \boldsymbol{0}$ とすると，$\alpha_1 = \cdots = \alpha_r = 0$ となり，$\boldsymbol{a}_1, \cdots, \boldsymbol{a}_r$ は 1 次独立である．一方，$V = \langle \boldsymbol{a}_1, \cdots, \boldsymbol{a}_r \rangle$ だから $\{\boldsymbol{a}_1, \cdots, \boldsymbol{a}_r\}$ は V の基底となる．

$(\Leftarrow)$ $\alpha_1\boldsymbol{a}_1 + \cdots + \alpha_r\boldsymbol{a}_r = \beta_1\boldsymbol{a}_1 + \cdots + \beta_r\boldsymbol{a}_r$ とすると，$(\alpha_1 - \beta_1)\boldsymbol{a}_1 + \cdots + (\alpha_r - \beta_r)\boldsymbol{a}_r = \boldsymbol{0}$ となり，$\boldsymbol{a}_1, \cdots, \boldsymbol{a}_r$ の 1 次独立性より $\alpha_1 - \beta_1 = \cdots = \alpha_r - \beta_r = 0$ すなわち $\alpha_1 = \beta_1, \cdots, \alpha_r = \beta_r$.

問 4.26 (1) $\dim(W_1\cap W_2)=r$, $\dim W_1=s$, $\dim W_2=t$ とすると，問 4.24 より $r\leqq s$, $r\leqq t$. $W_1\cap W_2$ の基底を $\{\boldsymbol{a}_1,\cdots,\boldsymbol{a}_r\}$ とすると，基底の延長定理（定理 4.6）より $\boldsymbol{b}_1,\cdots,\boldsymbol{b}_{s-r}\in W_1$ と $\boldsymbol{c}_1,\cdots,\boldsymbol{c}_{t-r}\in W_2$ が取れて $\{\boldsymbol{a}_1,\cdots,\boldsymbol{a}_r,\boldsymbol{b}_1,\cdots,\boldsymbol{b}_{s-r}\}$ を W_1 の基底に，$\{\boldsymbol{a}_1,\cdots,\boldsymbol{a}_r,\boldsymbol{c}_1,\cdots,\boldsymbol{c}_{t-r}\}$ を W_2 の基底にできる．このとき，$W_1+W_2=\langle\boldsymbol{a}_1,\cdots,\boldsymbol{a}_r,\boldsymbol{b}_1,\cdots,\boldsymbol{b}_{s-r},\boldsymbol{c}_1,\cdots,\boldsymbol{c}_{t-r}\rangle$ である．一方，$\displaystyle\sum_{j=1}^{r}\alpha_j\boldsymbol{a}_j+\sum_{j=1}^{s-r}\beta_j\boldsymbol{b}_j+\sum_{j=1}^{t-r}\gamma_j\boldsymbol{c}_j=\boldsymbol{0}$ とすると，$(W_2\ni)\displaystyle\sum_{j=1}^{r}\alpha_j\boldsymbol{a}_j+\sum_{j=1}^{t-r}\gamma_j\boldsymbol{c}_j=-\sum_{j=1}^{s-r}\beta_j\boldsymbol{b}_j$ $(\in W_1)$ だから $\displaystyle-\sum_{j=1}^{s-r}\beta_j\boldsymbol{b}_j\in W_1\cap W_2$ となる．$\{\boldsymbol{a}_1,\cdots,\boldsymbol{a}_r\}$ は $W_1\cap W_2$ の基底だから $\displaystyle-\sum_{j=1}^{s-r}\beta_j\boldsymbol{b}_j=\sum_{j=1}^{r}\widetilde{\alpha}_j\boldsymbol{a}_j$ すなわち $\displaystyle\sum_{j=1}^{r}\widetilde{\alpha}_j\boldsymbol{a}_j+\sum_{j=1}^{s-r}\beta_j\boldsymbol{b}_j=\boldsymbol{0}$ と書ける．$\{\boldsymbol{a}_1,\cdots,\boldsymbol{a}_r,\boldsymbol{b}_1,\cdots,\boldsymbol{b}_{s-r}\}$ は W_1 の基底より $\widetilde{\alpha}_1=\cdots=\widetilde{\alpha}_r=\beta_1=\cdots=\beta_{s-r}=0$ となる．従って $\displaystyle\sum_{j=1}^{r}\alpha_j\boldsymbol{a}_j+\sum_{j=1}^{t-r}\gamma_j\boldsymbol{c}_j=\boldsymbol{0}$ となり，$\{\boldsymbol{a}_1,\cdots,\boldsymbol{a}_r,\boldsymbol{c}_1,\cdots,\boldsymbol{c}_{t-r}\}$ は W_2 の基底だから $\alpha_1=\cdots=\alpha_r=\gamma_1=\cdots=\gamma_{t-r}=0$ となる．すなわち，$\boldsymbol{a}_1,\cdots,\boldsymbol{a}_r,\boldsymbol{b}_1,\cdots,\boldsymbol{b}_{s-r},\boldsymbol{c}_1,\cdots,\boldsymbol{c}_{t-r}$ は 1 次独立となり，$\{\boldsymbol{a}_1,\cdots,\boldsymbol{a}_r,\boldsymbol{b}_1,\cdots,\boldsymbol{b}_{s-r},\boldsymbol{c}_1,\cdots,\boldsymbol{c}_{t-r}\}$ は W_1+W_2 の基底となる．よって，$\dim(W_1+W_2)=r+(s-r)+(t-r)=-r+s+t=-\dim(W_1\cap W_2)+\dim W_1+\dim W_2$.

(2) $V=W_1\oplus W_2$ のとき $W_1\cap W_2=\{\boldsymbol{0}\}$ より $\dim(W_1\cap W_2)=0$ だから $\dim V=\dim(W_1+W_2)=\dim(W_1+W_2)+\dim(W_1\cap W_2)=\dim W_1+\dim W_2$.

問 4.27 [($\subset$) について] $\boldsymbol{y}\in\operatorname{Im}f$ とすると，$\boldsymbol{y}=f(\boldsymbol{x})$ となる $\boldsymbol{x}\in\boldsymbol{R}^n$ が取れる．このとき，$\boldsymbol{x}=x_1\boldsymbol{e}_1+\cdots+x_n\boldsymbol{e}_n$ だから f の線形性より $\boldsymbol{y}=f(\boldsymbol{x})=x_1f(\boldsymbol{e}_1)+\cdots+x_nf(\boldsymbol{e}_n)\in\langle f(\boldsymbol{e}_1),\cdots,f(\boldsymbol{e}_n)\rangle$. よって，$\operatorname{Im}f\subset\langle f(\boldsymbol{e}_1),\cdots,f(\boldsymbol{e}_n)\rangle$.

[($\supset$) について] $f(\boldsymbol{e}_1),\cdots,f(\boldsymbol{e}_n)\in\operatorname{Im}f$ より $\langle f(\boldsymbol{e}_1),\cdots,f(\boldsymbol{e}_n)\rangle\subset\operatorname{Im}f$.

問 4.28 $\dim(\operatorname{Im}f_A)$ は $f_A(\boldsymbol{e}_1),\cdots,f_A(\boldsymbol{e}_n)$ から選べる 1 次独立なベクトルの最大個数（$=r$ とおく）に等しい．一方，（定理 4.10 より）$A=\begin{pmatrix}f_A(\boldsymbol{e}_1) & \cdots & f_A(\boldsymbol{e}_n)\end{pmatrix}$ だから $\operatorname{rank}A=r$. よって，$\dim(\operatorname{Im}f_A)=r=\operatorname{rank}A$.

問 4.29 $\operatorname{Im}f=\{\boldsymbol{0}\}$ のとき，$\boldsymbol{x}\in\boldsymbol{R}^n$ とすると，$f(\boldsymbol{x})=\boldsymbol{0}$ より $\boldsymbol{x}\in\operatorname{Ker}f$ だから $\boldsymbol{R}^n\subset\operatorname{Ker}f\ (\subset\boldsymbol{R}^n)$. よって，$\operatorname{Ker}f=\boldsymbol{R}^n$ より $\dim(\operatorname{Im}f)+\dim(\operatorname{Ker}f)=0+n=n$.

$\operatorname{Im}f\neq\{\boldsymbol{0}\}$ のとき，$\dim(\operatorname{Im}f)=r$, $\dim(\operatorname{Ker}f)=s$ $(1\leqq r\leqq m,\ 0\leqq s\leqq n)$ とする．さらに，$\{f(\boldsymbol{x}_1),\cdots,f(\boldsymbol{x}_r)\}$ を $\operatorname{Im}f$ の基底とし，$\{\boldsymbol{x}_{r+1},\cdots,\boldsymbol{x}_{r+s}\}$ を $\operatorname{Ker}f$ の基底とする．このとき

(i) $\boldsymbol{x}_1,\cdots,\boldsymbol{x}_r,\boldsymbol{x}_{r+1},\cdots,\boldsymbol{x}_{r+s}$ は $\boldsymbol{R}^n$ の 1 次独立なベクトルである．

実際，$c_1\boldsymbol{x}_1+\cdots+c_{r+s}\boldsymbol{x}_{r+s}=\boldsymbol{0}$ とすると，$\boldsymbol{x}_{r+1},\cdots,\boldsymbol{x}_{r+s}\in\operatorname{Ker}f$ より

$\boldsymbol{0}=f(\boldsymbol{0})=f(c_1\boldsymbol{x}_1+\cdots+c_r\boldsymbol{x}_r+\cdots+c_{r+s}\boldsymbol{x}_{r+s})$

$=c_1f(\boldsymbol{x}_1)+\cdots+c_rf(\boldsymbol{x}_r)+\cdots+c_{r+s}f(\boldsymbol{x}_{r+s})$

$=c_1f(\boldsymbol{x}_1)+\cdots+c_rf(\boldsymbol{x}_r)$

また，$f(\boldsymbol{x}_1),\cdots,f(\boldsymbol{x}_r)$ は 1 次独立だから $c_1=\cdots=c_r=0$. 従って，$c_{r+1}\boldsymbol{x}_{r+1}+\cdots+c_{r+s}\boldsymbol{x}_{r+s}=\boldsymbol{0}$ であるが，$\boldsymbol{x}_{r+1},\cdots,\boldsymbol{x}_{r+s}$ の 1 次独立性より $c_{r+1}=\cdots=c_{r+s}=0$ も分かる．

(ii) $\boldsymbol{R}^n=\langle\boldsymbol{x}_1,\cdots,\boldsymbol{x}_{r+s}\rangle$ である．

実際，$\boldsymbol{x}\in\boldsymbol{R}^n$ とすると，$f(\boldsymbol{x})\in\operatorname{Ker}f=\langle f(\boldsymbol{x}_1),\cdots,f(\boldsymbol{x}_r)\rangle$ より $c_1,\cdots,c_r\in\boldsymbol{R}$ が取れて $f(\boldsymbol{x})=c_1f(\boldsymbol{x}_1)+\cdots+c_rf(\boldsymbol{x}_r)$ と書ける．また，f の線形性より $f(\boldsymbol{x}-c_1\boldsymbol{x}_1-\cdots-c_r\boldsymbol{x}_r)=\boldsymbol{0}$ だから $\boldsymbol{x}-c_1\boldsymbol{x}_1-\cdots-c_r\boldsymbol{x}_r\in\operatorname{Ker}f$ である．一方，$\operatorname{Ker}f=\langle\boldsymbol{x}_{r+1},\cdots,\boldsymbol{x}_{r+s}\rangle$ だから $\boldsymbol{x}-c_1\boldsymbol{x}_1-\cdots-c_r\boldsymbol{x}_r=c_{r+1}\boldsymbol{x}_{r+1}+\cdots+c_{r+s}\boldsymbol{x}_{r+s}$. 従って，$\boldsymbol{x}=c_1\boldsymbol{x}_1+\cdots+c_r\boldsymbol{x}_r+c_{r+1}\boldsymbol{x}_{r+1}+\cdots+c_{r+s}\boldsymbol{x}_{r+s}\in\langle\boldsymbol{x}_1,\cdots,\boldsymbol{x}_{r+s}\rangle$ だから $\boldsymbol{R}^n\subset\langle\boldsymbol{x}_1,\cdots,\boldsymbol{x}_{r+s}\rangle$ $(\subset\boldsymbol{R}^n)$ である．

以上 (i) (ii) より $\dim\boldsymbol{R}^n=r+s$ すなわち $n=\dim(\operatorname{Im}f)+\dim(\operatorname{Ker}f)$.

問 4.30 $f_A(\boldsymbol{x})=A\boldsymbol{x}$ $(\boldsymbol{x}\in\boldsymbol{R}^n)$ によって線形写像 $f_A:\boldsymbol{R}^n\to\boldsymbol{R}^m$ を定めると，問 4.28 より $\dim(\operatorname{Im}f_A)=\operatorname{rank}A$. 一方，$\operatorname{Ker}f_A=W$ だから線形写像の次元定理（問 4.29）より $n=\dim(\operatorname{Im}f_A)+\dim(\operatorname{Ker}f_A)=\operatorname{rank}A+\dim W$ である．

問 4.31 $W=\{\boldsymbol{x}\mid A\boldsymbol{x}=\boldsymbol{0}\}$ とおくと，解空間の次元定理（問 4.30）より $\dim W=n-r$ だから W の基底として 1 次独立なベクトルの組 $\{\boldsymbol{x}_1,\cdots,\boldsymbol{x}_{n-r}\}$ が取れる（また，$\boldsymbol{x}_1,\cdots,\boldsymbol{x}_{n-r}$ は $n-r$ 個の非自明解となる）．よって，$\boldsymbol{x}\in W=\langle\boldsymbol{x}_1,\cdots,\boldsymbol{x}_{n-r}\rangle$ は，スカラー $c_1,\cdots,c_{n-r}$ を用いて $\boldsymbol{x}=c_1\boldsymbol{x}_1+\cdots+c_{n-r}\boldsymbol{x}_{n-r}$ と書ける．

（実は，解空間の次元定理を用いなくとも，基本解の定め方に注意して直接的に示すこともできる.）

問 4.32 線形写像の次元定理（問 4.29）より f は全射 $\Longleftrightarrow\operatorname{Im}f=\boldsymbol{R}^n\Longleftrightarrow\dim(\operatorname{Ker}f)=n-\dim(\operatorname{Im}f)=n-\dim(\boldsymbol{R}^n)=0\Longleftrightarrow\operatorname{Ker}f=\{\boldsymbol{0}\}\Longleftrightarrow f$ は単射.

問 4.33 $(\Rightarrow)$ $\dim V=\dim V'=n$ とし，$\{\boldsymbol{v}_1,\cdots,\boldsymbol{v}_n\}$ を V の基底，$\{\boldsymbol{v}'_1,\cdots,\boldsymbol{v}'_n\}$ を V' の基底とする．V のベクトル $\boldsymbol{a}$ は $\boldsymbol{a}=c_1\boldsymbol{v}_1+\cdots+c_n\boldsymbol{v}_n$ と一意的に書ける．このとき，写像 $f:V\to V'$ を $f(\boldsymbol{a})=c_1\boldsymbol{v}'_1+\cdots+c_n\boldsymbol{v}'_n$ と定めれば，f は線形かつ全単射となる．実際，$\boldsymbol{a}=c_1\boldsymbol{v}_1+\cdots+c_n\boldsymbol{v}_n$, $\boldsymbol{b}=d_1\boldsymbol{v}_1+\cdots+c_n\boldsymbol{v}_n$ に対して

$$f(\alpha\boldsymbol{a}+\beta\boldsymbol{b})=f((\alpha c_1+\beta d_1)\boldsymbol{v}_1+\cdots+(\alpha c_n+\beta d_n)\boldsymbol{v}_n)$$
$$=(\alpha c_1+\beta d_1)\boldsymbol{v}'_1+\cdots+(\alpha c_n+\beta d_n)\boldsymbol{v}'_n$$
$$=\alpha(c_1\boldsymbol{v}'_1+\cdots+c_n\boldsymbol{v}'_n)+\beta(d_1\boldsymbol{v}'_1+\cdots+d_n\boldsymbol{v}'_n)=\alpha f(\boldsymbol{a})+\beta f(\boldsymbol{b})$$

だから f は線形である．また，V' のベクトル $\boldsymbol{y}$ は $\boldsymbol{y}=\gamma_1\boldsymbol{v}'_1+\cdots+\gamma_n\boldsymbol{v}'_n$ と書けるから，$\boldsymbol{x}=\gamma_1\boldsymbol{v}_1+\cdots+\gamma_n\boldsymbol{v}_n$ とすれば $f(\boldsymbol{x})=\boldsymbol{y}$ となる．すなわち f は全射である．よって，問 4.32 より f は全単射である．

$(\Leftarrow)$ V と V' は同型だから，同型写像 $f:V\to V'$ が存在する．このとき，f は単射だから $\operatorname{Ker}f=\{\boldsymbol{0}\}$ より $\dim V=\dim(\operatorname{Im}f)$ である．また，f は全射だから $V'=\operatorname{Im}f$ より $\dim V'=\dim(\operatorname{Im}f)=\dim V$ を得る．

第5章

問 5.1 (1) $1, 3$　(2) $-1, 4$　(3) 2（重複度 2）, 6　(4) -2（重複度 2）, 4

問 5.2 固有値，対応する固有ベクトルの順に並べる．ただし，定数 c_1, c_2, c_3 は固有ベクトルが $\mathbf{0}$ にならないように取る．

(1) $1,\ 2,\ c_1\begin{pmatrix}1\\1\end{pmatrix},\ c_2\begin{pmatrix}2\\1\end{pmatrix}$　(2) $2,\ 3,\ c_1\begin{pmatrix}3\\4\end{pmatrix},\ c_2\begin{pmatrix}1\\1\end{pmatrix}$

(3) 3（重複度 3）, $c_1\begin{pmatrix}-1\\1\\0\end{pmatrix}+c_2\begin{pmatrix}1\\0\\1\end{pmatrix}$　(4) 1（重複度 2）, 3, $c_1\begin{pmatrix}1\\0\\1\end{pmatrix},\ c_2\begin{pmatrix}-1\\0\\1\end{pmatrix}$

(5) 2（重複度 2）, $c_1\begin{pmatrix}-1\\1\end{pmatrix}$　(6) $2,\ 4,\ c_1\begin{pmatrix}1\\1\end{pmatrix},\ c_2\begin{pmatrix}-1\\1\end{pmatrix}$

(7) 1（重複度 2）, 7, $c_1\begin{pmatrix}-1\\1\\0\end{pmatrix}+c_2\begin{pmatrix}-1\\0\\1\end{pmatrix},\ c_3\begin{pmatrix}1\\1\\1\end{pmatrix}$

(8) $1,\ 2,\ 3,\ c_1\begin{pmatrix}1\\1\\1\end{pmatrix},\ c_2\begin{pmatrix}0\\1\\1\end{pmatrix},\ c_3\begin{pmatrix}1\\0\\1\end{pmatrix}$

問 5.3 (1) $2\lambda_1, 2\lambda_2, \cdots, 2\lambda_n$　(2) $\lambda_1, \lambda_2, \cdots, \lambda_n$　(3) $1-\lambda_1, 1-\lambda_2, \cdots, 1-\lambda_n$

(4) $1+2\lambda_1, 1+2\lambda_2, \cdots, 1+2\lambda_n$　(5) $\lambda_1^{-1}, \lambda_2^{-1}, \cdots, \lambda_n^{-1}$

$[\,|\lambda E - A^{-1}| = |-\lambda(\lambda^{-1}E - A)A^{-1}| = (-\lambda)^n|\lambda^{-1}E - A||A^{-1}|\,]$

問 5.4 P, $P^{-1}AP$ の順に並べる．

(1) $\begin{pmatrix}1&-1\\1&1\end{pmatrix},\ \begin{pmatrix}1&0\\0&3\end{pmatrix}$　(2) $\begin{pmatrix}-1&2\\1&3\end{pmatrix},\ \begin{pmatrix}-1&0\\0&4\end{pmatrix}$

(3) $\begin{pmatrix}-3&-1&1\\1&0&1\\0&1&0\end{pmatrix},\ \begin{pmatrix}2&0&0\\0&2&0\\0&0&6\end{pmatrix}$　(4) $\begin{pmatrix}1&-1&2\\0&1&0\\1&0&1\end{pmatrix},\ \begin{pmatrix}1&0&0\\0&2&0\\0&0&2\end{pmatrix}$

問 5.5 (1) 問 1.25 (1) と同じ．　(2) 問 1.25 (2) と同じ．

(3) $\dfrac{1}{3}\begin{pmatrix}2+4^m&-1+4^m&-1+4^m\\-1+4^m&2+4^m&-1+4^m\\-1+4^m&-1+4^m&2+4^m\end{pmatrix}$

$\left[P=\begin{pmatrix}-1&-1&1\\1&0&1\\0&1&1\end{pmatrix},\ P^{-1}=\dfrac{1}{3}\begin{pmatrix}-1&2&-1\\-1&-1&2\\1&1&1\end{pmatrix},\ P^{-1}AP=\begin{pmatrix}1&0&0\\0&1&0\\0&0&4\end{pmatrix}\right]$

(4) $\begin{pmatrix}1&1-3^m&-1+3^m\\1-2^m&1&-1+2^m\\1-2^m&1-3^m&-1+2^m+3^m\end{pmatrix}$

$$[\,P=\begin{pmatrix}1&0&1\\1&1&0\\1&1&1\end{pmatrix},\ P^{-1}=\begin{pmatrix}1&1&-1\\-1&0&1\\0&-1&1\end{pmatrix},\ P^{-1}AP=\begin{pmatrix}1&0&0\\0&2&0\\0&0&3\end{pmatrix}\,]$$

問 5.6 (1) -4, -3 $[\,|\lambda E-A|=(\lambda-2)(\lambda-3)\,]$

(2) 9（重複度 2） $[\,|\lambda E-A|=(\lambda-3)^2\,]$

(3) -3（重複度 2）, 48 $[\,|\lambda E-A|=(\lambda-1)^2(\lambda-4)\,]$

問 5.7 (1) $\begin{pmatrix}0&-1&0\\1&-1&-1\\0&-1&0\end{pmatrix}$

$[\,F_A(\lambda)=\lambda^3-2\lambda^2+\lambda,\ \lambda^4-3\lambda^3+3\lambda^2-1=(\lambda-1)F_A(\lambda)+\lambda-1\,]$

(2) $\begin{pmatrix}0&-2&2\\4&-6&2\\4&-2&-2\end{pmatrix}$

$[\,F_A(\lambda)=\lambda^3+\lambda^2-\lambda-1,\ \lambda^4-\lambda^3-3\lambda^2+3\lambda=(\lambda-2)F_A(\lambda)+2(\lambda-1)\,]$

問 5.8 $|\lambda E-A|=\lambda^2-(a+d)\lambda+(ad-bc)=\lambda^2-(\mathrm{tr}\,A)\lambda+|A|$

問 5.9 $|\lambda E-A|=(\lambda-\lambda_1)(\lambda-\lambda_2)\cdots(\lambda-\lambda_n)$ である.

(1) $|\lambda E-A|$ の λ^{n-1} の係数は $\displaystyle\sum_{k=1}^{n}(-a_{kk})$. 一方，$(\lambda-\lambda_1)(\lambda-\lambda_2)\cdots(\lambda-\lambda_n)$ の λ^{n-1} の係数は $\displaystyle\sum_{k=1}^{n}(-\lambda_k)$ だから $\mathrm{tr}\,A=\displaystyle\sum_{k=1}^{n}a_{kk}=\sum_{k=1}^{n}\lambda_k$ である.

(2) $|\lambda E-A|$ の λ^0 の係数は $(-1)^n|A|$. 一方，$(\lambda-\lambda_1)(\lambda-\lambda_2)\cdots(\lambda-\lambda_n)$ の λ^0 の係数は $(-1)^n\lambda_1\lambda_2\cdots\lambda_n$ だから $|A|=\lambda_1\lambda_2\cdots\lambda_n$ である.

問 5.10 (1) $V(1)=\langle\begin{pmatrix}1\\1\end{pmatrix}\rangle$, $V(3)=\langle\begin{pmatrix}-1\\1\end{pmatrix}\rangle$, $\dim V(1)=1$, $\dim V(3)=1$

(2) $V(-1)=\langle\begin{pmatrix}-1\\1\end{pmatrix}\rangle$, $V(4)=\langle\begin{pmatrix}2\\3\end{pmatrix}\rangle$, $\dim V(-1)=1$, $\dim V(4)=1$

(3) $V(2)=\langle\begin{pmatrix}-3\\1\\0\end{pmatrix},\begin{pmatrix}-1\\0\\1\end{pmatrix}\rangle$, $V(6)=\langle\begin{pmatrix}1\\1\\0\end{pmatrix}\rangle$, $\dim V(2)=2$, $\dim V(6)=1$

(4) $V(1)=\langle\begin{pmatrix}1\\0\\1\end{pmatrix}\rangle$, $V(2)=\langle\begin{pmatrix}-1\\1\\0\end{pmatrix},\begin{pmatrix}2\\0\\1\end{pmatrix}\rangle$, $\dim V(1)=1$, $\dim V(2)=2$

問 5.11 $V(\alpha)\neq\{\mathbf{0}\}$ より $\dim V(\alpha)\geqq 1$ である. $d=\dim V(\alpha)$ とし，$V(\alpha)$ の基底を $\{\boldsymbol{p}_1,\boldsymbol{p}_2,\cdots,\boldsymbol{p}_d\}$ とする. これに適当な $n-d$ 個のベクトル $\boldsymbol{p}_{d+1},\cdots,\boldsymbol{p}_n$ を付け加えて $\{\boldsymbol{p}_1,\boldsymbol{p}_2,\cdots,\boldsymbol{p}_n\}$ を $\boldsymbol{C}^n$ の基底とする. $P=\begin{pmatrix}\boldsymbol{p}_1&\boldsymbol{p}_2&\cdots&\boldsymbol{p}_n\end{pmatrix}$ とおくと，P は正則で $A\boldsymbol{p}_j=\alpha\boldsymbol{p}_j$ $(1\leqq j\leqq d)$ だから

$AP = (Ap_1 \ \cdots \ Ap_n) = (\alpha p_1 \ \cdots \ \alpha p_d \ \ Ap_{d+1} \ \cdots \ Ap_n)$

$= (p_1 \ \cdots \ p_d \ \ p_{d+1} \ \cdots \ p_n)\begin{pmatrix} \alpha E_d & B \\ O & C \end{pmatrix}$

すなわち，$P^{-1}AP = \begin{pmatrix} \alpha E_d & B \\ O & C \end{pmatrix}$ の形になる．このとき，問 3.22 (5) より

$F_{P^{-1}AP}(\lambda) = \begin{vmatrix} (\lambda-\alpha)E_d & -B \\ O & \lambda E_{n-d} - C \end{vmatrix} = (\lambda-\alpha)^d F_C(\lambda)$

一方，仮定より $F_A(\lambda) = (\lambda-\alpha)^\ell g(\lambda)$ $(g(\alpha) \neq 0)$ と書けるから，$F_{P^{-1}AP}(\lambda) = F_A(\lambda)$ より $d \leqq \ell$ を得る．

問 5.12 (a) $\Leftrightarrow$ (b) は定理 5.4 である．

(b) $\Rightarrow$ (c)：問 5.11 より $\dim V(\lambda_j) \leqq n_j$ だから $\displaystyle\sum_{j=1}^{r} \dim V(\lambda_j) \leqq \sum_{j=1}^{r} n_j \ (= n)$ が成り立つ．一方，n 個の 1 次独立な A の固有ベクトルを $p_1, p_2, \cdots, p_n$ とし，これらのうち $V(\lambda_j)$ に属するベクトルの個数を s_j とすると，$\dim V(\lambda_j) \geqq s_j$ かつ $\displaystyle\sum_{j=1}^{r} s_j = n$ だから $\displaystyle\sum_{j=1}^{r} \dim V(\lambda_j) \geqq \sum_{j=1}^{r} s_j = n$ が成り立つ．従って，$\displaystyle\sum_{j=1}^{r} \dim V(\lambda_j) = \sum_{j=1}^{r} n_j$ $(= n)$ すなわち $\displaystyle\sum_{j=1}^{r} (\dim V(\lambda_j) - n_j) = 0$ が成り立つ．一方，$\dim V(\lambda_j) - n_j \leqq 0$ $(1 \leqq j \leqq r)$ だから $\dim V(\lambda_j) - n_j = 0$ $(1 \leqq j \leqq r)$ が分かる．

(c) $\Rightarrow$ (b)：各 $V(\lambda_j)$ の基底を $\{p_1^j, p_2^j, \cdots, p_{n_j}^j\}$ とするとき，$p_1^1, \cdots, p_{n_1}^1, p_1^2, \cdots, p_{n_2}^2, \cdots, p_1^r, \cdots, p_{n_r}^r$ が 1 次独立であることを示せばよい．今 $c_1 p_1^1 + \cdots + c_{n_1} p_{n_1}^1 + \cdots + c_1^r p_1^r + \cdots + c_{n_r}^r p_{n_r}^r = \mathbf{0}$ とすると，$c_1^j p_1^j + \cdots + c_{n_j}^j p_{n_j}^j \in V(\lambda_j)$ $(1 \leqq j \leqq r)$ だから定理 5.3 より $c_1^j p_1^j + \cdots + c_{n_j}^j p_{n_j}^j = \mathbf{0}$ $(1 \leqq j \leqq r)$ となる．（実際，$q^j = c_1^j p_1^j + \cdots + c_{n_j}^j p_{n_j}^j$ $(1 \leqq j \leqq r)$ に対して，ある $q^k \neq \mathbf{0}$ ならば $q^1 + q^2 + \cdots + q^r = \mathbf{0}$ だから $q^1, q^2, \cdots, q^r$ の 1 次独立性に反する．）従って，$p_1^j, \cdots, p_{n_j}^j$ の 1 次独立性より $c_1^j = \cdots = c_{n_j}^j = 0$ $(1 \leqq j \leqq r)$ を得る．

問 5.13 (1) $Ap = \lambda p$, $p \neq \mathbf{0}$, $A = \overline{A}$ より $A\overline{p} = \overline{\lambda}\overline{p}$, $\overline{p} \neq \mathbf{0}$

(2) $\lambda \neq \overline{\lambda}$ より $p, \overline{p}$ は 1 次独立で $P^{-1}AP = \begin{pmatrix} \lambda & 0 \\ 0 & \overline{\lambda} \end{pmatrix}$

(3) $Q^{-1}AQ - \begin{pmatrix} -i & 1 \\ 1 & -i \end{pmatrix}^{-1} P^{-1}AP \begin{pmatrix} -i & 1 \\ 1 & -i \end{pmatrix}$

$= \dfrac{1}{2}\begin{pmatrix} i & 1 \\ 1 & i \end{pmatrix}\begin{pmatrix} \alpha + i\beta & 0 \\ 0 & \alpha - i\beta \end{pmatrix}\begin{pmatrix} -i & 1 \\ 1 & -i \end{pmatrix} = \begin{pmatrix} \alpha & -\beta \\ \beta & \alpha \end{pmatrix}$

問 5.14 (1) $(\alpha E - A)^2 p' = -(\alpha E - A)p = \mathbf{0}$ である．$c_1 p + c_2 p' = \mathbf{0}$ とする．$(\alpha E - A)$ を左から掛けると，$(\alpha E - A)p = \mathbf{0}$ だから $c_2(\alpha E - A)p' = \mathbf{0}$ より $c_2 = 0$ を得る．従って，$c_1 p = \mathbf{0}$ となり $c_1 = 0$ を得る．

(2) $\boldsymbol{p}, \boldsymbol{p}'$ が 1 次独立だから P は正則である．また，$A\boldsymbol{p} = \alpha\boldsymbol{p}$, $A\boldsymbol{p}' = \boldsymbol{p} + \alpha\boldsymbol{p}'$ より

$$AP = \begin{pmatrix} A\boldsymbol{p} & A\boldsymbol{p}' \end{pmatrix} = \begin{pmatrix} \alpha\boldsymbol{p} & \boldsymbol{p} + \alpha\boldsymbol{p}' \end{pmatrix} = \begin{pmatrix} \boldsymbol{p} & \boldsymbol{p}' \end{pmatrix}\begin{pmatrix} \alpha & 1 \\ 0 & \alpha \end{pmatrix} = PJ_2(\alpha)$$

問 **5.15** (1) $(\alpha E - A)^2\boldsymbol{p}' = -(\alpha E - A)\boldsymbol{p} = \boldsymbol{0}$, $(\alpha E - A)^3\boldsymbol{p}'' = -(\alpha E - A)^2\boldsymbol{p}' = \boldsymbol{0}$ である．$c_1\boldsymbol{p} + c_2\boldsymbol{p}' + c_3\boldsymbol{p}'' = \boldsymbol{0}$ とする．$(\alpha E - A)^2$ を左から掛けると $(\alpha E - A)^2\boldsymbol{p} = \boldsymbol{0}$ かつ $(\alpha E - A)^2\boldsymbol{p}' = \boldsymbol{0}$ だから $c_3(\alpha E - A)^2\boldsymbol{p}'' = \boldsymbol{0}$ より $c_3 = 0$ を得る．次に，$(\alpha E - A)$ を左から掛けると $(\alpha E - A)\boldsymbol{p} = \boldsymbol{0}$ だから $c_2(\alpha E - A)\boldsymbol{p}' = \boldsymbol{0}$ より $c_2 = 0$ を得る．従って，$c_1\boldsymbol{p} = \boldsymbol{0}$ となり $c_1 = 0$ を得る．

(2) $\boldsymbol{p}, \boldsymbol{p}', \boldsymbol{p}''$ が 1 次独立だから P は正則である．また，$A\boldsymbol{p} = \alpha\boldsymbol{p}$, $A\boldsymbol{p}' = \boldsymbol{p} + \alpha\boldsymbol{p}'$, $A\boldsymbol{p}'' = \boldsymbol{p}' + \alpha\boldsymbol{p}''$ より $AP = \begin{pmatrix} A\boldsymbol{p} & A\boldsymbol{p}' & A\boldsymbol{p}'' \end{pmatrix} = \begin{pmatrix} \alpha\boldsymbol{p} & \boldsymbol{p} + \alpha\boldsymbol{p}' & \boldsymbol{p}' + \alpha\boldsymbol{p}'' \end{pmatrix}$ すなわち

$$AP = \begin{pmatrix} \boldsymbol{p} & \boldsymbol{p}' & \boldsymbol{p}'' \end{pmatrix}\begin{pmatrix} \alpha & 1 & 0 \\ 0 & \alpha & 1 \\ 0 & 0 & \alpha \end{pmatrix} = PJ_3(\alpha)$$

問 **5.16** (1) $(\alpha E - A)^2\boldsymbol{p}' = -(\alpha E - A)\boldsymbol{p} = \boldsymbol{0}$ である．$c_1\boldsymbol{p} + c_2\boldsymbol{p}' + c_3\boldsymbol{q} = \boldsymbol{0}$ とする．$(\alpha E - A)$ を左から掛けると，$(\alpha E - A)\boldsymbol{p} = \boldsymbol{0}$ かつ $(\alpha E - A)\boldsymbol{q} = \boldsymbol{0}$ だから $c_2(\alpha E - A)\boldsymbol{p}' = \boldsymbol{0}$ より $c_2 = 0$ を得る．従って，$c_1\boldsymbol{p} + c_3\boldsymbol{q} = \boldsymbol{0}$ となり $\boldsymbol{p}, \boldsymbol{q}$ の 1 次独立性より $c_1 = c_3 = 0$ を得る．

(2) $\boldsymbol{p}, \boldsymbol{p}', \boldsymbol{q}$ が 1 次独立だから P は正則である．また，$A\boldsymbol{p} = \alpha\boldsymbol{p}$, $A\boldsymbol{p}' = \boldsymbol{p} + \alpha\boldsymbol{p}'$, $A\boldsymbol{q} = \alpha\boldsymbol{q}$ より $AP = \begin{pmatrix} A\boldsymbol{p} & A\boldsymbol{p}' & A\boldsymbol{q} \end{pmatrix} = \begin{pmatrix} \alpha\boldsymbol{p} & \boldsymbol{p} + \alpha\boldsymbol{p}' & \alpha\boldsymbol{q} \end{pmatrix}$ すなわち

$$AP = \begin{pmatrix} \boldsymbol{p} & \boldsymbol{p}' & \boldsymbol{q} \end{pmatrix}\begin{pmatrix} \alpha & 1 & 0 \\ 0 & \alpha & 0 \\ 0 & 0 & \alpha \end{pmatrix} = P\begin{pmatrix} J_2(\alpha) & O \\ O & J_1(\alpha) \end{pmatrix}$$

問 **5.17** (1) $(\alpha E - A)^2\boldsymbol{p}' = -(\alpha E - A)\boldsymbol{p} = \boldsymbol{0}$ である．$c_1\boldsymbol{p} + c_2\boldsymbol{p}' + c_3\boldsymbol{q} = \boldsymbol{0}$ とする．$(\alpha E - A)^2$ を左から掛けると，$(\alpha E - A)^2\boldsymbol{p} = \boldsymbol{0}$ かつ $(\alpha E - A)^2\boldsymbol{p}' = \boldsymbol{0}$ だから $c_3(\alpha E - A)^2\boldsymbol{q} = c_3(\alpha - \beta)^2\boldsymbol{q} = \boldsymbol{0}$ より $c_3 = 0$ を得る．次に，$(\alpha E - A)$ を左から掛けると，$(\alpha E - A)\boldsymbol{p} = \boldsymbol{0}$ だから $c_2(\alpha E - A)\boldsymbol{p}' = \boldsymbol{0}$ より $c_2 = 0$ を得る．従って，$c_1\boldsymbol{p} = \boldsymbol{0}$ となり $c_1 = 0$ を得る．

(2) $\boldsymbol{p}, \boldsymbol{p}', \boldsymbol{q}$ が 1 次独立だから P は正則である．また，$A\boldsymbol{p} = \alpha\boldsymbol{p}$, $A\boldsymbol{p}' = \boldsymbol{p} + \alpha\boldsymbol{p}'$, $A\boldsymbol{q} = \beta\boldsymbol{q}$ より $AP = \begin{pmatrix} A\boldsymbol{p} & A\boldsymbol{p}' & A\boldsymbol{q} \end{pmatrix} = \begin{pmatrix} \alpha\boldsymbol{p} & \boldsymbol{p} + \alpha\boldsymbol{p}' & \beta\boldsymbol{q} \end{pmatrix}$ すなわち

$$AP = \begin{pmatrix} \boldsymbol{p} & \boldsymbol{p}' & \boldsymbol{q} \end{pmatrix}\begin{pmatrix} \alpha & 1 & 0 \\ 0 & \alpha & 0 \\ 0 & 0 & \beta \end{pmatrix} = P\begin{pmatrix} J_2(\alpha) & O \\ O & J_1(\beta) \end{pmatrix}$$

問 **5.18** $P^{-1}AP$, $[\,P,\ P^{-1}\,]$ の順に並べる．

(1) $J_2(3) = \begin{pmatrix} 3 & 1 \\ 0 & 3 \end{pmatrix}$ $\quad \left[\begin{pmatrix} -1 & 1 \\ 1 & 0 \end{pmatrix}, \begin{pmatrix} 0 & 1 \\ 1 & 1 \end{pmatrix}\right]$

(2) $\begin{pmatrix} J_2(2) & O \\ O & J_1(2) \end{pmatrix} = \begin{pmatrix} 2 & 1 & 0 \\ 0 & 2 & 0 \\ 0 & 0 & 2 \end{pmatrix}$ $\quad \left[\begin{pmatrix} 1 & 0 & 4 \\ 0 & 0 & 1 \\ 1 & 1 & 0 \end{pmatrix}, \begin{pmatrix} 1 & -4 & 0 \\ -1 & 4 & 1 \\ 0 & 1 & 0 \end{pmatrix}\right]$

(3) $\begin{pmatrix} J_2(3) & O \\ O & J_1(3) \end{pmatrix} = \begin{pmatrix} 3 & 1 & 0 \\ 0 & 3 & 0 \\ 0 & 0 & 3 \end{pmatrix}$ $\left[\begin{pmatrix} 0 & 0 & -1 \\ 1 & 0 & 1 \\ 1 & 1 & 0 \end{pmatrix}, \begin{pmatrix} 1 & 1 & 0 \\ -1 & -1 & 1 \\ -1 & 0 & 0 \end{pmatrix} \right]$

(4) $\begin{pmatrix} J_2(2) & O \\ O & J_1(3) \end{pmatrix} = \begin{pmatrix} 2 & 1 & 0 \\ 0 & 2 & 0 \\ 0 & 0 & 3 \end{pmatrix}$ $\left[\begin{pmatrix} -1 & 0 & -2 \\ 0 & 0 & 1 \\ 1 & -1 & 2 \end{pmatrix}, \begin{pmatrix} -1 & -2 & 0 \\ -1 & 0 & -1 \\ 0 & 1 & 0 \end{pmatrix} \right]$

問 5.19 (1) $2^{m-1}\begin{pmatrix} -m+2 & m \\ -m & m+2 \end{pmatrix}$ [例題 5.13 (1) より $P = \begin{pmatrix} 1 & 0 \\ 1 & 1 \end{pmatrix}$ とおくと，$P^{-1} = \begin{pmatrix} 1 & 0 \\ -1 & 1 \end{pmatrix}$，$P^{-1}AP = J_2(2)$．従って，$A^m = PJ_2(2)^mP^{-1}$．一方，問 1.43 (1) より $J_2(2)^m = 2^{m-1}\begin{pmatrix} 2 & m \\ 0 & 2 \end{pmatrix}$.]

(2) $2^{m-3}\begin{pmatrix} 2(m^2-3m+4) & -m^2+m & -m^2+5m \\ 2(m^2-7m) & -m^2+5m+8 & -m^2+9m \\ 2(m^2+m) & -m^2-3m & -m^2+m+8 \end{pmatrix}$

[例題 5.13 (2) より $P = \begin{pmatrix} 1 & 1 & 1 \\ 1 & 0 & -1 \\ 1 & 2 & 2 \end{pmatrix}$ とおくと，$P^{-1} = \begin{pmatrix} 2 & 0 & -1 \\ -3 & 1 & 2 \\ 2 & -1 & -1 \end{pmatrix}$，$P^{-1}AP = J_3(2)$．従って，$A^m = PJ_3(2)^mP^{-1}$．一方，問 1.43 (2) より $J_3(2)^m = 2^{m-3}\begin{pmatrix} 8 & 4m & m(m-1) \\ 0 & 8 & 4m \\ 0 & 0 & 8 \end{pmatrix}$.]

(3) $3^{m-1}\begin{pmatrix} -m+3 & -m \\ m & m+3 \end{pmatrix}$
[問 5.18 (1) より $A^m = PJ_2(3)^mP^{-1}$.]

(4) $2^{m-1}\begin{pmatrix} -m+2 & 4m & m \\ 0 & 2 & 0 \\ -m & 4m & m+2 \end{pmatrix}$

[問 5.18 (2) より $A^m = P\begin{pmatrix} J_2(2)^m & O \\ O & J_1(2)^m \end{pmatrix}P^{-1}$.]

第 6 章

問 6.1 (1) 14　(2) 26　(3) 102　(4) −12

問 6.2 (1) $\theta = \pi/3$　(2) $x = 2$　(3) $\boldsymbol{c} = {}^t\begin{pmatrix} -2 & -2 & 1 \end{pmatrix}$, ${}^t(2\ \ 2\ \ -1)$

問 6.3 略

問 6.4 略

問 6.5 (1) $6(\boldsymbol{b}, \boldsymbol{c}) + 3(\boldsymbol{c}, \boldsymbol{a})$　(2) $-4(\boldsymbol{a}, \boldsymbol{b}) + 12(\boldsymbol{b}, \boldsymbol{c})$　(3) $-3(\boldsymbol{b}, \boldsymbol{c}) + 9(\boldsymbol{c}, \boldsymbol{a})$

問 **6.6** $(A\boldsymbol{a}\,,\,\boldsymbol{b}) = {}^t(A\boldsymbol{a})\,\boldsymbol{b} = {}^t\boldsymbol{a}\,{}^tA\boldsymbol{b} = (\boldsymbol{a}\,,\,{}^tA\boldsymbol{b})$

問 **6.7** (1) 略 [$\|\boldsymbol{a}+\boldsymbol{b}\|^2 = \|\boldsymbol{a}\|^2 + \|\boldsymbol{b}\|^2 + 2(\boldsymbol{a}\,,\,\boldsymbol{b})$ を使う.]
(2) 略 [$\|\boldsymbol{a}-\boldsymbol{b}\|^2 = \|\boldsymbol{a}\|^2 + \|\boldsymbol{b}\|^2 - 2(\boldsymbol{a}\,,\,\boldsymbol{b})$ を使う.]
(3) 略 [$(\boldsymbol{a}+\boldsymbol{b}\,,\,\boldsymbol{a}-\boldsymbol{b}) = \|\boldsymbol{a}\|^2 - \|\boldsymbol{b}\|^2$ を使う.]

問 **6.8** (1) $\sqrt{15}$ (2) $3\sqrt{6}$ (3) $\sqrt{83}$ (4) $\sqrt{55}$

問 **6.9** 例題 6.5 より $|\|\boldsymbol{a}\| - \|-\boldsymbol{b}\|| \leqq \|\boldsymbol{a} - (-\boldsymbol{b})\|$

問 **6.10** 略

問 **6.11** $(\boldsymbol{v}_i\,,\,\boldsymbol{v}_j) = \delta_{ij}$ を利用する.

問 **6.12** (1) $\{\frac{1}{\sqrt{2}}\begin{pmatrix}1\\1\end{pmatrix}, \frac{1}{\sqrt{2}}\begin{pmatrix}-1\\1\end{pmatrix}\}$ (2) $\{\frac{1}{\sqrt{2}}\begin{pmatrix}1\\0\\-1\end{pmatrix}, \frac{1}{\sqrt{6}}\begin{pmatrix}-1\\2\\-1\end{pmatrix}, \frac{1}{\sqrt{3}}\begin{pmatrix}1\\1\\1\end{pmatrix}\}$
(3) $\{\frac{1}{\sqrt{6}}\begin{pmatrix}1\\2\\-1\end{pmatrix}, \frac{1}{\sqrt{3}}\begin{pmatrix}-1\\1\\1\end{pmatrix}, \frac{1}{\sqrt{2}}\begin{pmatrix}1\\0\\1\end{pmatrix}\}$

問 **6.13** (1) $\boldsymbol{a}, \boldsymbol{b} \in W^\perp$ に対して $(\alpha\boldsymbol{a}+\beta\boldsymbol{b}\,,\,\boldsymbol{w}) = \alpha(\boldsymbol{a}\,,\,\boldsymbol{w}) + \beta(\boldsymbol{b}\,,\,\boldsymbol{w}) = \alpha\cdot 0 + \beta\cdot 0 = 0$ $(\boldsymbol{w} \in W)$ だから $\alpha\boldsymbol{a}+\beta\boldsymbol{b} \in W^\perp$ となる.
(2) $(\supset)$ は明らか. $(\subset)$ $\boldsymbol{a} \in W \cap W^\perp$ とすると, $(\boldsymbol{a}\,,\,\boldsymbol{a}) = 0$ より $\boldsymbol{a} = \boldsymbol{0} \in \{\boldsymbol{0}\}$ を得る.

問 **6.14** (1) $W^\perp = \langle\begin{pmatrix}1\\-1\\-1\end{pmatrix}\rangle$, $\dim W^\perp = 1$ (2) $W^\perp = \langle\begin{pmatrix}1\\-1\\1\end{pmatrix}\rangle$, $\dim W^\perp = 1$

問 **6.15** (1) $\{\boldsymbol{w}_1, \boldsymbol{w}_2, \cdots, \boldsymbol{w}_m\}$ を W の正規直交基底とする. $\boldsymbol{v} \in V$ に対して, $\boldsymbol{w} = \displaystyle\sum_{k=1}^m (\boldsymbol{v}\,,\,\boldsymbol{w}_k)\boldsymbol{w}_k$, $\boldsymbol{a} = \boldsymbol{v} - \boldsymbol{w}$ とおくと, $\boldsymbol{v} = \boldsymbol{w} + \boldsymbol{a}$ で $\boldsymbol{w} \in W$, $\boldsymbol{a} \in W^\perp$ となる. よって, $W \cap W^\perp = \{\boldsymbol{0}\}$ より $V = W \oplus W^\perp$ が分かり, $\dim V = \dim W + \dim W^\perp$ となる.
(2) 定義より $W \subset (W^\perp)^\perp$. また, $\dim (W^\perp)^\perp = \dim V - \dim W^\perp = \dim V - (\dim V - \dim W) = \dim W$ だから $W = (W^\perp)^\perp$.
(3) $\boldsymbol{a} \in W_2^\perp$ とすると, $W_1 \subset W_2$ より $(\boldsymbol{a}\,,\,\boldsymbol{w}_1) = 0\ (\boldsymbol{w}_1 \in W_1)$. よって, $\boldsymbol{a} \in W_1^\perp$.
(4) $(\subset)$ $W_1 \subset W_1 + W_2$ より $(W_1+W_2)^\perp \subset W_1^\perp$. 同様にして, $(W_1+W_2)^\perp \subset W_2^\perp$. よって, $(W_1+W_2)^\perp \subset W_1^\perp \cap W_2^\perp$. $(\supset)$ $\boldsymbol{a} \in W_1^\perp \cap W_2^\perp$ とすると, $\boldsymbol{w}_1 \in W_1$, $\boldsymbol{w}_2 \in W_2$ に対して, $(\boldsymbol{a}\,,\,\boldsymbol{w}_1) = (\boldsymbol{a}\,,\,\boldsymbol{w}_2) = 0$ だから $(\boldsymbol{a}\,,\,\boldsymbol{w}_1+\boldsymbol{w}_2) = 0$. よって, $\boldsymbol{a} \in (W_1+W_2)^\perp$.
(5) (4) より $(W_1^\perp + W_2^\perp)^\perp = (W_1^\perp)^\perp \cap (W_2^\perp)^\perp = W_1 \cap W_2$. よって, (2) より $W_1^\perp + W_2^\perp = (W_1 \cap W_2)^\perp$.

問 6.16 (1) 略　(2) 略　(3) $(\boldsymbol{a}\,,\,\alpha\boldsymbol{b}) = \overline{(\alpha\boldsymbol{b}\,,\,\boldsymbol{a})} = \overline{\alpha}\overline{(\boldsymbol{b}\,,\,\boldsymbol{a})} = \overline{\alpha}(\boldsymbol{a}\,,\,\boldsymbol{b})$

問 6.17 略

問 6.18 (1) (2) (4) は定理 6.2 と同じ.

(3) $(\boldsymbol{a}\,,\,\boldsymbol{b}) = 0$ のときは明らかだから, $\boldsymbol{a} \neq \boldsymbol{0}$ かつ $(\boldsymbol{a}\,,\,\boldsymbol{b}) \neq 0$ とする. 実数 x に対して $0 \leqq \|x\overline{(\boldsymbol{a}\,,\,\boldsymbol{b})}\boldsymbol{a}+\boldsymbol{b}\|^2 = |(\boldsymbol{a}\,,\,\boldsymbol{b})|^2\|\boldsymbol{a}\|^2x^2+2|(\boldsymbol{a}\,,\,\boldsymbol{b})|^2x+\|\boldsymbol{b}\|^2$. このとき, x に関する 2 次式の判別式 D は非正だから $D/4 = |(\boldsymbol{a}\,,\,\boldsymbol{b})|^2\left(|(\boldsymbol{a}\,,\,\boldsymbol{b})|^2 - \|\boldsymbol{a}\|^2\|\boldsymbol{b}\|^2\right) \leqq 0$ よって, $|(\boldsymbol{a}\,,\,\boldsymbol{b})| \leqq \|\boldsymbol{a}\|\|\boldsymbol{b}\|$.

問 6.19 (1) ${}^tA = A$, $\overline{A} = A$ だから $(A\boldsymbol{a}\,,\,\boldsymbol{b}) = {}^t(A\boldsymbol{a})\,\overline{\boldsymbol{b}} = {}^t\boldsymbol{a}{}^tA\overline{\boldsymbol{b}} = {}^t\boldsymbol{a}\overline{(A\boldsymbol{b})} = (\boldsymbol{a}\,,\,A\boldsymbol{b})$.

(2) $A\boldsymbol{p} = \lambda\boldsymbol{p}$, $\boldsymbol{p} \neq \boldsymbol{0}$ とすると, $\lambda(\boldsymbol{p}\,,\,\boldsymbol{p}) = (\lambda\boldsymbol{p}\,,\,\boldsymbol{p}) = (A\boldsymbol{p}\,,\,\boldsymbol{p}) = (\boldsymbol{p}\,,\,A\boldsymbol{p}) = (\boldsymbol{p}\,,\,\lambda\boldsymbol{p}) = \overline{\lambda}(\boldsymbol{p}\,,\,\boldsymbol{p})$ かつ $(\boldsymbol{p}\,,\,\boldsymbol{p}) \neq 0$ より $\lambda = \overline{\lambda}$ すなわち $\lambda \in \boldsymbol{R}$. $\boldsymbol{p} = \boldsymbol{a} + i\boldsymbol{b}$ $(\boldsymbol{a}, \boldsymbol{b} \in \boldsymbol{R}^n)$ とすると, $A\boldsymbol{a} + iA\boldsymbol{b} = A(\boldsymbol{a} + i\boldsymbol{b}) = \lambda(\boldsymbol{a} + i\boldsymbol{b}) = \lambda\boldsymbol{a} + i\lambda\boldsymbol{b}$ だから, $A\boldsymbol{a} = \lambda\boldsymbol{a}$, $A\boldsymbol{b} = \lambda\boldsymbol{b}$. 従って, $\boldsymbol{a} \neq \boldsymbol{0}$ または $\boldsymbol{b} \neq \boldsymbol{0}$ だから, 固有値 λ に対する固有ベクトルとして $\boldsymbol{a} \in \boldsymbol{R}^n$ または $\boldsymbol{b} \in \boldsymbol{R}^n$ が取れる.

(3) λ_1, λ_2 を A の相異なる固有値として, $\boldsymbol{p}_1$, $\boldsymbol{p}_2$ を対応する固有ベクトルとすると, $\lambda_1(\boldsymbol{p}_1\,,\,\boldsymbol{p}_2) = (\lambda_1\boldsymbol{p}_1\,,\,\boldsymbol{p}_2) = (A\boldsymbol{p}_1\,,\,\boldsymbol{p}_2) = (\boldsymbol{p}_1\,,\,A\boldsymbol{p}_2) = (\boldsymbol{p}_1\,,\,\lambda_2\boldsymbol{p}_2) = \lambda_2(\boldsymbol{p}_1\,,\,\boldsymbol{p}_2)$ かつ $\lambda_1 \neq \lambda_2$ より $(\boldsymbol{p}_1\,,\,\boldsymbol{p}_2) = 0$.

問 6.20 略　[直交行列による 3 角化を定理 5.7 の証明と同様に, n に関する帰納法で示す. 次に, $T^{-1}AT\ (= {}^tTAT)$ も対称行列であることを利用する.]

問 6.21 $T = \dfrac{1}{\sqrt{6}}\begin{pmatrix} -\sqrt{3} & -1 & \sqrt{2} \\ \sqrt{3} & -1 & \sqrt{2} \\ 0 & 2 & \sqrt{2} \end{pmatrix}$, ${}^tTAT = \begin{pmatrix} 2 & 0 & 0 \\ 0 & 2 & 0 \\ 0 & 0 & 5 \end{pmatrix}$

[例題 5.8 (4) より $\lambda = 2$ (重複度 2), 5, $V(2) = \langle \boldsymbol{p}, \boldsymbol{q} \rangle$, $V(5) = \langle \boldsymbol{r} \rangle$, $\boldsymbol{p} = \begin{pmatrix} -1 \\ 1 \\ 0 \end{pmatrix}$, $\boldsymbol{q} = \begin{pmatrix} -1 \\ 0 \\ 1 \end{pmatrix}$, $\boldsymbol{r} = \begin{pmatrix} 1 \\ 1 \\ 1 \end{pmatrix}$. 例 6.9 より $V(2) = \langle \boldsymbol{p}', \boldsymbol{q}' \rangle$, $V(5) = \langle \boldsymbol{r}' \rangle$,

$\boldsymbol{p}' = \dfrac{1}{\sqrt{2}}\begin{pmatrix} -1 \\ 1 \\ 0 \end{pmatrix}$, $\boldsymbol{q}' = \dfrac{1}{\sqrt{6}}\begin{pmatrix} -1 \\ -1 \\ 2 \end{pmatrix}$, $\boldsymbol{r}' = \dfrac{1}{\sqrt{3}}\begin{pmatrix} 1 \\ 1 \\ 1 \end{pmatrix}$. 例 6.11 (2) より $\{\boldsymbol{p}', \boldsymbol{q}', \boldsymbol{r}'\}$ は $\boldsymbol{R}^3$ の正規直交基底で, $T = \begin{pmatrix} \boldsymbol{p}' & \boldsymbol{q}' & \boldsymbol{r}' \end{pmatrix}$ は直交行列である.]

問 6.22 $\boldsymbol{x} \in W^{\perp} \iff (\boldsymbol{a}_j\,,\,\boldsymbol{x}) = 0\ (j = 1, \cdots, n) \iff {}^tA\,\boldsymbol{x} = \boldsymbol{0}$

問 6.23 (1) $\|x\boldsymbol{a} + \boldsymbol{b}\|^2 = \|\boldsymbol{a}\|^2\left(x + \dfrac{(\boldsymbol{a}\,,\,\boldsymbol{b})}{\|\boldsymbol{a}\|^2}\right)^2 - \dfrac{|(\boldsymbol{a}\,,\,\boldsymbol{b})|^2 - \|\boldsymbol{a}\|^2\|\boldsymbol{b}\|^2}{\|\boldsymbol{a}\|^2}$ だから $m = -\dfrac{(\boldsymbol{a}\,,\,\boldsymbol{b})}{\|\boldsymbol{a}\|^2}$. 従って, この m に対して $(\boldsymbol{a}\,,\,m\boldsymbol{a}+\boldsymbol{b}) = m(\boldsymbol{a}\,,\,\boldsymbol{a}) + (\boldsymbol{a}\,,\,\boldsymbol{b}) = 0$ となる.

(2) $|(\boldsymbol{a}\,,\,\boldsymbol{b})| = \|\boldsymbol{a}\|\|\boldsymbol{b}\|$ より $\boldsymbol{a} = \ell\boldsymbol{b}\ (\ell \in \boldsymbol{R})$ だから $\boldsymbol{a}, \boldsymbol{b}$ は 1 次従属である.

問 6.24 $\boldsymbol{x} \in \boldsymbol{R}^n$ に対して $k = \dfrac{(\boldsymbol{x}\,,\,\boldsymbol{a}) - \gamma}{(\boldsymbol{a}\,,\,\boldsymbol{a})}$ とおくと, $(\boldsymbol{x} - k\boldsymbol{a}\,,\,\boldsymbol{a}) = \gamma$ だから $\boldsymbol{x} - k\boldsymbol{a} \in H$ となる. 従って, $\boldsymbol{x} - k\boldsymbol{a} = \boldsymbol{h}\ (\boldsymbol{h} \in H)$ と書ける.

索　引

著者略歴

小野　公輔
おの　こうすけ

現在　徳島大学教授

蓮沼　　徹
はすぬま　とおる

現在　徳島大学教授

サイエンス テキスト ライブラリ＝**12**

新しく始める **線形代数**

2017 年 11 月 10 日 ©　　　　初　版　発　行
2020 年 3 月 10 日　　　　初版第2刷発行

著　者　小野公輔　　　　発行者　森平敏孝
　　　　蓮沼　徹　　　　印刷者　馬場信幸
　　　　　　　　　　　　製本者　米良孝司

発行所　　**株式会社　サ イ エ ン ス 社**

〒151–0051　東京都渋谷区千駄ヶ谷 1 丁目 3 番 25 号
営業　☎（03）5474–8500（代）　振替 00170–7–2387
編集　☎（03）5474–8600（代）
FAX　☎（03）5474–8900

印刷　三美印刷　　　　製本　ブックアート

ISBN978-4-7819-1414-5

PRINTED IN JAPAN

サイエンス社のホームページのご案内
http://www.saiensu.co.jp
ご意見・ご要望は
rikei@saiensu.co.jp まで．